软件工程

——理论、方法及实践

刘忠宝　主编

国防工业出版社

·北京·

内容简介

本书根据软件技术的最新发展，结合目前软件教学的需要，全面系统地讲述了软件工程以及软件项目管理的概念、原理和方法，通过软件工程实践和软件项目管理实训，使读者能够理论联系实际，全面掌握软件开发所需的知识体系。

本书强调理论与实践相结合、技术与管理相结合，注重培养实际开发能力和文档的写作能力，具有很强的实用性和可操作性。全书内容条理清晰、语言流畅、通俗易懂。

本书可作为高等院校计算机专业和其他相关信息类专业本科高年级或研究生教材，也可作为从事软件开发、管理、维护和应用的工程技术和管理人员的参考书。

图书在版编目(CIP)数据

软件工程——理论、方法及实践/刘忠宝主编. —北京：国防工业出版社，2012.1
ISBN 978-7-118-07783-4

Ⅰ.①软... Ⅱ.①刘... Ⅲ.①软件工程 Ⅳ.①TP311.5

中国版本图书馆 CIP 数据核字(2011)第 280348 号

※

国防工业出版社出版发行
(北京市海淀区紫竹院南路 23 号 邮政编码 100048)
北京奥鑫印刷厂印刷
新华书店经售

*

开本 787×1092 1/16 **印张** 15½ **字数** 347 千字
2012 年 1 月第 1 版第 1 次印刷 **印数** 1—3000 册 **定价** 30.00 元

国防书店：(010)88540777 发行邮购：(010)88540776
发行传真：(010)88540755 发行业务：(010)88540717

前　言

计算机软件在当今信息社会起着越来越重要的作用，软件技术和方法已经成为信息社会高技术竞争的关键领域之一。从最早的科学计算、文字处理、数据库管理、银行业务处理到工业自动控制和生产、新闻媒体、娱乐等，软件的应用已经覆盖了各行各业。随着人们对软件的重视，软件的设计与开发成为人们生活的组成部分。软件技术发展速度快、成果多，特别在开发工具、支撑环境、分析设计方法、软件工程理论与软件管理方法等方面取得了巨大的进步。但在实践中，虽然软件开发的效率与质量大大提高，而要使其实现如传统工业那样的标准化与工业化，仍然感到困难。很多组织虽然不断引进新的技术与方法，但在软件生产中的许多传统问题依然存在并且没有得到质的改善；在软件生产管理中，开发者与管理者的不协调比任何其他行业都明显；在软件生产理论研究中，研究者与实践者的脱节也比任何其他领域都严重。为解决上述问题特编写本书。本书从实际应用出发，全面总结软件技术与管理的发展现状，指出软件设计与开发过程中存在问题的根源，系统介绍软件开发和管理的基本概念、原理和方法，使读者能从技术与管理两个层面领会软件项目设计与开发的思想和方法。

本书作者从事计算机相关工作10余年，具有扎实的专业基础和良好的科研能力。先后多次主持、参与国家级和省部级项目，并在国内外核心期刊上发表多篇科研论文，得到业界专家的认可。此外，本书作者积极参与各级各类教学研究，多年讲授“软件工程”、“软件项目管理”、“Java程序设计”、“软件测试技术”等软件工程专业核心课程，积累了较为丰富的教学经验。

本书由刘忠宝、赵怡、樊东燕、闫俊伢等编写。刘忠宝全面负责统稿工作，闫俊伢、郭慧、许敏参与统稿。全书共4篇14章，其中第5章、第12章、第14章由刘忠宝编写，第3章、第13章由赵怡编写，第2章、第6章由樊东燕编写，第8章、第10章由闫俊伢编写，第7章、第9章由郭慧编写，第1章、第4章由许敏编写，第11章由邓赵红编写。张永奎、王建珍、李月娥等教授对本教材提出了许多宝贵意见，苏彩、张书浩、宋波等同学完成部分图表绘制工作。本书还得到作者所在学校各方面的大力支持，强大的合作团队、优良的专业素质、严谨的工作作风使本书得以顺利完成。在本书的编写过程中，我们参阅了大量的资料，在此对所有编著者以及对本书的编写和出版做过工作的老师和同学一并表示衷心的感谢。

本书可作为高等院校计算机专业和其他相关信息类专业本科高年级或研究生教材，也可作为从事软件开发、管理、维护和应用的工程技术和管理人员的参考书。

由于时间仓促、水平有限，本书难免存在不妥之处，恳请读者见谅并能及时提出宝贵意见。

编 者

2011 年 12 月

目　录

第一篇　软件工程方法学

第二篇 软件项目管理

第三篇 软件工程实践

第四篇 软件项目管理实训

第一篇

软件工程方法学

软件工程学是一门软件开发的工程方法学，它在软件开发中的指导意义和基础地位已经越来越得到IT界的重视。软件工程学包括支持软件开发和维护的理论、技术和方法。这些内容对于软件研发人员和软件项目管理人员都是必需的。本章全面系统地介绍了软件工程理论、原理和方法，同时兼顾了传统软件开发方法和时下较为新颖的技术和方法。本篇突出实用性，通过具体案例描述软件开发过程，帮助读者理解和消化所学内容，迅速提高实践能力。

第 1 章　软件工程概述

自 20 世纪 40 年代出现了世界上第一台计算机以来，计算机软件经历了三个发展阶段。在发展过程中，出现了“软件危机”的困扰，并发现人们开发软件产品的能力大大落后于计算机硬件的发展和社会对计算机软件不断增长的需求。

为了消除“软件危机”，更有效地开发与维护软件，在 1968 年北大西洋公约组织(NATO)的一次会议上正式提出了“软件工程”的概念，并在之后的 40 多年时间里得到了迅速的发展，在指导人们科学地开发软件、制作软件产品、集成计算机系统、保证软件产品的质量，按期并以合理的成本完成软件产品的生产等方面起到了巨大的作用。本章将主要介绍软件和软件工程的相关概念，并简要介绍几种软件过程模型。

1.1　软　件

1.1.1　软件的定义

“软件”一词是在 20 世纪 60 年代出现的，其含义是为了特定目的而开发的程序、数据和文档的集合。其中：

(1) 程序，即为了完成特定功能而编制的一组指令集。

(2) 数据，即执行程序所必需的数据和数据结构。

(3) 文档，即与程序开发、维护和使用有关的图文资料，如软件开发计划书、需求规格说明书、设计说明书、测试分析报告和用户手册等。

1.1.2　软件的特点

要理解软件的含义，首先要了解软件的特点。虽然，软件与硬件一样也是产品，但两者之间是有差别的，了解这种差别对理解软件工程是非常重要的。

1. 软件具有抽象性

软件是开发而成的，是一种逻辑实体，不是制造产生的，即不是具体的物理实体，因而它具有抽象性。

2. 软件“开发”有别于硬件“制造”

软件没有明显的制造过程，因而软件的质量主要取决于软件的“开发”。在开发过程中，通过人们的智力活动和有效的管理，把知识和技术转化为信息产品。一旦某一软件产品开发成功，以后就可以大量地复制同一内容的副本。

3. 软件不会“磨损”，但会“退化”

在软件的运行和使用期间，没有硬件那样的机械磨损和老化问题。如图 1.1 所示，图(a)显示的是硬件的失效率曲线，它存在老化与磨损的特点；图(b)显示的是软件的失效率曲线，它存在退化问题，必须要多次修改(维护)软件。图(b)中凸出的部分是由于修改而产生的副作用造成故障率的提高。

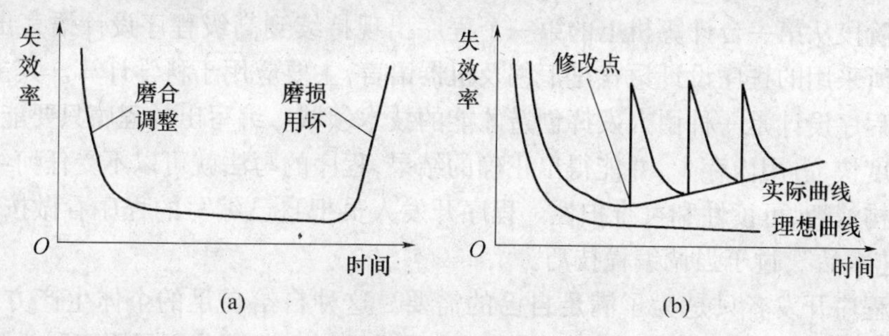

图 1.1　失效率曲线

(a) 硬件失效率曲线；(b) 软件失效率曲线。

4. 软件是定制的且为手工完成

在硬件制造业，构件的复用是非常普遍的。但由于软件本身的特殊性，构件复用才刚刚起步。理想情况下，软件构件应该被设计成能够被复用于不同的程序，尽管今天的面向对象技术、构件技术已经使软件的复用逐渐流行，但这种复用还不能做到像硬件产品那样拿来即用，还需要进行必要的定制(构件之间的组合，接口的设计，功能的修改与扩充等)，而且软件开发中构件的使用比例也是有限的。整个软件产品的设计基本上还是依赖于人们的智力与手工劳动。

5. 开发过程复杂且费用昂贵

现代软件的体系结构越来越复杂，规模越来越庞大。所涉及的学科也越来越多，导致了软件的开发过程也异常复杂。靠一个人单枪匹马开发一套软件的时代已经一去不复返了，软件的开发需要一个分工明确、层次合理、组织严密的团队才能完成，显然软件的开发成本也会越来越昂贵。

1.1.3　软件的分类

软件的应用非常广泛，几乎渗透到各行各业，因此要给出关于计算机软件一个科学、统一、严格的分类标准是不现实，也是不可能的，但可以从不同角度对软件进行适当的分类。常用的分类方法：

(1) 按软件功能分：系统软件、支撑软件、应用软件。

(2) 按软件工作方式分：实时软件、分时软件、交互式软件、批处理软件。

(3) 按软件规模分：微型软件、小型软件、中型软件、大型软件、超大型软件、极大型软件。

(4) 按软件服务对象范围分：定制软件、产品软件。

(5) 按应用领域分：操作系统、数据库管理系统、软件开发系统、办公软件(包括字处理软件、电子表格软件等)、财务软件、网络工具软件、图形图像处理软件、多媒体软件、游戏软件、家庭教育软件等。

1.1.4　软件的发展及软件危机

自20世纪40年代出现了世界上第一台计算机以后，就有了程序的概念。其后经历了几十年的发展,计算机软件经历了三个发展阶段。

1. 程序设计阶段(1946 年—1956 年)

这一阶段从第一台计算机上的第一个程序出现持续到高级程序设计语言出现以前。这一阶段所采用的程序设计语言是汇编及机器语言,主要应用于科学计算。其主要特点:

(1) 程序设计是一种由人发挥创造才能的技术领域。编写出的程序只要能在计算机上运行速度快、占用内存少,并能得出正确的结果,程序的写法就可以不受任何约束,很少考虑到结构清晰、可读性和可维护性。程序开发人员把自己编写的程序看做按个人意图创造的"艺术品",过于强调编程技巧。

(2) 程序开发者只是为了满足自己的需要。这种自给自足的个体生产方式效率低下,程序的设计和编制工作复杂、集琐、费时和易出差错。研究范围局限于科学计算程序、服务性程序和程序库,研究对象是顺序程序。对和程序有关的文档的重要性认识不足。

2. 程序系统阶段(1956 年—1968 年)

这一阶段从实用的高级程序设计语言出现持续到软件工程出现。该阶段所采用的程序设计语言是高级程序设计语言;其应用领域也逐步扩大,除了科学计算外,还增加了性质和科学计算有明显区别的大数据集处理问题。其主要特点:

(1) 就一项计算任务而言计算量不大,但输入、输出量较大。这时,机器结构转向以存储控制为中心,出现了大容量的存储器,外围设备也随之迅速发展。为了适应大量数据处理问题的需要,开始使用数据库及其管理系统。

(2) 人们逐渐认识到和程序有关的文档的重要性,开始将程序及其有关的文档融为一体。

(3) 随着计算机应用的日益普及,软件数量急剧膨胀,出现了"软件作坊",但其基本上仍沿用早期形成的个体化软件开发方法。

在软件发展的这个阶段,软件的维护工作,如在程序运行时发现的错误必须设法改正;用户有了新的需求必须修改程序;硬件或操作系统更新时,也需要修改程序以适应新的环境等,以令人吃惊的比例耗费资源。更严重的是许多程序的个体化特性使它们最终成为不可维护的。"软件危机"就这样开始出现了。

软件危机是指在计算机软件的开发和维护过程中所遇到的一系列严重问题。包含以下两方面:

(1) 如何开发软件,以满足对软件日益增长的需求;

(2) 如何维护数量不断膨胀的已有软件。

产生软件危机的原因:

(1) 软件开发是一项复杂的工程,需要用科学的工程化的思想来组织和指导软件开发的各个阶段,但很多软件开发人员简单地认为软件开发就是程序设计。

(2) 没有完善的质量保证体系。软件的质量得不到保证,开发出来的软件产品往往不能满足需求,同时还可能需要花费大量的时间、资金和精力去修复软件的缺陷,从而导致软件质量下降和开发预算超支等后果。

(3) 软件文档的重要性没有得到软件开发人员和用户的足够重视。软件文档是软件开发团队成员之间交流和沟通的重要平台,也是软件开发项目管理的重要工具。如果不能充分重视软件文档的价值,势必会给软件开发带来很多不便。

(4) 从事软件开发的专业人员对这个产业认识不充分,缺乏经验。

(5) 软件独有的特点也给软件的开发和维护带来困难。软件的抽象性和复杂性使得软件在开发之前,很难对开发过程的进展进行估计。再加上软件错误的隐蔽性和改正错误的复杂性,都使得软件开发和维护在客观上比较困难。

其典型表现:

(1) 软件的成本和开发进度不能预先估计;

(2)"已完成的"软件系统不能满足客户的需求;

(3) 软件产品质量差,可靠性不能保证;

(4) 软件产品的可维护性差;

(5) 软件没有合适的文档资料;

(6) 软件的发展速度跟不上硬件的发展和用户的需求,软件成本高等。

如果软件危机不消除,软件的发展是没有出路的,要解决软件危机问题,需要采取以下措施:

(1) 使用好的软件开发技术和方法;

(2) 使用好的软件开发工具,提高软件生产率;

(3) 有良好的组织、严密的管理,各方面人员相互配合共同完成任务。

由此,软件的发展进入软件工程阶段,从技术和管理两方面来研究如何更好地开发和维护计算机软件。

3. 软件工程阶段(1968 年至今)

软件工程出现以后迄今为软件工程阶段。软件工程学把软件作为一种产品进行批量生产,运用工程学的基本原理和方法来组织和管理软件生产,以保证软件产品的质量和提高软件生产率。软件生产使用数据库、软件开发工具、开发环境等,软件开发技术有了很大的进步,开始采用工程化开发方法、标准和规范,以及面向对象技术。

1.2 软件工程概述

1.2.1 软件工程的概念

1968 年,在北大西洋公约组织举行的一次学术会议上,首次提出了"软件工程"的概念,并将其定义为"为了经济地获得可靠的和能在实际机器上高效运行的软件,而建立和使用的健全的工程规则"。这个定义肯定了工程化的思想在软件工程中的重要性,但是并没有提到软件产品的特殊性。

经过 40 多年的发展,软件工程已经成为一门独立的学科,人们对软件工程也逐渐有了更全面、更科学的认识。我国 2006 年的国家标准 GB/T 11457—2006《软件工程术语》中对软件工程定义为"应用计算机科学理论和技术以及工程管理原则和方法,按预算和进度,实现满足用户要求的软件产品的定义、开发、发布和维护的工程或进行研究的学科"。

软件工程的提出是为了解决软件危机所带来的各种弊端。具体地讲,软件工程的目标主要包括以下几点:

（1）使软件开发的成本能够控制在预计的合理范围内；

（2）使软件产品的各项功能和性能能够满足用户需求；

（3）提高软件产品的质量；

（4）提高软件产品的可靠性；

（5）使生产出来的软件产品易于移植、维护、升级和使用；

（6）使软件产品的开发周期能够控制在预计的合理时间范围内。

实际上，可以把上述各个目标概括为开发正确、可用和经济的软件产品。当然，在实际的软件开发过程中，软件开发团队很难同时兼顾所有的目标。通常，人们会根据实际项目的情况，对各个目标做优先级排序。

1.2.2 软件工程的内容

相对于其他学科而言，软件工程是一门比较年轻的学科，它的思想体系和理论基础还有待进一步修整和完善。软件工程学科包含的内容有软件开发技术和软件工程管理。其中，软件开发技术包含软件工程方法学、软件工具和软件工程环境；软件工程管理学包含软件工程经济学和软件管理学。

1. 软件工程方法学

通常，把在软件生命周期全过程中使用的一整套技术方法的集合称为方法学，也称为范型。目前使用最广泛的软件工程方法学是传统方法学和面向对象方法学。

1）传统方法学

传统方法学也称为生命周期方法学或结构化范型，它采用结构化技术（结构化分析、结构化设计和结构化实现）来完成软件开发的各项任务，并使用适当的软件工具或软件工程环境来支持结构化技术的运用。

其特点：①把软件生命周期的全过程划分为若干阶段，然后顺序地完成每个阶段的任务；②前一阶段的完成是后一阶段开始的前提和基础，后一阶段任务是前一阶段提出的解法的进一步的具体化；③每一阶段结束之前都必须进行正式严格的技术审查和管理复审；④每一阶段都必须交出高质量的文档资料。

其优点：①把整个软件生命周期划分成若干阶段，每个阶段任务相对独立，有利于不同人员的分工协作；②每一阶段结束之前都必须进行正式严格的技术审查和管理复审，使软件开发工程的全过程以一种有条不紊的方式进行，保证了软件的质量，特别是提高了软件的可维护性。

其缺点：这种技术要么面向行为（即对数据的操作），要么面向数据，还没有既面向数据又面向行为的结构化技术。数据和对数据的处理原本是密切相关的，把数据和操作人为地分离成两个独立的部分，自然会增加软件开发与维护的难度。与传统方法相反，面向对象方法把数据和行为看成同等重要，它是一种把数据和对数据的处理紧密结合起来的方法。

2）面向对象方法学

面向对象方法学包含以下四个要点：①对象包含数据和对数据的处理，用对象分解代替了功能分解；②把所有对象划分成类；③按照父类和子类的关系，把若干个相关类组成一个层次结构的系统（类等级），子类自动拥有父类的数据和操作（类继承）；④对象彼此间通过发送消息互相联系。

其优点:①对象所有私有信息都被封装在该对象内,不能从外界直接访问,具有封装性;②模拟人类习惯思维方式,使描述问题的问题空间与实现解法的解空间在结构上尽可能保持一致;③开发出的软件产品由许多小的、相对独立的对象组成,降低了软件产品的复杂度,简化了软件开发和维护工作;④面向对象的继承性和多态性,进一步提高了面向对象软件的可重用性。

2. 软件工具

软件工具是指为了支持计算机软件的开发和维护而研制的程序系统。使用软件工具的目的是提高软件设计质量和生产效率,降低软件开发和维护的成本。软件工具可用于软件开发的整个过程。例如,需求分析工具用类生成需求说明;设计阶段需要使用编辑程序、编译程序、连接程序,有的软件能自动生成程序等;在测试阶段可使用排错程序、跟踪程序、静态分析工具和监视工具等;软件维护阶段有版本管理、文档分析工具等;软件管理方面也有许多软件工具。软件开发人员在软件生产的各个阶段可根据不同的需要选用合适的工具。目前,软件工具发展迅速,其目标是实现软件生产各阶段的自动化。

3. 软件工程环境

软件工程方法和软件工具是软件开发的两大支柱,它们之间密切相关。软件工程方法提出了明确的工作步骤和标准的文档格式,这是设计软件工具的基础,而软件工具的实现又将促进软件工程方法的推广和发展。

软件工程环境(Software Engineering Environment,SEE)是方法和工具的结合。软件工程环境的设计目标是提高软件生产率和改善软件质量。

计算机辅助软件工程(Computer Aided Software Engineering,CASE)是一组工具和方法的集合,可以辅助软件工程生命周期各阶段进行软件开发活动。CASE 是多年来在软件工程管理、软件工程方法、软件工程环境和软件工具等方面研究和发展的产物。CASE 吸收了计算机辅助设计、软件工程、操作系统、数据库、网络和许多其他计算机领域的原理和技术。因此,CASE 领域是一个应用、集成和综合的领域。其中,软件工具不是对任何软件工程方法的取代,而是对方法的辅助,它旨在提高软件工程的效率和软件产品的质量。

4. 软件工程管理

软件工程管理就是对软件工程各阶段的活动进行管理。软件工程管理的目的是为了能按预定的时间和费用,成功地生产出软件产品。软件工程管理的任务是有效地组织人员,按照适当的技术、方法,利用好的工具来完成预定的软件项目。

软件工程管理的内容包括软件费用管理、人员组织、工程计划管理、软件配置管理等方面内容。

1.2.3 软件工程的基本原理

自 1968 年提出"软件工程"术语以来,研究软件工程的专家学者们陆续提出了 100 多条关于软件工程的准则或信条。经过长期的开发实践和理论研究,著名软件工程专家 B. W. Boehm 提出了以下几项软件工程的基本原理:

(1) 将软件的生命周期划分为多个阶段,对各个阶段实行严格的项目管理。软件开发是一个漫长的过程，人们可以根据工作的特点或目标，把整个软件的开发周期划分为多个阶段，并为每个阶段制定分阶段的计划及验收标准，这样有益于对整个软件开发过程进行管理。在传统的软件工程中，软件开发的生命周期可以划分为可行性研究、需求分析、软件设计、软件实现、软件测试、产品验收和交付等阶段。

（2）坚持阶段评审制度，以确保软件产品的质量。严格地贯彻与实施阶段评审制度可以帮助软件开发人员及时地发现并改正错误。在软件开发的过程中，错误发现得越晚，修复错误所要付出的代价就会越大。实施阶段评审，只有在本阶段的工作通过评审后，才能进入下一阶段的工作。

（3）实施严格的产品控制，以适应软件规格的变更。在软件开发的过程中，用户需求很可能不断发生变化，有时，即使用户需求没有改变，软件开发人员受到经验的限制以及与用户交流不充分的影响，也很难做到一次性获得全部的、正确的需求。可见，需求分析工作应该贯穿整个软件开发的生命周期。在软件开发的整个过程中，需求的改变是不可避免的。当需求变更时，为了保证软件各个配置项的一致性，实施严格的版本控制是非常必要的。

（4）采用现代程序设计技术。这是提高软件开发和维护效率的关键。现代的程序设计技术，比如面向对象，可以使开发出来的软件产品更易维护和修改，同时还能缩短开发的时间，并且更符合人们的思维逻辑。

（5）开发出来的软件产品应该能够清楚地被审查。虽然软件产品的可见性比较差，但是它的功能和质量应该能够被准确地审查和度量，这样才能有利于有效的项目管理。一般软件产品包括可以执行的源代码、一系列相应的文档和资源数据等。

（6）合理地安排软件开发小组的人员，并且开发小组的人员要少而精。开发小组人员的数量少有利于组内成员充分的交流，这是高效团队管理的重要因素。而高素质的开发小组成员是影响软件产品的质量和开发效率的重要因素。

（7）不断地改进软件工程实践。随着计算机科学技术的发展，软件从业人员应该不断地总结经验并且主动学习新的软件技术，只有这样才能不落后于时代。

1.3 软件生命周期及软件过程模型

1.3.1 软件生命周期

任何事物都有一个从产生到消亡的过程，事物从其孕育开始，经过诞生、成长、成熟、衰退，到最终灭亡，就经历了一个完整的生命周期。生命周期是世界上任何事物都具备的普遍特征，软件产品也不例外。概括地说，软件生命周期由软件定义、软件开发和运行维护（也称为软件维护）三个时期组成，每个时期又进一步划分为各个阶段。

软件定义时期可进一步划分为三个阶段：问题定义、可行性分析和需求分析。其任务是：确定软件工程必须完成的总目标；确定工程的可行性；导出实现工程目标应该采用的策略及系统必须完成的功能；估算完成该工程项目需要的资源和成本，制定工程进度表。这个时期的工作通常称为需求工程，由系统分析员负责完成。

软件开发时期可进一步划分为四个阶段：总体设计、详细设计、编码和单元测试、综合测试。其中,前两阶段为系统设计,后两阶段为系统实现。其基本任务是具体设计和实现在软件定义时期定义的软件系统。

运行维护时期的主要任务是使软件持久地满足用户的需要。为此,一旦用户在使用过程中发现了在开发时未能发现的错误,需要立即加以改正;如果用户的使用环境发生变化,为使得软件适应新的环境,也需要修改软件;此外,为满足用户提出来的新的功能和性能要求,更需对软件进行变更。软件维护的工作量相当大,每个维护活动都可以看做一次小型的定义和开发过程。

下面简要介绍上述各个阶段所要完成的基本任务。

1. 问题定义与可行性研究

本阶段要回答的关键问题是"到底要解决什么问题,在成本和时间的限制条件下能否解决问题,是否值得做?"为此,必须确定要开发软件系统的总目标,给出它的功能、性能、约束、接口以及可靠性等方面的要求;由软件分析员和用户合作,探讨解决问题的可能方案,针对每一个候选方案,从技术、经济、法律和用户操作等方面,研究完成该项软件任务的可行性分析,并对可利用的资源(如计算机硬/软件、人力等)、成本、可取得的效益、开发的进度做出估算,制定出完成开发任务的实施计划,连同可行性研究报告,提交管理部门审查。

2. 需求分析

本阶段要回答的关键问题是"目标系统应当做什么?"为此,必须对用户要求进行分析,明确目标系统的功能需求和非功能需求,并通过建立分析模型,从功能、数据、行为等方面描述系统的静态特性和动态特性,对目标系统做彻底的细化,了解系统的各种细节。基于分析结果,软件分析人员和用户共同讨论决定:哪些需求是必须满足的,并对其加以确切的描述,然后编写出软件需求规格说明或系统功能规格说明、确认测试计划和初步的系统用户手册,提交管理机构进行分析评审。

3. 软件设计

设计是软件工程的技术核心。本阶段要回答的关键问题是"目标系统如何做?"为此,必须在设计阶段中制定设计方案,把已确定的各项需求转换成一个相应的软件体系结构。结构中的每一组成部分都是意义明确的模块,每个模块都和某些需求相对应,即概要设计。进而对每个模块要完成的工作进行具体的描述,为源程序编写打下基础,即详细设计。所有设计中的考虑都应以设计规格说明的形式加以描述,以供后续工作使用。此外,基于设计结果编写单元测试和集成测试计划,再执行设计评审。

4. 程序编码与单元测试

本阶段要解决的问题是"编写正确的、可维护的程序代码"。为此,需要选择合适的编程语言,把软件设计转换成计算机可以接受的程序代码,并对程序结构中的各个模块进行单元测试,然后运用调试的手段排除测试中发现的错误。要求编写出的程序应当是结构良好、清晰易读的,且与设计相一致。

5. 综合测试

测试是保证软件质量的重要手段。本阶段的主要任务是做集成测试和确认测试。集成测试的任务是将已测试过的模块按设计规定的顺序组装起来,在组装的过程中检查程序连接中的问题。确认测试的任务是根据需求规格说明的要求,对必须实现的各项需求逐项进行确认,判定已开发的软件是否合格,能否交付用户使用。为了更有效地发现系统中的问题,通常这个阶段的工作由开发人员和用户之外的第三者承担。

6. 软件维护

已交付的软件投入正式使用,便进入运行阶段,这一阶段可能持续若干年甚至几十年。维护阶段的关键任务是,通过各种必要的维护活动使系统持久地满足用户的需要。通常有四类维护活动:改正性维护,也就是诊断和改正在使用过程中发现的软件错误;适应性维护,即修改软件以适应环境的变化;完善性维护,即根据用户的要求改进或扩充软件使它更完善;预防性维护,即修改软件,为将来的维护活动预先做准备。

虽然没有把维护阶段进一步划分成更小的阶段,但是实际上每一项维护活动都应该经过提出维护要求(或报告问题),分析维护要求,提出维护方案,审批维护方案,确定维护计划,修改软件设计,修改程序,测试程序,复查验收等一系列步骤,因此实质上是经历了一次压缩和简化了的软件定义和开发的全过程。

每一项维护活动都应该准确地记录下来,作为正式的文档资料加以保存。

1.3.2 软件过程模型

国际标准化组织(International Standards Organization,ISO)是世界性的标准化专门机构。ISO9000 把软件过程定义为:把输入转化为输出的一组彼此相关的资源和活动。

软件工程过程是为了获得高质量软件所需要完成的一系列任务的框架,它规定了完成各项任务的工作步骤。

软件工程过程简称软件过程,是把用户要求转化为软件需求,把软件需求转化为设计,用代码来实现设计、对代码进行测试,完成文档编制并确认软件可以投入运行性使用的全部过程。

软件过程定义了运用方法的顺序、应该交付的文档、开发软件的管理措施和各阶段任务完成的标志。

软件过程是软件工程方法学的三个要素(方法、工具和过程)之一。软件过程必须科学、合理,才能获得高质量的软件产品。

软件过程模型也称为软件生命周期模型,它是对软件过程的一种抽象表达。每个过程模型从某个特定视点描述了一个生存期过程,从而提供了有关该过程的特定的信息。下面介绍一些广泛使用的过程模型。

1. 瀑布模型

1970 年温斯顿・罗伊斯(Winston Royce)提出了著名的“瀑布模型”,直到 20 世纪 80 年代早期,它一直是唯一被广泛采用的软件开发模型。

瀑布模型将软件生命周期划分为制订计划、需求分析、软件设计、程序编写、软件测试和运行维护六个基本活动,并且规定了它们自上而下、相互衔接的固定次序,如同瀑布流水,逐级下落。

图 1.2 为传统的瀑布模型。按照传统的瀑布模型开发软件,有以下几个特点:

(1) 软件生命周期的顺序性。顺序性是指只有前一阶段工作完成以后,后一阶段的工作才能开始;前一阶段的输出文档,就是后一阶段的输入文档。只有在前一阶段有正确的输出时,后一阶段才可能有正确的结果。因而,瀑布模型的特点是由文档驱动。如果在生命周期的某一阶段出现了错误,往往要追溯到在它之前的一些阶段。

瀑布模型开发适合于在软件需求比较明确、开发技术比较成熟、软件工程管理比较严格的场合下使用。

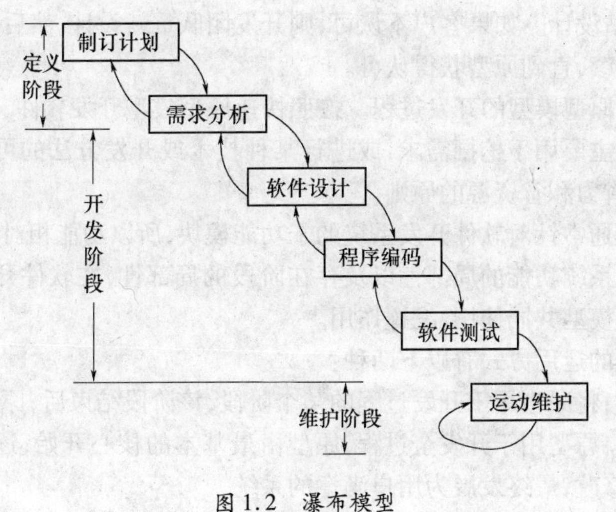

图 1.2 瀑布模型

(2) 尽可能推迟软件的编码。程序设计也称为软件编码。实践表明,大、中型软件的编码阶段开始得越早,完成所需要的时间反而越长。瀑布模型在软件编码之前安排了需求分析、概要设计、详细设计等阶段,从而把逻辑设计和编码清楚地划分开来,尽可能推迟程序编码阶段。

(3) 保证质量。为了保证质量,瀑布模型软件开发规定了每个阶段都要完成的文档,每个阶段都要对已完成的文档进行复审,以便及早发现隐患,排除故障。

瀑布模型适用于具有以下特征的软件开发项目:

(1) 在软件开发过程中,需求不发生或很少发生变化,并且开发人员可以一次性获取到全部需求;否则,由于瀑布模型较差的可回溯性,在后续阶段中需求的经常性变更需要付出高昂的代价。

(2) 软件开发人员具有丰富的经验,对软件应用领域很熟悉。

(3) 软件项目风险较低。瀑布模型不具有完善的风险控制机制。

根据上述瀑布模型的描述,可以总结出瀑布模型的优点:

(1) 强迫开发人员采用规范的技术。

(2) 严格规定每个阶段必须提交的文档。

(3) 每个阶段结束前必须正式进行严格的技术审查和管理复审。

其主要缺点:

(1) 在可运行的软件产品交付客户之前,用户只能通过文档来了解未来产品。

(2) 开发人员和用户之间缺乏有效的沟通,很可能导致最终开发出的软件产品不能真正满足用户的需求。

2. 快速原型模型

快速原型模型是快速开发一个可运行的原型系统,该系统所能完成的功能往往是最终产品能完成功能的一个子集。通过对原型系统进行模拟操作,开发人员可以更直观、更全面和更准确地了解用户对待开发系统的各项要求,同时还能挖掘到隐藏的需求。

例如,购物网站就是一个原型方法实现示例。可开发购物网站各种网页原型,如目录页面、产品订单页面、信用卡页面等,然后提交给用户。如果用户认可网站原型,则会再次陈述需求,启动网站设计。如果客户不认可,则开发团队重新设计,然后再交给客户认可。这个过程会不断继续,直到原型获得认可。

图1.3为快速原型模型的开发过程。按照快速原型模型开发软件,有以下几个特点:

(1) 原型模型主要用于挖掘需求,或进行某种技术或开发方法的可行性研究。开发人员要本着省时、省力和省资源的原则。

(2) 原型系统通常针对软件开发系统的子功能模块,所以功能相对不完善。

(3) 由于原型系统功能的局部性以及存在阶段的局部性,在软件开发的实践中常结合其他的软件开发模型共同使用,发挥作用。

快速原型模型的运用方式有以下两种:

(1) 抛弃策略:将原型用于开发过程的某个阶段,该阶段结束后,原型将不再使用。

(2) 附加策略:原型用于开发全过程,原型由最基本的核心开始,逐步增加新的功能和新的需求,反复修改,最终发展为用户满意的系统。

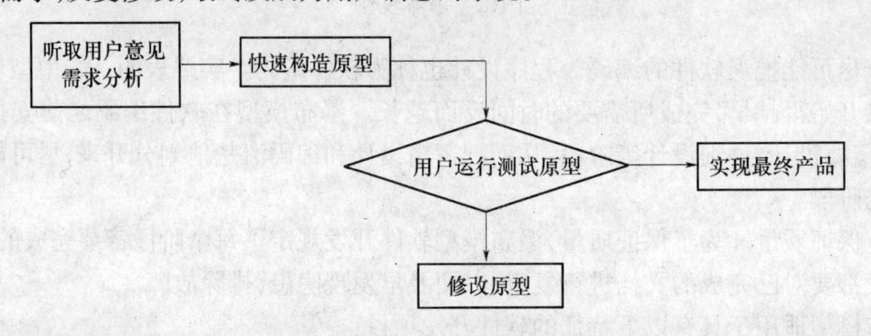

图1.3　快速原型模型的开发过程

原型模型适用于具有以下特征的软件开发项目:

(1) 对现有的软件系统进行产品升级或功能完善。

(2) 开发人员与用户之间交流受限,需求获取困难。

(3) 开发人员对将要采用的技术手段不熟悉或把握性不大。

(4) 具备快速开发的工具。

根据上述快速原型模型的描述,可以总结出该模型的优点:

(1) 使用这种软件过程开发出的产品能满足用户的真实需求。

(2) 软件产品的开发过程基本上是线性的。

其主要缺点:

(1) 需要花费一些额外的成本来构造原型。

(2) 不利于创新。

3. 增量模型

增量模型也称为渐增模型,该模型把待开发的软件系统模块化,将每个模块作为一个增量组件,从而分批次地分析、设计、编码和测试这些增量组件。运用增量模型的软件开发过程是递增式的过程。相对于瀑布模型而言,采用增量模型进行开发,开发人员不需要一次性地把整个软件产品提交给用户，而是以分批次进行提交。

一般情况下，开发人员会首先实现提供基本核心功能的增量组件，创建一个具备基本功能的子系统，然后再对其进行完善。

例如，开发自动化银行业务网站，用于提供保险服务、个人银行及住房与汽车贷款服务。银行希望尽快完成个人银行业务的自动化，提高客户服务水平。采用增量模型可以先实现个人银行业务功能，然后交付给客户。在后续的增量中，陆续实现保险服务、住房与汽车贷款服务。

图 1.4 为增量模型的开发过程。按照增量模型开发软件，其特点是待开发的软件系统模块化和组件化。

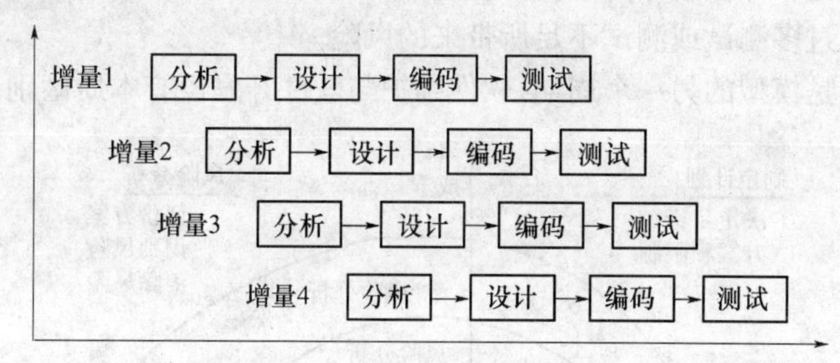

图 1.4　增量模型的开发过程

增量模型适用于具有以下特征的软件开发项目：

(1) 软件产品可以分批次地进行交付。

(2) 待开发的软件系统能够被模块化。

(3) 软件开发人员对应用领域不熟悉，难以一次性地进行系统开发。

(4) 项目管理人员把握全局的水平较高。

增量模型具有以下优点：

(1) 能在较短的时间内向用户提交可完成部分工作的产品。

(2) 逐步增加产品功能可以使用户有较充裕的时间学习和适应新产品，从而减少一个全新软件可能给客户组织带来的冲击。

其主要缺点：

(1) 需要软件具备开放式的体系结构。

(2) 在开发过程中，需求的变化是不可避免的。增量模型的灵活性可以使其适应这种变化的能力大大优于瀑布模型和快速原型模型，但也很容易退化为边做边改模型，从而使软件过程的控制失去整体性。

4. 螺旋模型

螺旋模型最初在 1988 年由 B. W. Boehm 提出，是一种用于风险较大的大型软件项目开发的过程模型。它把开发过程分为制定计划、风险分析、实施工程和客户评估四种活动。

制定计划就是要确定软件系统的目标，了解各种资源限制，并选定合适的开发方案；风险分析旨在对所选方案进行评价，识别潜在的风险，并制定消除风险的机制；实施工程的活动中渗透了瀑布模型的各个阶段，开发人员对下一版的软件产品进行开发和验证；客户评估是获取客户意见的重要活动。

例如,Windows 操作系统,从 Windows 3.1 至 Windows 2003 的演化,就是一个螺旋方法示例。Windows 3.1 为螺旋方法的第一次迭代,该产品发布后由整个市场的客户进行评估。在获得 Windows 3.1 客户反馈之后,Microsoft 开始计划 Windows 操作系统新版本的开发。新发布的 Windows 95 在功能和图形的灵活性都有了许多改进。与此类似,其他版本的 Windows 操作系统也都经历了上述过程。

螺旋模型如图 1.5 所示。螺旋模型适用于内部开发的大规模软件项目。其优点:

(1) 对可选方案和约束条件的强调有利于软件的重用。

(2) 有助于把软件质量作为软件开发的一个重要目标。

(3) 减少了过多测试或测试不足所带来的风险。

(4) 维护只是模型的另一个周期,软件维护与软件开发没有本质区别。

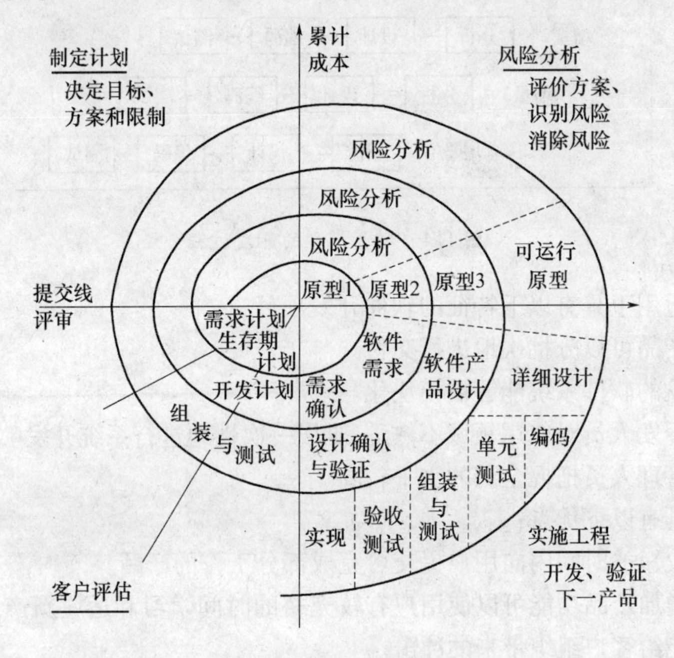

图 1.5 螺旋模型

其缺点:使用螺旋模型开发软件,要求软件开发人员具有丰富的风险评估知识和经验;否则,当项目实际上已经正在走向灾难时,开发人员可能还认为一切正常。

5. 喷泉模型

喷泉模型是一种以用户需求为动力,以对象为驱动的模型,主要用于描述面向对象的软件开发过程。该模型认为软件开发过程自下而上周期的各阶段是相互重叠和多次反复的,就像水喷上去又可以落下来,类似一个喷泉。各个开发阶段没有特定的次序要求,并且交互进行,可以在某个开发阶段中随时补充其他任何开发阶段中的遗漏。喷泉模型如图 1.6 所示。

喷泉模型主要用于面向对象的软件项目,软件的某个部分通常被重复多次,相关对象在每次迭代中随之加入渐进的软件成分。各活动之间无明显边界,例如设计和实现之间没有明显的边界,这也称为"喷泉模型的无间隙性"。由于对象概念的引入,表达分析、设计及实现等活动只用对象类和关系，从而可以较容易地实现活动的迭代和无间隙。

喷泉模型的优点：

(1) 喷泉模型的各个阶段没有明显的界限，开发人员可以同步进行开发。

(2) 可以提高软件项目开发效率，节省开发时间，适应于面向对象的软件开发过程。

喷泉模型的缺点：

(1) 喷泉模型在各个开发阶段是重叠的，在开发过程中需要大量的开发人员，因此不利于项目的管理。

(2) 这种模型要求严格管理文档，使得审核的难度加大，尤其是面对可能随时加入各种信息、需求与资料的情况。

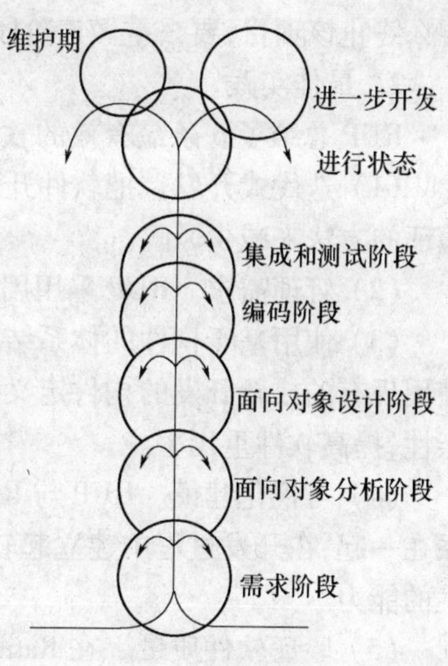

图 1.6 喷泉模型

6. 统一软件开发过程模型

Rational 统一过程(Rational Unified Process, RUP)是由 Rational 软件公司推出的一种完整而且完美的软件过程。

1) RUP 软件开发生命周期

RUP 软件开发生命周期是一个二维的生命周期模型，其中纵轴代表核心工作流，横轴代表时间，如图 1.7 所示。

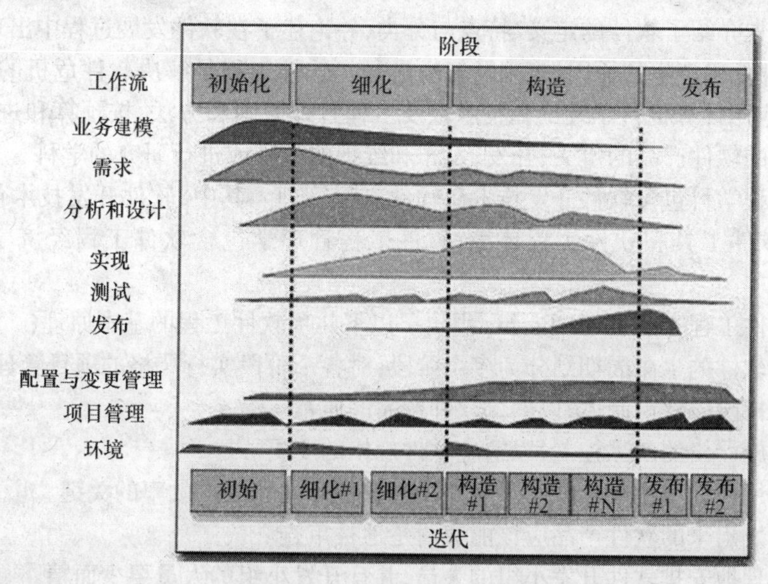

图 1.7 RUP 软件开发生命周期

核心工作流有 9 个，其中，前 6 个为核心过程工作流，包括业务建模、需求、分析与设计、实现、测试和部署；后 3 个为核心支持工作流，包括配置与变更管理、项目管理和环境。

工作阶段有 4 个，包括初始阶段、精化阶段、构建阶段和移交阶段。每个阶段结束之前都有一个里程碑评估该阶段的工作成果。如果未能通过评估，则决策者应该作出决定，要么终止该项目,要么重做该阶段的工作。

2）最佳实践

RUP 总结了 6 条最有效的软件开发经验,这些经验称为“最佳实践”。

(1) 迭代式开发。把软件开发过程看做一个风险管理过程,迭代式开发通过采用可验证的方法来减少风险。

(2) 管理需求。RUP 采用用例分析来捕获需求,并由它们驱动设计和实现。

(3) 使用基于构件的体系结构。构件就是功能清晰的模块或子系统。RUP 提供了使用现有的或新开发的构件定义体系结构的系统化方法,从而有助于降低软件开发的复杂性,提高软件重用率。

(4) 可视化建模。RUP 与 Rational 软件公司创立的可视化建模语言 UML 紧密地联系在一起,在开发过程中建立起软件系统的可视化模型,可以帮助人们提高管理软件复杂性的能力。

(5) 验证软件质量。在 Rational 统一过程中,软件质量评估不再是事后型的或由单独小组进行的孤立活动,而是内建在贯穿于整个开发过程的、由全体成员参与的所有活动中。

(6) 控制软件变更。RUP 描述了如何控制、跟踪和监控修改,以确保迭代开发的成功。

小　结

本章首先介绍了软件的定义、特点与分类,并论述了在软件发展过程中出现了软件危机,以及软件危机产生的原因、表现及解决途径。软件工程是解决软件危机的方法,软件工程学是“应用计算机科学理论和技术以及工程管理原则和方法,按预算和进度,实现满足用户要求的软件产品的定义、开发、发布和维护的工程或进行研究的学科”。

软件工程学科包含软件开发技术和软件工程管理。其中,软件开发技术包含软件工程方法学、软件工具和软件工程环境;软件工程管理学包含软件工程经济学和软件管理学。

著名软件工程专家 B. W. Boehm 提出了以下几项软件工程的基本原理:

(1) 将软件的生命周期划分为多个阶段,对各个阶段实行严格的项目管理。

(2) 坚持阶段评审制度,以确保软件产品的质量。

(3) 实施严格的产品控制,以适应软件规格的变更。

(4) 采用现代程序设计技术。这是提高软件开发和维护效率的关键。

(5) 开发出来的软件产品应该能够清楚地被审查。

(6) 合理地安排软件开发小组的人员,并且开发小组的人员要少而精。

(7) 不断地改进软件工程实践。

软件的生命周期是指软件产品从构想到被市场淘汰所经历的全过程。对软件生命周期的划分必须依据特定的软件开发项目所采用的软件开发模型。传统的软件生命周期一般可以划分为问题定义与可行性研究、需求分析、软件设计、程序编码与单元测试、综合测试和软件维护 6 个阶段。

软件开发模型是软件工程思想的具体化，它反映了软件在其生命周期中各阶段之间的衔接和过渡关系以及软件开发的组织方式，是人们在软件开发实践中总结出来的软件开发方法和步骤。典型的软件开发模型有瀑布模型、原型模型、增量模型、螺旋模型和喷泉模型。

习 题

1. 简述软件的概念及其特点。

2. 简述软件危机产生的原因、典型表现及其解决措施。

3. 简述软件工程的概念及其内容。

4. 简述软件工程基本原理。

5. 什么是软件生命周期模型？试比较瀑布模型、原型模型、增量模型和螺旋模型的优缺点，说明每种模型的适用范围。

第2章　传统方法学

目前，使用得最广泛的软件工程方法学分别是传统方法学和面向对象方法学。传统方法学也称为生命周期方法学或结构化范型，它采用结构化技术（结构化分析、结构化设计和结构化实现）来完成软件开发的各项任务，并使用适当的软件工具或软件工程环境来支持结构化技术的运用。

传统方法学历史悠久，为广大软件工程师所熟悉，而且在开发某些类型的软件时也比较有效，因此，在相当长一段时期内这种方法学还会有生命力。此外，如果没有完全理解传统方法学，也就不能深入理解这种方法学与面向对象方法学的差别以及面向对象方法学为何优于传统方法学。本章将重点介绍传统方法学。

2.1　结构化分析

“结构化分析”（Structured Analysis，SA）是一个简单实用、使用很广的方法，是现有的软件开发方法中最成熟、应用最广泛的方法，它适用于分析大型的数据处理系统，特别是企事业管理方面的系统。主要特点是快速、自然和方便。“结构化”的意思是试图使开发工作标准化。结构化开发的目标是有序、高效、高可靠性和少错误。有序是按部就班，相同情况得出相同结构，达到标准化。

结构化分析方法的基本思想是“分解”和“抽象”。

分解：对于一个复杂的系统，为了将复杂性降低到可以掌握的程度，可以把大问题分解成若干小问题，然后分别解决，如图2.1所示。

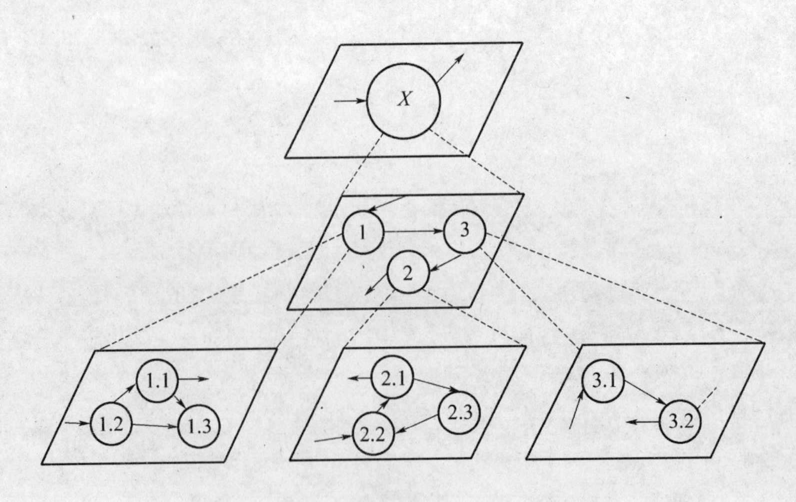

图2.1　“分解”示意图

抽象:分解可以分层进行,即先考虑问题最本质的属性,暂把细节略去,以后再逐层添加细节,直至涉及最详细的内容,这种用最本质的属性表示一个系统的方法就是"抽象"。

2.1.1 可行性分析

并不是所有问题都有简单明显的解决办法,事实上,许多问题不可能在预定的系统规模之内解决。如果问题没有可行的解,那么花费在这项开发工程上的任何时间、资源、人力和经费都是无谓的浪费。

可行性分析研究是运用多种科学手段(包括技术科学、社会学、经济学及系统工程学等)对一项工程项目的必要性、可行性、合理性进行技术经济论证的综合科学。

1. 可行性分析的目的及任务

在一个新项目开发之前,应该根据客户提供的时间和资源进行可行性分析研究,经过可行性分析后,得到一个项目是否值得开发的结论,然后再制定项目开发计划。

首先需要进一步分析和澄清问题定义。在问题定义阶段初步确定的规模和目标,如果是正确的就进一步加以肯定,如果有错误就应该及时改正,如果对目标系统有任何约束和限制,也必须把它们清楚地列举出来。

在澄清了问题定义之后,分析员应该导出系统的逻辑模型。然后从系统逻辑模型出发,探索若干种可供选择的主要解法(即系统实现方案)。对每种解法都应该仔细研究它的可行性。

一般说来,在软件项目开发过程中,只要资源和时间不加以限制,所有的项目都是可行的,然而,由于资源缺乏和交付时间限制的困扰,使得基于计算机系统的开发变得比较困难,因此,尽早对软件项目的可行性做出细致而谨慎的评估是十分必要的。如果在定义阶段及早发现将来可能在开发过程中遇到的问题及早做出决定,可以避免大量的人力、财力、时间上的浪费。

可行性研究的目的是用极少的代价在最短的时间内确定被开发的软件是否能开发成功,以避免盲目投资带来的巨大浪费;可行性研究的目的不是解决问题,而是确定问题是否值得去解。

可行性研究的任务是从技术上、经济上、使用上、法律上分析应解决的问题是否有可行的解,从而确定该软件是否值得去开发。

可行性和风险分析是密切相关的。如果项目风险很大,就会降低产生高质量软件的可行性。可行性分析研究主要集中在以下四个方面:

(1) 经济可行性。进行开发成本估算及可能取得效益评估,确定待开发系统是否值得投资开发。

(2) 技术可行性。对待开发系统进行功能、性能和限制条件分析,确定在现有资源条件下,技术风险有多大,系统是否能实现。这里,资源包括已有或可以搞到的硬件、软件资源,现有技术人员技术水平和已有工作基础。

(3) 法律可行性。研究在系统开发过程中可能涉及的各种合同、侵权、责任以及各种与法律相抵触的问题。

(4) 操作可行性。系统的操作方式能否在用户组织内通过。

总之,可行性研究的实质是进行一次大大压缩简化了的系统分析和设计过程,是在较高层次上以较抽象的方式进行的系统分析和设计的过程。其最根本的目的是对以后的行动方针提出建议。如果问题没有可行的解,分析员应该建议停止这项开发工程,以避免时间、资源、人力和金钱的浪费;如果问题值得解,分析员应该推荐一个较好的解决方案,并且为工程制定一个初步的计划。

可行性研究需要的时间长短取决于工程的规模,一般来说可行性研究的成本占预期工程总成本的5% ~10%。

2. 可行性分析的过程及方法

典型的可行性分析研究步骤如图2.2所示。可行性分析使用的工具主要有系统流程图(System Flowchart,SF)、数据流图(Data Flow Diagram,DFD)和数据字典(Data Dictionary,DD)。

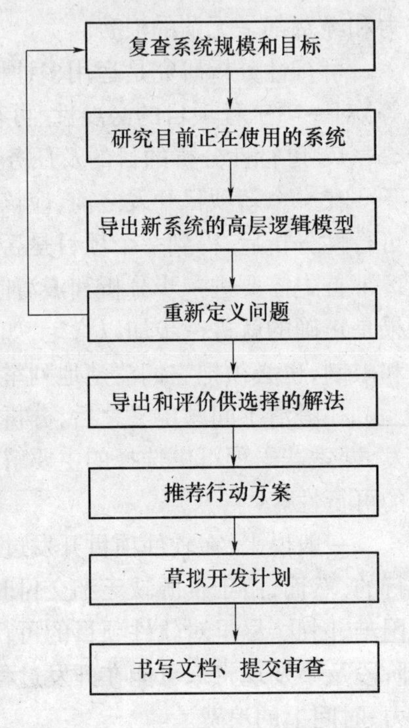

图2.2 可行性分析研究步骤

(1) 复查系统规模和目标。分析员对关键人员进行调查访问,仔细阅读和分析有关资料,以便进一步复查确认系统的目标和规模,改正含糊不清的叙述,清晰地描述对系统目标的一切限制和约束,确保解决问题的正确性,即保证分析员正在解决的问题确实是要求他解决的问题。

(2) 研究目前正在使用的系统。对现有系统功能特点的充分了解是成功开发新系统的前提。这是了解一个陌生应用领域的最快方法,它既可以使新系统脱颖而出,但又不全盘照抄。

目前,正在使用的系统可能是一个人工操作的系统,也可能是一个旧的计算机系统,因为要开发一个新的计算机系统代替旧的系统,因此现有的系统是信息的重要来源,人们需要研究它的基本功能,存在什么问题,运行现有系统需要多少费用,对新系统有什么新的功能要求,新系统运行时能否减少使用费用等。

通过收集、研究和分析现有系统的文档资料,实地考查现有系统,总结出现有系统的优点和不足。在此基础上,访问有关人员,描绘现有系统的高层系统流程图,与有关人员一起审查该系统流程图是否正确,系统流程图是否反映了现有系统的基本功能和处理流程。最后了解并记录现有系统和其他系统之间的接口情况,这是设计新系统时的重要约束条件。

在进行可行性研究时需要了解和分析现有的系统,并以概括的形式表达对现有系统的认识;进入设计阶段以后应该把设想的新系统的逻辑模型转变成物理模型,因此需要描绘未来的物理系统的概貌。怎样概括地描绘一个物理系统呢?这里介绍一个工具——系统流程图。

① 系统流程图的定义。系统流程图是描绘物理系统的图形工具。它的基本思想是用图形符号以黑盒子形式描绘系统里面的每个部件(程序、文件、数据库、表格、人工过程等)。系统流程图表达的是信息在系统各部件之间流动的情况,而不是对信息进行加工

处理的控制过程,因此尽管系统流程图使用的某些符号和程序流程图中用的符号相同,但是它是物理数据流图而不是程序流程图。

② 系统流程图的符号。系统流程图的符号见表 2.1、表 2.2 所列。当以概括的方式抽象地描绘一个物理系统时,仅需要使用表 2.1 中列出的基本符号,其中每个符号表示系统中的一个部件。

当需要更具体地描绘一个物理系统的时候还需要使用表 2.2 中列出的系统符号,利用这些符号可以把一个广义的输入/输出操作具体化为读/写存储在特殊设备上的文件(或数据库),把一般的处理具体化为特定的程序或手工操作等。

表 2.1　基本符号

符号	名称	说明
	处理	能改变数据值或数据位置的加工或部件,如程序、处理机、人工加工等都是处理
	输入/输出	表示输入或输出(或既输入又输出),是一个广义的不指明具体设备的符号
	连接	指出转到图的另一部分或从图的另一部分转来,通常在同一页上
	换页连接	指出转到另一页图上或由另一页图转来
	数据流	用来连接其他符号,指明数据流动方向

表 2.2　系统符号

符号	名称	说明
	穿孔卡片	表示用穿孔卡片输入或输出,也可表示一个穿孔卡片文件
	文档	通常表示打印输出,也可表示用打印终端输入数据
	磁带	磁带输入/输出,或表示一个磁带文件
	联机存储	表示任何种类的联机存储,包括磁盘、磁鼓、软盘和海量存储器件等
	磁盘	磁盘输入/输出,也可表示存储在磁盘上的文件或数据库

（续）

符号	名称	说明
	磁鼓	磁鼓输入/输出，也可表示存储在磁鼓上的文件或数据库
	显示	CRT终端或类似的显示部件，可用于输入或输出，也可既输入又输出
	人工输入	人工输入数据的脱机处理，如填写表格
	人工操作	人工完成的处理，例如，会计在工资支票上签名
	辅助操作	使用设备进行的脱机操作
	通信链路	通过远程通信线路或链路传送数据

③ 绘制系统流程图的原则。

- 与实际业务吻合，能客观、真实地反映实际业务。
- 图例规范，便于交流。
- 图形脉络清楚，简明扼要，不必要的具体细节可省略。
- 复杂的业务，可通过系统流程图的分层来描述。

④ 系统流程图的特点。

- 图描述的主体是票据、账单（信息的主要载体）。
- 票据、账单的流动线与实际业务处理过程一一对应。
- 图中票据、账单有"生"、有"死"，即一次生命周期反映一笔业务的处理情况。

⑤ 系统流程图的作用。

- 制作系统流程图的过程是系统分析员全面了解系统业务处理概况的过程，它是系统分析员做进一步分析的依据。
- 系统流程图是系统分析员、管理人员、业务操作人员相互交流的工具。
- 系统分析员可直接在系统流程图上拟出可以实现计算机处理的部分。
- 可利用系统流程图来分析业务流程的合理性。

⑥ 实例。下面以学校教材订购系统为例，说明系统流程图的使用。

学校教材订购系统可细化为两个子系统：销售系统和采购系统。销售系统的工作过程：首先由教师或学生提交购书单，经教材科发行人员审核是有效购书单后，开发票、登记并返给教师或学生领书单，教师或学生即可去书库领书。若是脱销教材则生成缺书单。

采购系统的主要工作过程：汇总缺书单，发采购单给书库采购人员；一旦新书入库后，即发到货通知。根据分析学校教材订购系统流程图如图2.3所示。

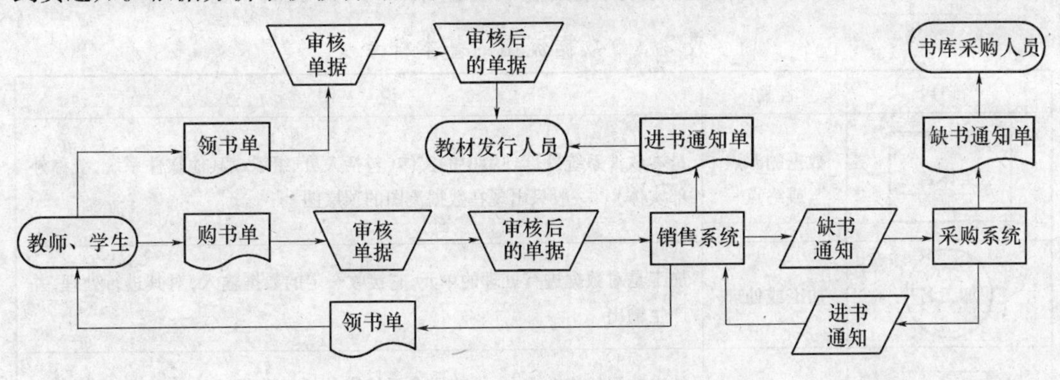

图2.3　学校教材订购系统的系统流程图

总之，系统流程图是在系统分析员在做系统构架阶段，或者说，在接触实际系统时，对未来构建的信息处理系统的一种描述。这种描述是相对简单且完全的，涉及未来系统中使用的处理部件，如磁盘、显示器、用户输入以及处理过程的先后顺序表示等，系统流程图还可以用来表示现有的信息系统处理过程涉及的各个部件以及次序。

3. 导出新系统的高层逻辑模型

如图2.4所示，优秀的设计过程通常总是从现有的物理系统出发，导出现有系统的逻辑模型，再参考现有系统的逻辑模型，设想目标系统的逻辑模型，最后根据目标系统的逻辑模型建造新的物理系统。

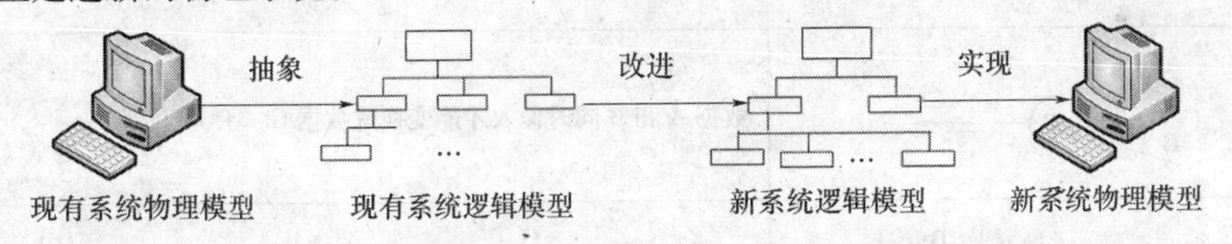

图2.4　导出新系统的逻辑模型

按照数据流分析的观点，系统模型的功能是数据变换，逻辑加工单元接收输入数据流，使之变换成输出数据流。数据流模型常用数据流图表示。

通过前一步的工作，分析员对目标系统应该具有的基本功能和所受的约束已有一定了解，能够使用数据流图描绘数据在系统中流动和处理的情况，从而概括地表达出对新系统的设想。通常为了把新系统描绘得更清晰准确，还应该有一个初步的数据字典，定义系统中使用的数据。数据流图和数据字典共同定义了新系统的逻辑模型，以后可以从这个逻辑模型出发设计新系统。

下面简要介绍在此阶段要用到的工具数据流图和数据字典。

1）数据流图

数据流图是一种描述“分解”的图示工具。它用直观的图形清晰地描绘了系统的逻辑模型，图中没有任何具体的物理元素，只是描述数据在系统中的流动和处理的情况，具有直观、形象、容易理解的优点。作为一种描述手段，它可以模拟手工的、自动的以及两者兼而有之混合的数据处理过程。此外，设计数据流图只需考虑统必须完成的基本逻辑功能，完全不需要考虑如何具体地实现这些功能，所以它也是软件设计的很好的出发点。

(1) 数据流图的符号、属性。数据流图有四种基本符号，见表2.3所列。

表2.3 数据流图的基本符号

符号	名称	说明
实体名（矩形）	数据的源点或终点	是本软件系统外部环境中的实体（包括人员、组织或其他软件系统，统称外部实体）。一般只出现在数据流图的顶层图
加工名（圆）	加工或处理	加工是对数据进行处理的单元，它接收一定的数据输入，对其进行处理，并产生输出
数据流名（箭头）	数据流	特定数据的流动方向，是数据在系统内传播的路径，因此由一组成分固定的数据组成
文件名（双线）	数据存储	又称为文件，指暂时保存的数据，它可以是数据库文件或任何形式的数据组织

除了上述四种基本符号外，有时也使用几种附加符号。星号(*)表示数据流之间是“与”关系；加号(+)表示“或”关系；⊕号表示只能从中选一个（互斥的关系）。表2.4给出了这些附加符号的含义。

表2.4 数据流图的附加符号

符号	说明
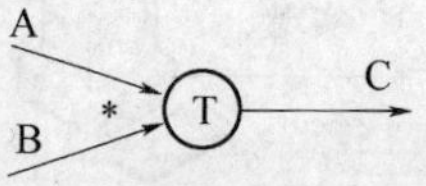 A、B —*→ (T) → C	数据A和B同时输入才能变换成数据C
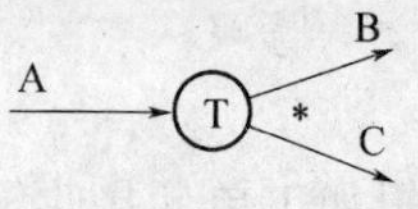 A → (T) —*→ B、C	数据A变换成数据B和C
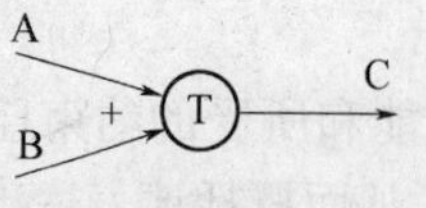 A、B —+→ (T) → C	数据A或B或A和B同时输入变换成数据C
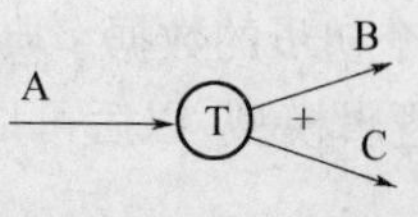 A → (T) —+→ B、C	数据A变换成数据B或C或B和C
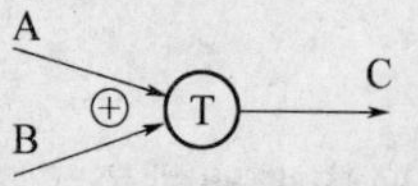 A、B —⊕→ (T) → C	只有数据A或只有B（但不能A、B同时）输入时变换成数据C
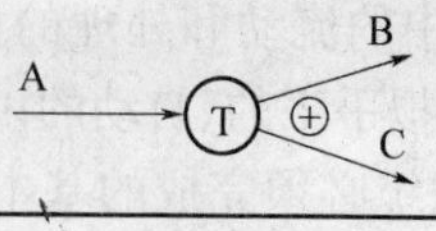 A → (T) —⊕→ B、C	数据A变换成数据B或C，但不能变换成数据B和C

数据流程图有三个重要属性：

① 可以表示任何一个系统（人工的、自动的或混合的）中的信息流程。

② 每个圆圈可能需要进一步分解以求得对问题的全面理解。

③ 着重强调的是数据流程而不是控制流程。

（2）数据流图的画法。一般情况下，为了表达数据处理的数据加工过程，只用一个数据流程图是不够的。对稍为复杂一些的实际问题，为了降低系统的复杂性，采取“逐层分解”的技术，画分层的 DFD 图如图 2.5 所示。在每一个层次上，最核心的部分就是数据加工及其相关的数据流。

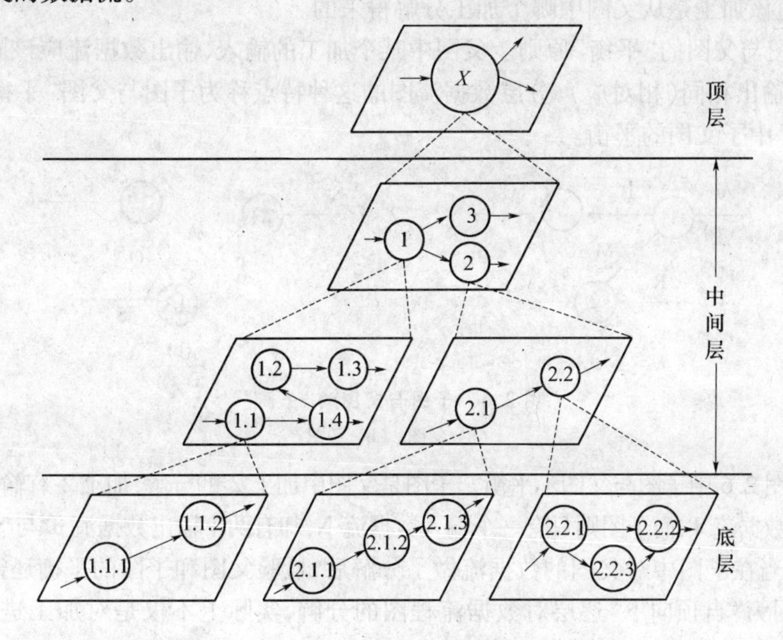

图 2.5 画分层的 DFD 图

画分层 DFD 图的一般原则：先全局后局部，先整体后细节，先抽象后具体。通常，将这种分层的 DFD 图分为顶层、中间层和底层。顶层图说明了系统的边界，即系统的输入和输出数据流，顶层图只有一张。底层图由一些不能再分解的加工组成，这些加工都已足够简单，称为基本加工。在顶层和底层之间的是中间层。中间层的数据流图描述了某个加工的分解，而它的组成部分又要进一步分解。画各层 DFD 图时，应“由外向内”。具体步骤如下：

- 先确定系统范围，画出顶层的 DFD 图；
- 逐层分解顶层 DFD 图，获得若干中间层 DFD 图；
- 画出底层的 DFD 图。

同时，还需要遵守以下几条原则：

① 数据守恒与数据封闭原则。数据守恒是指加工的输入、输出数据流是否匹配，即每一个加工既有输入数据流又有输出数据流。或者说，一个加工至少有一个输入数据流和一个输出数据流。

② 加工分解的原则。

• 自然性:概念上合理、清晰;

• 均匀性:理想的分解是将一个问题分解成大小均匀的几个部分;

• 分解度:分解度问题包括两个方面,一是每个加工每次分解成几个子加工比较恰当;二是分解深度,即分解的层数问题。这两个问题之间有一定的联系。经验表明,一个加工的分解以不超过7个子加工比较合适。这样,一个加工的分解完全可以在一张图纸上画下来,过多的子加工使图纸显得拥挤,而每个加工分解的子加工个数太少,就会使整个数据流程图的分解层数增加,这些都会给阅读和理解带来困难。

③ 加工的编号原则。第一,从加工的编号能知道该加工处在哪一层分解;第二,从加工编号知道该加工是从父图中哪个加工分解得来的。

④ 子图与父图的"平衡"原则。父图中某个加工的输入、输出数据流应该同相应的子图的输入、输出相同(相对应),分层数据流图的这种特点称为子图与父图"平衡"。比如,考察图2.6中子父图的平衡。

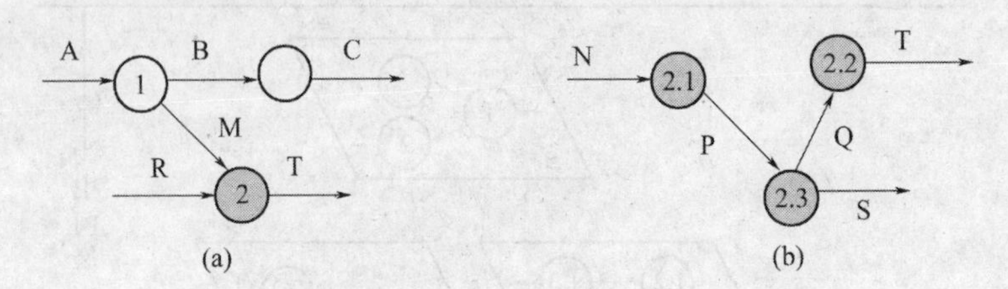

图2.6 子图与父图的"平衡"
(a) 父图;(b) 子图。

显然,图2.6中子图与父图不平衡。子图是父图中加工2的分解,加工2有输入数据流R和M,输出数据流T,而子图则只有一个输入数据流N,却有两个输出数据流T与S。

有时,当在子图中对父图的数据流做了分解后,检验父图和子图的平衡还需借助于数据字典。因为"自顶向下"逐层对数据流程图的分解,实际上不仅是对加工进行分解,同时也对数据流进行分解。

⑤ 合理使用文件。当文件作为某些加工之间的交界面时,文件必须画出来,一旦文件作为数据流图中的一个独立成分画出来了,那么它同其他成分之间的联系也应同时表达出来。理解一个问题总要经过从不正确到正确、从不确切到确切的过程,需求分析的过程总是要不断反复的,一次就成功的可能性是很小的,对复杂的系统尤其如此。因此,系统分析员应随时准备对数据流图进行修改和完善,与用户取得共识,获得无二义性的需求,才能获得更正确清晰的需求说明,使得设计、编程等阶段能够顺利进行,这样做是必须和值得的。

为了进一步说明数据流程图的应用,我们还是来研究学校教材订购系统。该系统主要实现以下功能:

教材浏览服务:学生或教师在填写购书单前可以先对教材总体进行浏览,对教材名称、库存数量及价格进行一定的了解,然后再结合自己的情况决定自己要购买的教材,填写购书单。

购书服务:本系统在向学生售书时要求学生填写购书单(包括学生姓名、购书数量、购书书名信息),经审查有效后,打印领书单返回给学生领取书籍。

教材信息发布:学院教材订购负责人提供教学用书表后,本系统将教材信息公布,以便于学生确定所需书目,下购书单。

通知采购:当库存中缺书时,汇总缺书信息,通知教材工作人员进行采购。

本系统还兼顾一点财务信息的管理,当发生购书时,系统直接向购书者收取现金。

根据分析得到的系统功能要求,画出教材订购系统的顶层 DFD 图,如图 2.7 所示。

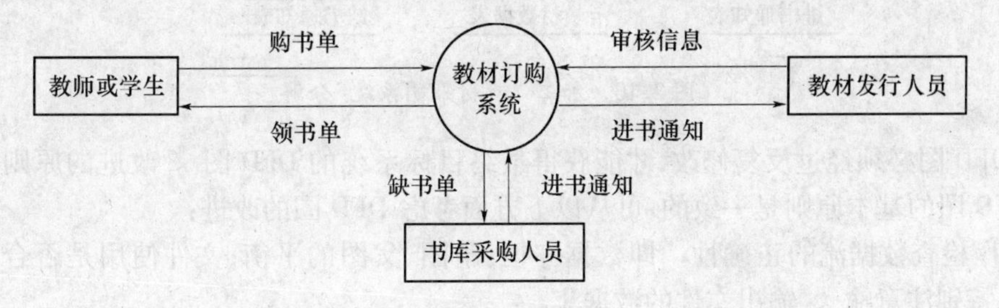

图 2.7　学校教材订购系统顶层 DFD 图

在顶层 DFD 图的基础上再进行分解,得到第一层 DFD 图,如图 2.8 所示。

第一层分解为教材销售系统、教材采购系统两个加工。这层的分解是关键,是根据初步的需求分析所得到系统主要功能要求来进行分解的。

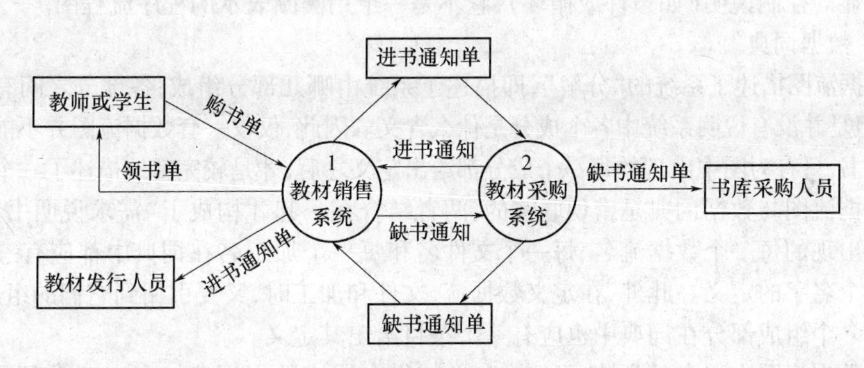

图 2.8　学校教材订购系统第一层 DFD 图

在第一层分解的基础上,应对两个加工进行进一步分解,即进行第二层分解,如图 2.9 和图 2.10 所示。

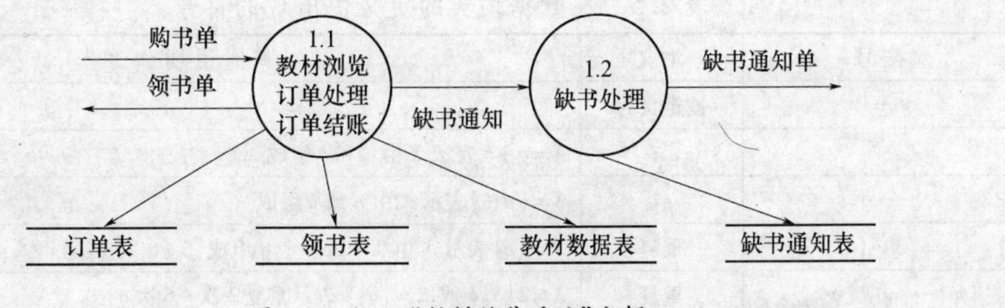

图 2.9　加工"教材销售系统"分解

(3) 分层 DFD 图的改进。分层数据流图是一种比较严格又易于理解的描述方式,它的顶层描绘了系统的总貌,底层画出了系统所有的细部,中间层则给出了从抽象到具体的逐步过渡。

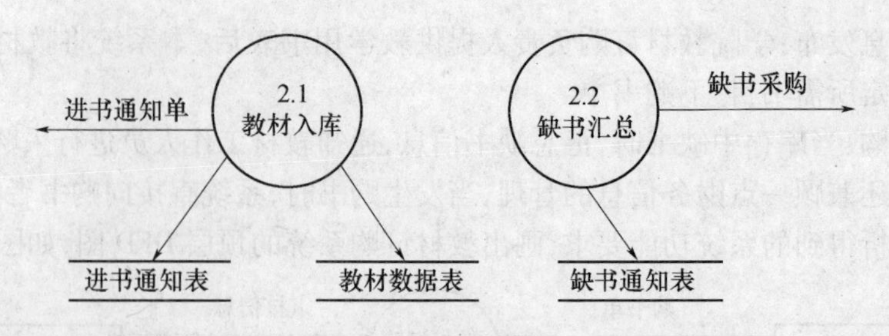

图 2.10　加工“教材采购系统”分解

DFD 图必须经过反复修改,才能获得最终目标系统的 DFD 图 。改进的原则与画分层 DFD 图的基本原则是一致的,可从以下方面考虑 DFD 图的改进:

① 检查数据流的正确性。即数据守恒;子图、父图的平衡;文件使用是否合理。另外,要特别注意输入、输出文件的数据流。

② 改进 DFD 图的易理解性。简化加工之间的联系(加工间的数据流越少,独立性越强,易理解性越好);改进分解的均匀性;适当命名(各成分名称无二义性,准确、具体)。

总之,数据流程图是一种图解方法,它在软件需求分析中是非常有用的。然而,如果它的作用与程序流程图(框图)混淆的话,也会引起混乱。数据流程图描绘的是信息流,没有明显的控制说明(如条件或循环),它不是一个用圆圈表示的程序流程图。

2) 数据词典

数据流图描述了系统的“分解”,即描述了系统由哪几部分组成,各部分之间有什么联系等,但是并没有说明系统中各个成分是什么含义。因此,仅仅一套数据流图并不能构成系统说明书,只有为图中出现的每一个成分都给出定义之后,才是较完整地描述了一个系统。

数据流图与数据词典是密切联系的,两者结合在一起才构成了“需求说明书”。数据流图中出现的每一个数据流名、每一个文件名和每一个加工名在词典中都应有一个条目给出这个名字的定义。此外,在定义数据流、文件和加工时,又要引用到它们的组成部分,所以每一个组成部分在词典中也应有一个条目给出其定义。

对数据流图中包含的所有元素的定义的集合构成数据词典。它有四类条目:数据流、数据项、文件及基本加工。在定义数据流或文件时,使用表 2.5 给出的符号。将这些条目按照一定的规则组织起来,构成数据词典。

表 2.5　在数据词典的定义中出现的符号

符号	含义	举例说明
=	被定义为	
+	与	$X=a+b$ 表示 X 由 a 和 b 组成
[⋯|⋯]	或	$X=[a\|b]$ 表示 X 由 a 或 b 组成
{⋯}	重复	$X=\{a\}$ 表示 X 由 0 个或多个 a 组成
$m\{\cdots\}n$ 或 $\{\cdots\}_m^n$	重复	$X=2\{a\}6$ 或 $X=\{a\}_2^6$ 表示重复 2 次 ~6 次 a
(⋯)	可选	$X=(a)$ 表示 a 可在 X 中出现,也可不出现
“⋯”	基本数据元素	$X=$“a”表示 X 是取值为字符 a 的数据元素
··	连接符	$X=1\cdot\cdot8$ 表示 X 可取 1 ~8 中的任意一个值

（1）数据流条目。数据流条目主要说明数据流条目是由哪些数据项组成的，以及数据在单位时间内的流量，它的来源、去向等。条目格式如下：

数据流名：

组成：

流量：

来源：

去向：

（2）文件条目。文件条目主要说明文件由哪些数据项组成，存储方式和存取频率等。条目格式如下：

文件名：

组成：

存储方式：

存储频率：

（3）数据项条目。数据项条目主要说明数据项类型、长度、取值范围等。条目格式如下：

数据项名：

类型：

长度：

取值范围：

（4）加工条目 。加工条目就是“加工小说明”。由于“加工”是 DFD 图的重要组成部分，一般应单独进行说明。

因此，数据词典是对数据流图中所包含的各种元素定义的集合。它对数据流、数据项、文件及基本加工四类条目进行了描述，是对 DFD 图的补充。

和数据流程图的层次概念相类似，一个数据字典的定义式不宜包含过多的项，这可以采取逐级定义的定义式，使得一些复杂的数据元素自顶向下多层定义，直到最后给出无需定义的基本数据元素。例如，日期 = 年 + 月 + 日。

数据字典就是这样构造起来的一组定义式。必要时，定义式之间还可能有一些特定的注释行出现，以利于理解。

与常用的词典相似，数据字典所收集的数据定义，都按词典的编辑方法顺序排列，以方便使用。当然，不允许出现一个数据元素有多个定义的现象。

数据字典的建立和维护是件细致而又复杂的工作，大的数据处理系统在数据字典上投入的工作量也是相当可观的。人工建立和维护数据字典常采用卡片记载数据定义，也可以采用计算机进行数据字典的自动管理（机读数据词典），其管理功能包括对数据定义的修改、补充、查询、自身的一致性检查（发现冲突的定义式）以及与数据流程图的一致性检查等。

3）加工逻辑说明

加工逻辑又称为“加工小说明”，对数据流图中每一个不能再分解的基本加工都必须有一个“加工小说明”给出这个加工的精确描述。小说明中应精确地描述加工的激发条件、加工逻辑、优先级、执行频率和出错处理等。加工逻辑是其中最基本的部分，是指用户对这个加工的逻辑要求。

对基本加工说明有三种描述方式:结构化语言,判定表和判定树。在使用时可以根据具体情况,选择其中一种方式对加工进行描述。

(1) 结构化语言。结构化语言是介于自然语言(英语或汉语)和形式语言之间的一种半形式语言,它是自然语言的一个受限制的子集。自然语言容易理解,但容易产生二义性,而形式化语言精确、无二义性,却难理解,不易掌握。结构化语言则综合二者的优点,在自然语言的基础上加上一些约束;一般分为内、外两层结构,外层语法较具体,为控制结构(顺序、选择、循环);内层较灵活,表达“做什么”。

特点:简单、易学、少二义性,但不好处理组合条件。

例如:外层可为以下结构:

① 顺序结构;

② 选择结构:

IF THEN – ELSE; CASE – OF – ENDCASE;

③ 循环结构:

WHILE – DO; REPEAT – UNTIL

(2) 判定表。判定表是一种二维的表格,常用于较复杂的组合条件。通常由四部分组成,见表2.6。可以处理用结构化语言不易处理的、有较复杂的组合条件的问题。

条件框:条件定义。

操作框:操作的定义。

条件条目:各条件的取值及组合。

操作条目:在各条件取值组合下所执行的操作。

表2.6 判定表组成

条件框	条件条目
操作框	操作条目

判定表的优点:可处理较复杂的组合条件;缺点但不易理解,不易输入计算机。

(3) 判定树。仍然以图书销售系统的处理为例,其判定树如图2.11所示。

判定树的优点:描述一般组合条件较清晰;缺点:不易输入计算机。

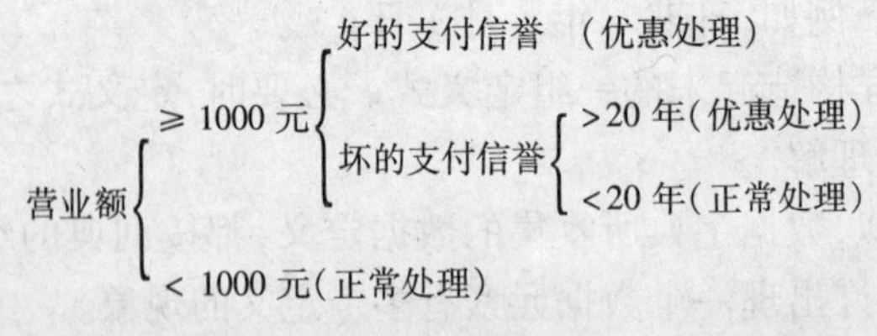

图2.11 判定树

4. 重新定义问题

新系统的逻辑模型实质上表达了分析员对新系统必须做什么的看法。用户是否也有同样的看法呢? 分析员应该和用户一起再次复查问题定义、工程规模和目标,这次复查应该把数据流图和数据字典作为讨论的基础。如果分析员对问题有误解或者用户曾经遗漏了某些要求,那么现在是发现和改正这些错误的时候了。

可行性研究的前四个步骤实质上构成一个循环。分析员定义问题,分析这个问题,导出一个试探性的解;在此基础上再次定义问题,再一次分析这个问题,修改这个解;继续这个循环过程,直到提出的逻辑模型完全符合系统目标。

5. 导出和评价供选择的解法

分析员应该从他建议的系统逻辑模型出发,导出若干个较高层次的(较抽象的)物理解法供比较和选择。如图 2.12 所示,导出供选择的解法的最简单的途径,是从技术角度出发考虑解决问题的不同方案。在数据流图上划分不同的自动化边界,从而导出不同物理方案的方法。分析员可以确定几组不同的自动化边界,然后针对每一组边界考虑如何实现要求的系统。还可以使用组合的方法导出若干种可能的物理系统,例如,在每一类计算机上可能有几种不同类型的系统,组合各种可能将有微处理机上的批处理系统、微处理机上的交互式系统、小型机上的批处理系统等方案,此外,还应该把现有系统和人工系统作为两个可能的方案一起考虑进去。

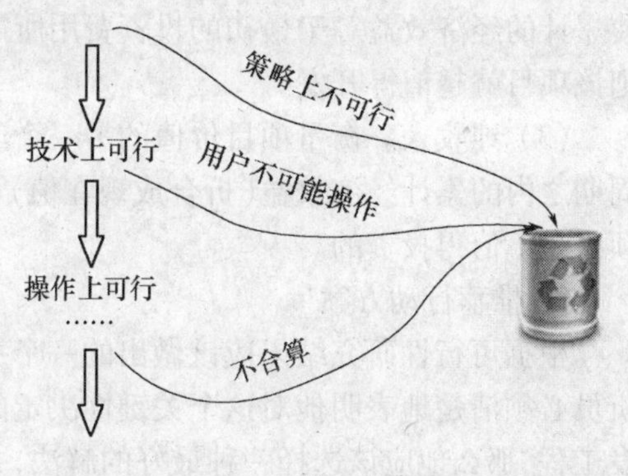

图 2.12　导出多种方法

当从技术角度提出了一些可能的物理系统之后,应该根据技术可行性的考虑初步排除一些不现实的系统。例如,如果要求系统的响应时间不超过几秒,显然应该排除任何批处理方案。把技术上行不通的解法去掉之后,就剩下了一组技术上可行的方案。

其次可以考虑操作方面的可行性。分析员应该根据使用部门处理事务的原则和习惯检查技术上可行的那些方案,去掉其中从操作方式或操作过程的角度看用户不能接受的方案。

接下来应该考虑经济方面的可行性。分析员应该估计余下的每个可能的系统的开发成本和运行费用,并且估计相对于现有的系统而言这个系统可以节省的开支或可以增加的收入。在这些估计数字的基础上,对每个可能的系统进行成本/效益分析。一般说来,只有投资预计能带来利润的系统才值得进一步考虑。

最后为每个在技术、操作和经济等方面都可行的系统制定实现进度表,这个进度表不需要(也不可能)制定得很详细,通常只需要估计生命周期每个阶段的工作量。

那么如何做成本/效益分析呢?

成本/效益分析的目的是从经济角度评价开发一个新的软件项目是否可行。成本/效益分析首先是估算将要开发的系统的开发成本,然后与可能取得的效益进行比较和权衡。效益分有形效益和无形效益两种。有形效益可以用货币的时间价值、投资回收期、纯收入等指标进行度量;无形效益主要从性质上、心理上进行衡量,很难直接进行量的比较。这里主要介绍有形效益的分析:

(1) 货币的时间价值。项目开发后,应取得相应的效益,有多少效益才合算?这就要考虑货币的时间价值。通常用利率表示货币的时间价值。

设年利率为 i,现存入 P 元,n 年后可得钱数为 F,若不计复利,则:

$$F = P \times (1 + n \times i)$$

F 就是 P 元在 n 年后的价值;反之,若 n 年能收入 F 元,那么这些钱现在的价值:

$$P = F/(1 + n \times i)$$

(2) 投资回收期。通常,用投资回收期衡量一个开发项目的价值。投资回收期就是使累计的经济效益等于最初的投资费用所需的时间。投资回收期越短,就越快获得利润,则该项目就越值得开发。

(3) 纯收入。衡量项目价值的另一个经济指标是项目的纯收入,也就是在整个生存周期之内的累计经济效益(折合成现在值)与投资之差。若某项目的纯收入小于零,则该项目是不值得投资的。

6. 推荐行动方案

根据可行性研究结果应该做出的一个关键性决定:是否继续进行这项开发工程。分析员必须清楚地表明他对这个关键性决定的建议,如果分析员认为值得继续进行这项开发工程,那么他应该选择一种最好的解法,并且说明选择这个解决方案的理由。通常,使用部门的负责人主要根据经济上是否划算决定是否投资于一项开发工程,因此分析员对于所推荐的系统必须进行比较仔细的成本/效益分析。

7. 草拟开发计划

分析员应该进一步为推荐的系统草拟一份开发计划,除了工程进度表之外还应该估计对各种开发人员(系统分析员、程序员、资料员等)和各种资源(计算机硬件、软件工具等)的需要情况,应该指明什么时候使用以及使用多长时间。此外,还应该估计系统生命周期每个阶段的成本。最后应该给出下一个阶段(需求分析)的详细进度表和成本估计。

8. 书写文档,提交审查

应该把上述可行性研究各个步骤的结果写成清晰的文档,请用户和使用部门的负责人仔细审查,以决定是否继续这项工程以及是否接受分析员推荐的方案。

可行性研究报告首先由项目负责人审查(审查内容是否可靠),再上报给上级主管审阅(估价项目地位)。从可行性研究应当得出“行或不行”决断,当然在以后开发阶段还要其他“行还是不行”的决定。

2.1.2 需求分析

深入理解软件需求是软件开发工作获得成功的前提条件,不论我们把设计和编码做得如何出色,不能真正满足用户需求的软件只会令用户失望,给开发带来烦恼。

需求分析和规格说明阶段又称需求确定阶段或分析阶段,是结构化开发方法中最重要的阶段之一。通过“分析”理解用户的各种问题,通过“规格说明”把问题表达出来。

1. 需求分析的目的及任务

需求分析是指开发人员要准确地理解用户的要求,进行细致的调查分析,将用户非形式化的需求陈述转化为完整的需求定义,再由需求定义转化为相应的软件需求规格说明书(即需求分析的结果)的过程。需求分析是软件定义时期的最后一个阶段,其任务是准确地回答“系统必须做什么”。需求分析阶段要进行的具体工作如图 2. 13 所示。主要包括:

(1) 问题明确定义。在可行性研究的基础上,双方通过交流,对问题都有进一步的认识。所以可确定对问题的综合需求。这些需求包括功能需求、性能需求、环境需求和用户界面需求。另外,还有系统的可靠性,安全性,可移植性和可维护性等方面的需求。双方在讨论这些需求内容时,一般通过双方交流、调查研究来获取,并达到共同的理解。

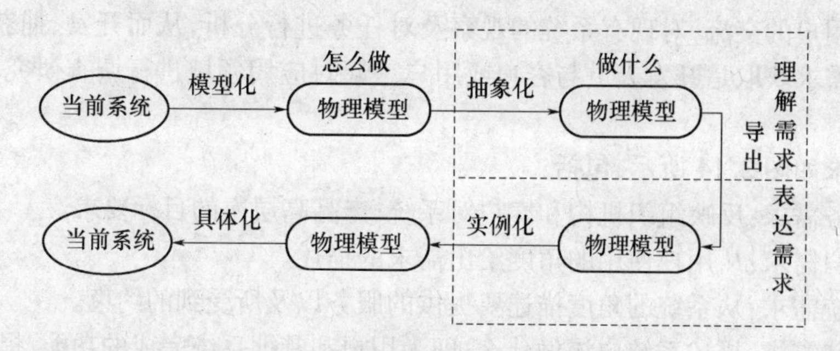

图 2.13　需求阶段的具体工作

(2) 导出软件的逻辑模型。分析人员根据前面获取的需求资料,要进行一致性的分析检查,在分析、综合中逐步细化软件功能,划分成各个子功能。同时,对数据域进行理解,并分配到各个子功能上,以确定系统的构成及主要成分。最后要用图文结合的形式,建立起新系统的逻辑模型。

(3) 编写文档。通过分析确定系统必须具备的功能和性能,定义系统中的数据,描述数据处理的主要算法。应该把分析的结果用正式的文件("需求规格说明书")记录下来,作为最终软件的部分材料。

需求分析和规格说明阶段的目的是澄清用户的各种需求。需求分析的任务并不是确定系统怎样完成它的工作,而仅仅是确定系统必须完成哪些工作,也就是对目标系统提出完整、准确、清晰、具体的要求。

用户和软件人员充分地理解了用户的要求之后,要将共同的理解明确地写成一份文档——需求规格说明书,需求规格说明书就是"用户要求"的明确表达。

需求规格说明书的主要部分是详细的数据流图、数据字典和主要功能的算法描述。通过验收的需求规格说明书是今后软件设计和项目验收的依据。

需求说明书主要有以下三个作用:

(1) 作为用户和软件人员之间的合同,为双方相互了解提供基础。

(2) 反映出问题的结构,可以作为软件人员进行设计和编写的基础。

(3) 作为验收的依据,即作为选取测试用例和进行形式验证的依据。

2. 需求分析的过程及方法

需求分析对于整个软件开发过程以及软件产品的质量至关重要。需求分析方法应遵守以下原则:

(1) 必须理解并描述问题的信息域,建立数据模型。

(2) 必须定义软件应完成的功能,建立功能模型。

(3) 必须描述作为外部事件结果的软件行为,建立行为模型。

必须对描述信息、功能和行为的模型进行分解,用层次的方式展示细节。

从收集资料到形成软件需求分析文档,一般来说要经过五个阶段:需求获取、需求分析与建模、形成需求规格、需求验证、需求管理。

需求分析阶段用到的工具主要有系统流程图、数据流图、数据词典、结构化英语、判定表和判定树等。

1) 需求获取

通过与用户的交流，对现有系统的观察及对任务进行分析，从而开发、捕获和修订用户的需求。需求获取是开发人员与客户或用户一起对应用领域进行调查研究，收集系统需求的过程。

这些需求如图2.14所示，包括：

(1) 业务需求：反映组织机构和客户对系统、产品高层次的目标要求。

(2) 用户需求：从用户使用的角度给出需求的描述。

(3) 系统需求：从系统的角度描述要提供的服务以及所受到的约束。

(4) 功能需求：描述系统应该做什么，即为用户和其他系统完成的功能、提供的服务。

(5) 非功能需求：产品必须具备的属性或品质。

(6) 设计约束：设计与实现必须遵循的标准、约束条件。如运行平台、协议、选择的技术、编程语言和工具等。

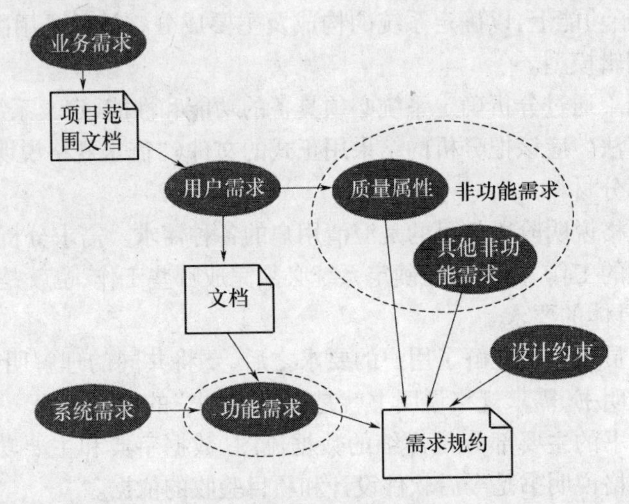

图2.14 软件需求的组成

此外，还有可靠性需求、安全保密要求、用户界面需求、可移植性及可维护性等方面需求。

在获取用户需求时应首先建立由客户(用户)、系统分析员、领域专家参加的联合小组，然后采用以下几种方式进行调研：

① 与用户交谈，向用户提出问题。

② 参观用户的工作流程，观察用户的操作。

③ 向用户群体发放调查问卷表。

④ 与同行、专家交谈，听取他们的意见。

⑤ 分析已经存在的同类软件产品，提取需求。

⑥ 从行业标准、规则中提取需求。

⑦ 从互联网上搜索相关资料。

分析员协同程序员通过调查分析，同时可以参考该项目的可行性报告和项目开发计划书，来获取当前系统的物理模型，并用系统流程图来描述。

2) 需求分析与建模

需求分析的本质就是对数据和加工进行分析，即分析系统的数据要求。需求建模则是为最终用户所看到的系统建立一个概念模型，作为对需求的抽象描述，并尽可能多地捕获现实世界的语义的过程。

分析建模就是从当前系统的物理模型中去掉非本质因素，如地点、人物等，抽象出当前系统的逻辑模型，是实现真实世界模型向计算机模型转换的核心环节，也是一种处理软件复杂性的有效手段。在需求分析阶段，分析建模的关键是针对用户需求建立抽象的分析模型，从而有助于开发人员理解用户需求，同时增强自然语言的需求规格说明。分析模型通常用数据流图、数据字典和主要算法描述逻辑模型，从数据、功能和行为等不同角度表达用户需求。

需求分析过程需要建立三种模型：

(1) 数据模型：实体—联系图（即 ER 图），描绘数据对象及数据对象之间的关系，用于建立数据模型的图形。

(2) 功能模型：数据流图描绘当数据在软件系统中移动时被变换的逻辑过程，指明系统具有的变换数据的功能，数据流图是建立功能模型的基础。

(3) 行为模型：状态转换图指明了作为外部事件结果的系统行为。为此，状态转换图描绘了系统的各种行为模式（称为“状态”）和在不同状态间转换的方式。状态转换图是行为建模的基础。

3) 形成需求规格

形成需求规格即生成需求模型构件的精确的形式化的描述——需求规格说明书（Software Requirement Specification，SRS），作为用户和开发者之间的一个协约。

需求规格说明书是软件生命期中一份至关重要的文档，在分析阶段必须及时地建立并保证其质量，需求规格说明书实际上是为软件系统描绘一个逻辑模型。因此，在开发早期就为尚未诞生的软件系统建立起一个可见的模型，将是确保产品质量的有力措施，并可保证开发工作顺利进行。

需求规格说明书是在对用户需求分析的基础上，把用户的需求规范化、形式化而编写成的，其目的是为软件开发提出总体要求，作为用户和开发人员之间相互了解和共同开发的基础。需求规格说明书的作用主要：

(1) 它是软件设计人员进行设计和编码的出发点。

(2) 它是对目标软件产品进行验收测试的依据。这就要求需求规格说明书中的各项需求都应该是可测试的。

(3) 它将软件开发方和客户（或用户）方紧密联系在一起，并充当合同的角色。

在形成需求规格说明书时应注意：作为设计的基础和验收的依据，需求规格说明书应该既完整、一致、精确、无二义，又要简明易懂并易于维护。需求规格说明书应该是精确而无二义的，这样才不致被人误解；用户能看懂需求规格说明书，并能发现和指出其中的错误是保证软件系统质量的关键，所以需求规格说明书必须简明易懂，尽量不包含计算机技术上的概念和术语，使用户和软件人员双方都能接受它。

需求规格说明书的主要内容可参照 IEEE 830 标准。

4) 需求验证

需求分析阶段的工作结果是开发软件系统的重要基础，大量统计数字表明，软件系统中15%的错误起源于错误的需求。为了提高软件质量,确保软件开发成功,降低软件开发成本,一旦对目标系统提出一组要求之后,必须严格验证这些需求的正确性。一般说来,应该从下述四个方面进行验证:

(1) 验证需求的一致性。所有需求必须是一致的,任何一条需求不能和其他需求互相矛盾。

当需求分析的结果用自然语言书写时,除了靠人工技术审查验证软件系统规格说明书的正确性之外,目前还没有其他更好的"测试"方法。但是,这种非形式化的规格说明书是难于验证的,特别在目标系统规模庞大、规格说明书篇幅很长时,人工审查的效果是没有保证的,冗余、遗漏和不一致等问题可能没被发现而继续保留下来,以致软件开发工作不能在正确的基础上顺利进行。

为了克服上述困难,人们提出了形式化的描述软件需求的方法。当软件需求规格说明书是用形式化的需求陈述语言书写时,可以用软件工具验证需求的一致性,从而能有效地保证软件需求的一致性。

(2) 验证需求的现实性。指定的需求应该是用现有的硬件技术和软件技术基本上可以实现的。对硬件技术的进步可以做些预测,对软件技术的进步则很难做出预测,只能从现有技术水平出发判断需求的现实性。

为了验证需求的现实性,分析员应该参照以往开发类似系统的经验,分析用现有的软、硬件技术实现目标系统的可能性。必要时应该采用仿真或性能模拟技术,辅助分析软件需求规格说明书的现实性。

(3) 验证需求的完整性和有效性。完整性是指需求必须是完整的,规格说明书应该包括用户需要的每一个功能或性能;有效性是指必须证明需求是正确有效的,确实能解决用户面对的问题。

只有目标系统的用户才真正知道软件需求规格说明书是否完整、准确地描述了他们的需求。因此,检验需求的完整性,特别是证明系统确实满足用户的实际需要(即需求的有效性),只有在用户的密切合作下才能完成。然而许多用户并不能清楚地认识到他们的需要(特别在要开发的系统是全新的,以前没有使用类似系统的经验时,情况更是如此),不能有效地比较陈述需求的语句和实际需要的功能。只有当他们有某种工作着的软件系统可以实际使用和评价时,才能完整确切地提出他们的需要。理想的做法是,先根据需求分析的结果开发出一个软件系统,请用户试用一段时间以便能认识到他们的实际需要是什么,在此基础上再写出正式的规格说明书。但是,这种做法将使软件成本增加1倍,因此,实际上几乎不可能采用这种方法。使用快速原型法是一个比较现实的替代方法,开发原型系统所需要的成本和时间可以大大少于开发实际系统所需要的。用户通过试用原型系统,也能获得许多宝贵的经验,从而可以提出更符合实际的要求。

5) 需求管理

需求管理的目的就是要控制和维持需求事先约定,保证项目开发过程的一致性,使用户得到他们最终想要的产品。需求管理的方法主要包括以下方面:

(1) 确定需求变更控制过程。制定一个选择、分析和决策需求变更的过程,所有的需求变更都需遵循此过程。

(2) 进行需求变更影响分析。评估每项需求变更,以确定它对项目计划安排和其他需求的影响,明确与变更相关的任务并评估完成这些任务需要的工作量。通过这些分析将有助于需求变更控制部门做出更好的决策。

(3) 建立需求基准版本和需求控制版本文档。确定需求基准,之后的需求变更遵循变更控制过程即可。每个版本的需求规格说明都必须是独立说明,以避免将底稿和基准或新旧版本相混淆。

(4) 维护需求变更的历史记录。将需求变更情况写成文档,记录变更日期、原因、负责人、版本号等内容,及时通知到项目开发所涉及的人员。为了尽量减少困惑、冲突、误传,应指定专人来负责更新需求。

(5) 跟踪每项需求的状态。可以把每一项需求的状态属性(如已推荐的、已通过的、已实施的或已验证的)保存在数据库中,这样可以在任何时候得到每个状态类的需求数量。

(6) 衡量需求稳定性。可以定期把需求数量和需求变更(添加、修改、删除)数量进行比较。过多的需求变更"是一个报警信号",意味着问题并未真正弄清楚。

3. 需求分析的工具

1) 描述数据模型工具——实体—联系图

描述概念数据模型的主要工具是实体—联系图(Entity Relationship Diagram,ER 图)。ER 图包含三个基本成分:实体、联系、属性。ER 图的符号见表 2.7 所列。

表 2.7　ER 图符号

符号	名称	说明
(矩形)	实体	实体是客观世界中存在的且可相互区分的事物。它可以是人或物,也可以是具体事物或抽象事物。例如,教师、学生、课程是实体
(菱形)	联系或关系	联系是客观世界中的事物彼此之间相互连接的方式。它描述实体与实体之间的关系。联系有三种:①一对一联系,例如,实体"校长"与"大学"之间的联系为"1:1";②一对多联系,例如,实体"学校"与"院系"之间的联系为"1:n";③多对多联系,例如,实体"学生"与"课程"之间的联系为"m:n"
(圆角矩形) 或 (椭圆)	属性	属性是实体或联系所具有的性质。通常一个实体或联系由若干属性来刻画
(直线)	连接	用于实体与联系或实体与其属性直接的连接

ER 图绘制步骤如下:

(1) 确定系统实体、属性及联系。利用系统分析阶段建立的数据字典,并对照数据流程图对系统中的各个数据项进行分类、组织,确定系统中的实体、实体的属性、标识实体的码以及实体之间联系的类型。在数据字典中"数据项"是基本数据单位,一般可以作为实体的属性。"数据结构"、"数据存储"和"数据流"条目都可以作为实体,因为它们总是包含了若干的数据项。作为属性必须是不可再分的数据项,也就是说在属性中不能包含其他的属性。

(2) 确定局部 ER 图。根据上面的分析,可以画出部分 ER 图。

在这些实体中有下画线的属性可以作为实体的码,这几个实体之间存在着 1:1、

1∶n 和 m∶n 几种联系。

(3) 集成完整 ER 图。各个局部 ER 图画好以后,应当将它们合并起来集成为完整 ER 图。在集成时应当注意,消除不必要的冗余实体、属性和联系;解决各分 ER 图之间的冲突;根据情况修改或重构 ER 图。

仍以学校教材订购系统为例。在学校教材订购系统中,其主要的实体分别为用户(教师和学生)、教材管理人员,经分析后得到如图 2.15 所示的 ER 图。

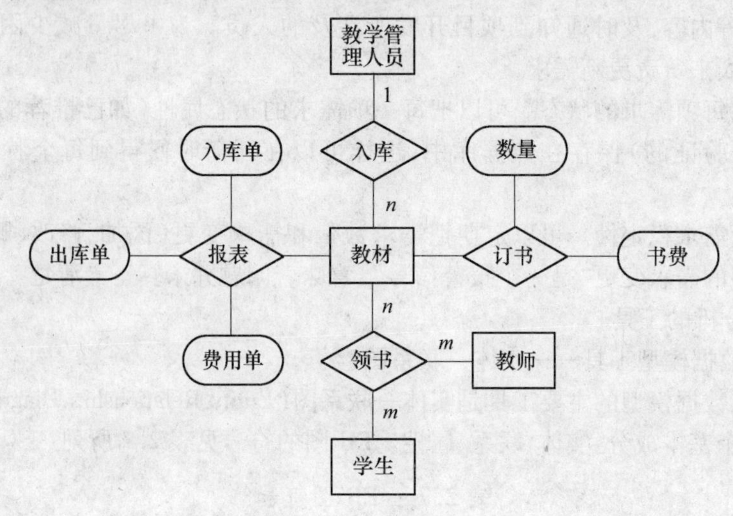

图 2.15 教材订购系统的 ER 图

2) 描述功能模型工具——数据流图

数据流图描绘当数据在软件系统中移动时被变换的逻辑过程,指明系统具有的变换数据的功能。

3) 描述行为模型工具——状态转换图

状态转换图(State Transition Diagram,STD)通过描述状态以及导致系统改变状态的事件来表示系统的行为,它没有表示出系统所执行的处理,只表示了处理结果可能的状态转换。状态是任何可以被观察到的系统行为模式,一个状态代表系统的一种行为模式。状态规定了系统对事件的响应方式。系统对事件的响应,既可以是做一个(或一系列)动作,也可以是仅仅改变系统本身的状态,还可以是既改变状态又做动作。在状态图中定义的状态主要有初态(即初始状态)、终态(即最终状态)和中间状态。在一张状态图中只能有一个初态,而终态则可以有 0 至多个。

状态图既可以表示系统循环运行过程,也可以表示系统单程生命期。当描绘循环运行过程时,通常并不关心循环是怎样启动的。当描绘单程生命期时,需要标明初始状态(系统启动时进入初始状态)和最终状态(系统运行结束时到达最终状态)。

事件是在某个特定时刻发生的事情,它是对引起系统做动作或(和)从一个状态转换到另一个状态的外界事件的抽象。例如,内部时钟表明某个规定的时间段已经过去,用户移动或点击鼠标等都是事件。简而言之,事件就是引起系统做动作或(和)转换状态的控制信息。

在图 2.16 中,STD 用带标记的圆圈或矩形表示状态,用箭头表示从一种状态到另一种状态的变换，箭头上的文本标记表示引起变换的条件。其中，初态用实心圆表示，终态用一对同心圆（内圆为实心圆）表示。中间状态用圆角矩形表示，可以用两条水平横线把它分成上、中、下三个部分。上面部分为状态的名称，这部分是必须有的；中间部分为状态变量的名字和值，这部分是可选的；下面部分是活动表，这部分也是可选的。

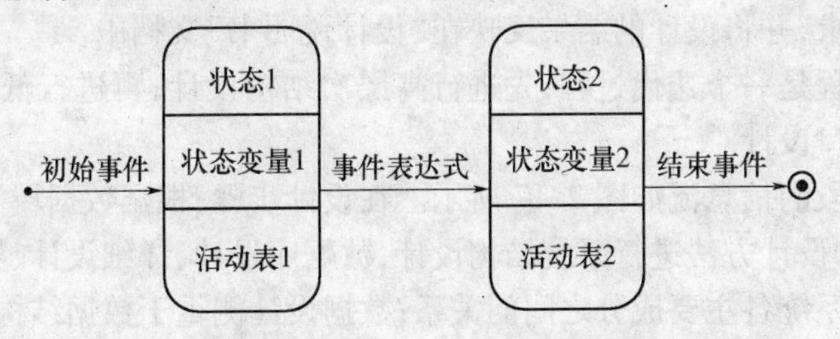

图 2.16　状态图中使用的主要符号

活动表的语法格式：

事件名（参数表）/动作表达式

其中，“事件名”可以是任何事件的名称。在活动表中，经常使用三种标准事件：entry、exit 和 do。entry 事件指定进入该状态的动作，exit 事件指定退出该状态的动作，do 事件则指定在该状态下的动作。需要时可以为事件指定参数表。活动表中的动作表达式描述应做的具体动作。状态图中两个状态之间带箭头的连线称为状态转换，箭头指明了转换方向。状态变迁通常由事件触发，在这种情况下应在表示状态转换的箭头线上标出触发转换的事件表达式；如果在箭头线上未标明事件，则表示在源状态的内部活动执行完之后自动触发转换。

事件表达式的语法：

事件说明[守卫条件]/动作表达式

其中，事件说明的语法为：事件名（ 参数表 ）。守卫条件是一个布尔表达式。如果同时使用事件说明和守卫条件，则当且仅当事件发生且布尔表达式为真时，状态转换才发生；如果只有守卫条件没有事件说明，则只要守卫条件为真状态转换就发生。动作表达式是一个过程表达式，当状态转换开始时执行该表达式。具体应用可查阅其他相关资料。

总之，结构化分析是面向数据流进行需求分析的方法，结构化分析方法以数据字典为核心，采用实体——联系图、数据流图和状态转换图等图形来表达需求，直观明了且易于理解和掌握。其中，数据流图是结构化分析的基本工具，体现了自顶向下逐步求精的分析过程，确定了系统的任务流和数据流；实体——联系图描述了系统的数据关系，从而帮助开发人员分析和理解系统数据的组成，并为系统设计阶段定义系统数据库的物理结构打下基础；状态转换图描述了系统状态之间的变化过程，它对于实时系统和控制系统尤为重要。

2.2　结构化设计

2.2.1　结构化设计概述

系统设计是软件工程整个工作的核心，不但要完成逻辑模型所规定的任务，而且要使所设计的系统达到优化。如何选择最优的方案，是系统设计人员和用户共同关心的问题。

1. 软件设计内容

软件设计是把软件需求(定义阶段)转换为软件的具体设计方案,即划分模块结构的过程,是软件开发阶段最重要的步骤。

进入了设计阶段,要把软件“做什么”的逻辑模型变换为“怎么做”的物理模型,即着手实现软件的需求,并将设计的结果反映在“设计说明书”文档中。

软件设计过程是一个迭代过程,先进行高层次结构设计;再进行低层次过程设计;穿插数据设计和接口设计。

软件开发阶段的信息流如图 2.17 所示。在设计步骤,根据数据域需求和功能域及性能需求,采用某种设计方法进行系统结构设计、数据库设计、详细设计、界面设计。系统结构设计定义软件系统各主要成分之间的关系;数据设计侧重于数据结构的定义;详细设计则是把结构成分转换成软件的过程性描述;界面设计侧重于与用户交互的界面的设计,包括输入/输出、显示等各类界面的风格和策略的确定。在编码步骤中,根据这种过程性描述,生成源程序代码,然后通过测试最终得到完整有效的软件。

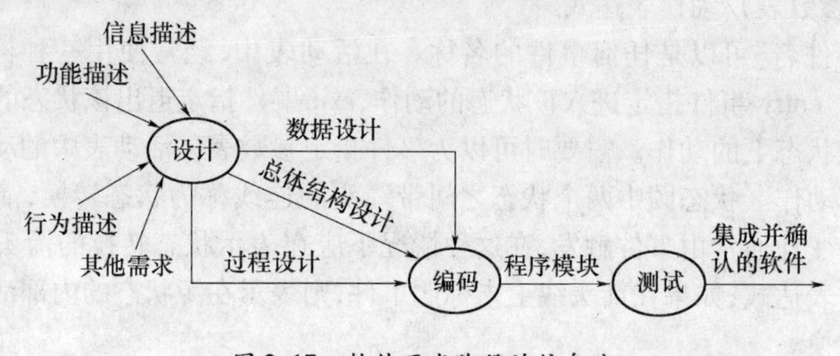

图 2.17 软件开发阶段的信息流

2. 软件设计原则

为了开发出高质量、低成本的软件,在软件开发过程中必须遵循下列原则:

1) 抽象

抽取事物最基本的特性和行为,忽略非基本的细节。采用分层次抽象的办法可以控制软件开发过程的复杂性,有利于软件的可理解性和开发过程的管理。

2) 模块化

模块是指执行某一特定任务的数据和可执行语句等程序元素的集合,通常是指可通过名字来访问的过程、函数、子程序或宏调用等。模块化就是将一个待开发的软件划分成若干个可完成某一子功能的模块,每个模块可独立地开发、测试,最后组装成完整的程序。模块化的依据是,如果一个问题由多个问题组合而成,那么这个组合问题的复杂程度将大于分别考虑每个问题时的复杂程度之和。

一个模块有它的外部特征和内部特征。外部特征包括模块的接口和功能,内部特征包括模块的局部数据和程序代码。调用一个模块只需知道它的外部特征,而不必了解其内部特征。模块的这一特征有助于实现 Parnas 提出的“信息隐蔽”原则。信息隐藏是提高软件可维护性的重要措施,在分解模块时,就应采取措施,将一些将来可能发生变化的因素隐含在某模块内,使将来因修改造成的影响尽可能地局限在一个或少数几个模块中,对于提高软件的可理解性、可修改性、可测试性和可移植性都有重要的作用。但 Parnas

只提供了重要的设计准则,而没有规定具体的工作步骤。

(1) 如何定义模块大小,Meyer 定义了以下 5 条标准:

① 模块的可分解性。如果一种设计方法提供了将问题分解成子问题的系统化机制,它就能降低整个系统的复杂性,从而实现一种有效的模块化解决方案。

② 模块的可组装性。如果一种设计方法使现存的(可复用的)设计构件能被组装成新系统,它就能提供一种不需要一切从头开始的模块化解决方案。

③ 模块的可理解性。如果一个模块可以作为一个独立的单位(不用参考其他模块)被理解,那么它就易于构造和修改。

④ 模块的连续性。如果对系统需求的微小修改只导致对单个模块,而不是整个系统的修改,则修改引起的副作用就会被最小化。

⑤ 模块的保护性。如果模块内部出现异常情况,并且它的影响限制在模块内部,则错误引起的副作用就会被最小化。

(2) 内聚。内聚是指一个模块内各个元素彼此结合的紧密程度,它是信息隐蔽和局部化概念的自然扩展。设计时应该力求高内聚,理想内聚的模块应当恰好做一件事情。内聚有如下的种类,它们之间的内聚度由弱到强排列:

① 偶然内聚:如果一个模块完成一组任务,这组任务彼此间即使有关系,其关系也是松散的,这个模块属于偶然内聚。

② 逻辑内聚:这种模块把几种逻辑上相关的功能组合在一起,通过参数确定模块完成哪种功能。

③ 瞬时内聚:如果一个模块所包含的任务必须在同一时间间隔内执行,这个模块属于瞬时内聚,如初始化模块。

④ 过程内聚:如果一个模块的处理元素是相关的,而且必须按特定的次序执行,这个模块属于过程内聚。

⑤ 通信内聚:如果一个模块的所有功能都通过使用公用数据而发生关系,这个模块属于通信内聚。

⑥ 顺序内聚:如果一个模块的处理元素是相关的,而且必须顺序执行,通常一个处理元素的输出数据作为下一个处理元素的输入数据,则称为顺序内聚。

⑦ 功能内聚:如果一个模块包括且仅包括为完成某一具体任务所必需的所有成分,或者说模块中所有成分结合起来是为了完成一个具体的任务,那么这个模块是功能内聚的。

(3) 耦合。耦合是对一个软件结构内不同模块之间互联程度的度量。耦合强弱取决于模块间接口的复杂程度,进入或访问一个模块的点,以及通过接口的数据。

模块间的耦合程度强烈影响系统的可理解性、可修改性、可测试性和可靠性,在软件设计中应该追求尽可能松散耦合的系统。在这样的系统中,模块间联系简单,发生在某一模块的错误传播到整个系统的可能性就很小,研究、测试或维护任何一个模块不需要对系统的其他模块有很多了解。

耦合可以分成下列几种,它们之间的耦合度由高到低排列:

① 内容耦合:指两个模块之间出现了下列情况之一,一个模块访问另一模块的内部数据;一个模块不通过正常入口转到另一模块的内部;两个模块有一部分程序代码重叠;

一个模块有多个入口。软件设计时应坚决禁止内容耦合,应设计成单入口、单出口的模块,避免病态连接。

② 公共耦合:多个模块引用一全局数据区的模式称为公共耦合。例如,C 语言中的 external 数据类型、磁盘文件等都是全局数据区。

③ 外部耦合:当模块与软件以外的环境有关时就发生外部耦合。例如,输入/输出把一个模块与特定的设备、格式、通信协议耦合在一起。

④ 控制耦合:如果一模块明显地把开关量、名字等信息送入另一模块,控制另一模块的功能,则称控制耦合。

⑤ 标记耦合:如果两个以上的模块都需要其余某一数据结构子结构时,不使用全局变量的方式而是用记录传递的方式,则称标记耦合。

⑥ 数据耦合:如果两个模块借助于参数表传递简单数据,则称数据耦合。

⑦ 非直接耦合:如果两个模块没有直接关系,它们之间的联系完全是通过主程序的控制和调用来实现的,则称非直接耦合。

从原则上讲,模块化设计总是希望模块之间的耦合表现为非直接耦合方式。但是,由于问题所固有的复杂性,有时则要根据实际情况全面权衡,选用其他类型的耦合。

模块的高内聚、低耦合原则称为模块独立原则。

(4) 深度、宽度、扇出与扇入。

深度表示软件结构中控制的层数。如果层数过多则应考虑是否有许多管理模块过于简单了,能否适当合并。

宽度是软件结构中同一个层次上的模块总数的最大值。一般说来,宽度越大系统越复杂。对宽度影响最大的因素是模块的扇出。

一个模块的扇出是指该模块直接调用的下级模块的个数。扇出大表示模块的复杂度高,需要控制和协调过多的下级模块;但扇出过小(如总是 1)也不好。扇出过大一般是因为缺乏中间层次,应该适当增加中间层次的控制模块。扇出太小时可以把下级模块进一步分解成若干个子功能模块,或者合并到它的上级模块中去。

一个模块的扇入是指直接调用该模块的上级模块的个数。扇入大表示模块的复用程度高。

设计良好的软件结构通常顶层扇出比较大,中间扇出较少,底层模块则有大扇入。但也应当注意,不应为了单纯追求深度、宽度、扇出与扇入的理想化而违背模块独立原则,分解或合并模块必须符合问题结构。

(5) 作用域和控制域。模块的作用域是指受该模块内一个判定影响的所有模块的集合。模块的控制域是指该模块本身,以及被该模块直接或间接调用的所有模块的集合。软件设计时,模块的作用域应在控制域之内,作用域最好是做出判定的模块本身及它的直属下级模块。

(6) 功能的可预测性。功能可预测是指对相同的输入数据能产生相同的输出。软件设计时应保证模块的功能是可以预测的。

3) 信息隐藏

采用封装技术,将程序模块的实现细节(过程或数据)隐藏起来,对于不需要这些信息的其他模块来说是不能访问的,使模块接口尽量简单。

按照信息隐藏的原则,系统中的模块应设计成"黑箱",模块外部只能使用模块接口说明中给出的信息,如操作、数据类型等。

使程序由许多个逻辑上相对独立的模块组成。模块是程序中逻辑上相对独立的单元;模块的大小要适中;高内聚、低耦合。

4) 一致性

整个软件系统(包括文档和程序)的各个模块均应使用一致的概念、符号和术语;程序内部接口应保持一致;软件与硬件接口应保持一致;系统规格说明与系统行为应保持一致;实现一致性需要良好的软件设计工具(如数据字典、数据库、文档自动生成与一致性检查工具等)、设计方法和编码风格的支持。

3. 结构化设计方法

结构化设计(Structured Design,SD)方法是基于模块化、自顶向下细化、结构化程序设计等程序设计技术基础发展起来的。结构化设计方法是一种面向数据流的设计方法,是以结构化分析阶段所产生的文档(包括数据流图、数据字典和软件需求说明书)为基础,自顶向下、逐步求精和模块化的过程。结构化设计通常可分为概要设计和详细设计。概要设计的任务是确定软件系统的结构,进行模块划分,确定每个模块的功能、接口及模块间的调用关系。详细设计的任务是为每个模块设计实现的细节。

2.2.2 概要设计

1. 概要设计的任务

概要设计也称为结构设计或总体设计,主要任务是把系统的功能需求分配给软件结构,形成软件的模块结构图。

概要设计的基本任务:

(1) 设计软件系统结构。划分功能模块,确定模块间调用关系。

(2) 数据结构及数据库设计。实现需求定义和规格说明过程中提出的数据对象的逻辑表示。

(3) 编写概要设计文档。包括概要设计说明书、数据库设计说明书,集成测试计划等。

(4) 概要设计文档评审。对设计方案是否完整实现需求分析中规定的功能、性能的要求,设计方案的可行性等进行评审。

2. 概要设计的具体步骤

(1) 复查基本系统模型。复查的目的是确保系统的输入数据和输出数据符合实际。

(2) 复查并精化数据流图。应该对需求分析阶段得到的数据流图认真复查,并且在必要时进行精化。不仅要确保数据流图给出了目标系统的正确的逻辑模型,而且应该使数据流图中每个处理都代表一个规模适中、相对独立的子功能。

(3) 确定数据流图的信息流类型。数据流图中从系统的输入数据流到系统的输出数据流的一连串连续变换形成了一条信息流。

信息流大体可分为两种类型:

① 变换流:信息沿着输入通道进入系统,然后通过变换中心(也称主加工)处理,再沿着输出通道离开系统。具有这一特性的信息流称为变换流。具有变换流型的数据流图可

明显地分成输入、变换(主加工)、输出三大部分。

② 事务流:信息沿着输入通道到达一个事务中心,事务中心根据输入信息(即事务)的类型在若干个动作序列(称为活动流)中选择一个来执行,这种信息流称为事务流。事务流有明显的事务中心,各活动以事务中心为起点呈辐射状流出。

(4) 根据流的类型分别实施变换分析或事务分析。变换分析是从变换流型的数据流图导出程序结构图。具体过程如下:

① 确定输入流和输出流的边界,从而孤立出变换中心;

② 完成第一级分解,设计模块结构的顶层和第一层;

③ 完成第二级分解,也就是输入控制模块、变换控制模块和输出控制模块的分解,设计中、下层模块。

事务分析是从事务流型的数据流图导出程序结构图。具体过程如下:

① 确定事务中心和每条活动流的特性;

② 将事务流型数据流图映射成高层的程序结构,分解出接收模块、发送模块(调度模块),以及发送模块所控制的下层所有的活动流模块;

③ 进一步完成接收模块和每一个活动流模块的分解。

(5) 根据软件设计原则对得到的软件结构图进一步优化。

3. 概要设计工具

1) 结构图(Structure Chart,SC)

模块结构图由美国的 Yourdon 于 1974 年首先提出,并用来描述软件系统的组成结构及相互关系。它既反映了整个系统的结构(即模块划分),也反映了模块间的联系。

作用:软件结构概要设计阶段的工具。反映系统的功能实现以及模块与模块之间的联系与通信,即反映了系统的总体结构。

结构图基本组成成分:模块、数据和调用。

结构图符号见表 2.8 所列。

表 2.8 结构图基本符号

符号	名称	说明
[姓名检索]	模块	用一个方框来表示软件系统中的一个模块,框中写模块名。名字要恰当地反映模块的功能,而功能在某种程度上反映了块内各成分间的联系
A → B → C	调用	用一个带箭头的线段表示模块间的调用关系。它连接调用和被调用模块,箭头指向被调模块,箭头发出模块为调用模块。根据调用关系,模块可相对地分为上层模块和下层模块。具有直接调用关系的模块之间相互称为直接上层模块和直接下层模块。 调用是模块间唯一的联系方式。通过调用,各个模块有机地组织在一起,协调完成系统功能。一般只允许上层模块调用下层模块,而不允许下层模块调用上层模块
→ ○→ ●→	数据	用小箭头表示模块间在调用过程中相互传递的数据信息。模块间传递的数据信息还可进一步分为两类:作数据用的信息和作控制用的信息。可在小箭头的尾部使用不同的标记表示,具体可分为以下三种箭头:尾部无标记,表示不区分两类信息;尾部有小空心圆圈标记,表示作数据用的信息;尾部有小实心圆圈标记,表示作控制用的信息

通常,数据信息传递画在调用箭头旁边,小箭头指出传送方向,具体情况如图 2.18 所示。

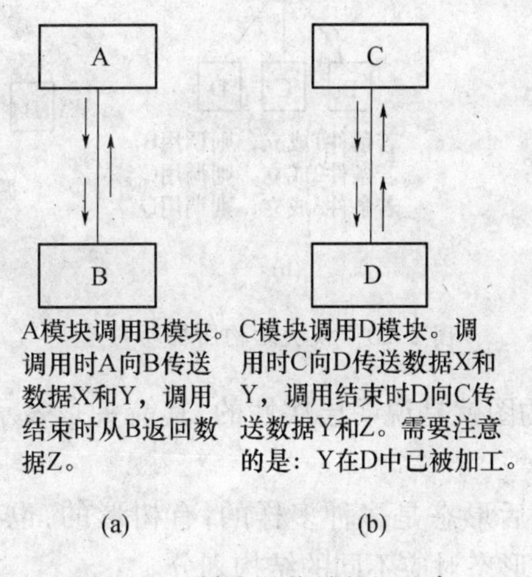

图 2.18　模块间传递数据信息

另外,当模块间输入、输出数据较多,用数据小箭头表示无法将数据名称写清楚时,可采用调用编号和参数表。模块调用较多时通过参数表,数据传递可表示得更加清晰。用参数表表示时,给每个调用箭头一个顺序编号,然后按编号列出输入、输出参数表。如图 2.19 所示,输入、输出表和完整的结构图功能是相同的,采用哪种形式要根据具体情况。

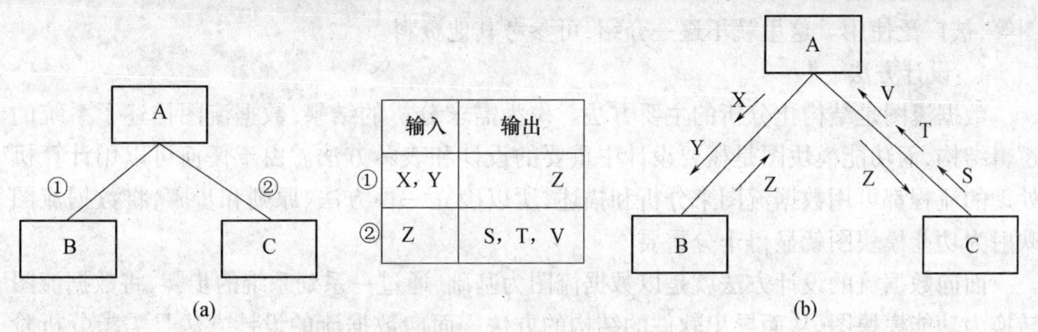

	输入	输出
①	X，Y	Z
②	Z	S，T，V

图 2.19　参数表及模块结构图表示数据传递

(a) 参数表表示数据传递；(b) 完整的模块结构图表示数据传递。

为表示模块间复杂的调用关系,模块结构图还可使用以下两种辅助符号表示不同的调用:

选择调用(或称条件调用):在调用箭头的发出端用一个小菱形框表示。选择调用为上层模块根据条件调用它的多个下层模块中的某一个,如图 2.20(a)和图 2.20(b)所示。

循环调用:在调用箭头的发出端用一带箭头的圆弧表示。循环调用为上层模块反复调用它的一个或若干个模块,如图 2.20(c)所示。

2）对模块结构图的说明

(1) 模块结构图和程序流程图外型相似,但两者意义完全不同。一个程序系统有两方面的性质,一是过程性,二是层次性。过程性说明程序执行的先后次序,流程图是描述过程性的,其箭头表示的是执行顺序,而不说明程序系统的层次关系;层次性则说明模块

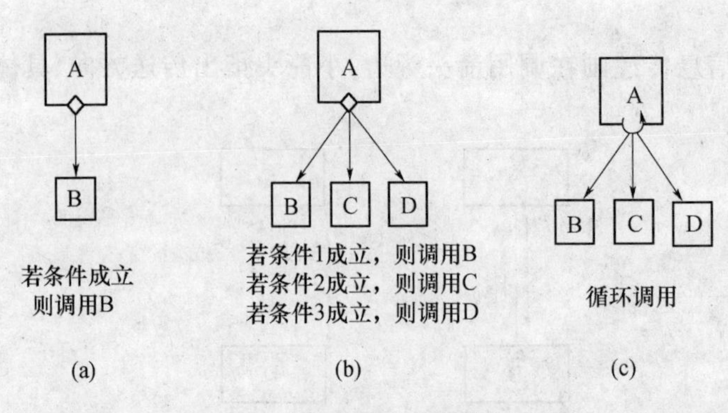

图 2.20 模块结构图辅助符号

之间的层次结构,模块结构图就是说明层次性的,其箭头是表示调用关系(层次关系)而不表示执行的先后次序。

(2) 模块结构图的最后形态是多种多样的,有树形的,也有清真寺形的(上下部分窄,中间部分宽)。不同的形态对应不同的结构划分。

(3) 模块结构图并不严格地表明调用次序。虽然多数人习惯按调用次序由左向右画,但模块结构图无此规定。

(4) 模块结构图也不指明什么时候调用下层模块。通常模块中除了调用语句之外,还有其他语句,但模块内究竟还有其他什么内容,执行顺序如何,模块结构图没有说明。

在系统的概要设计和详细设计中,还有一些其他的图形工具,如 HIPO 图、PAD 图、盒图等,被广泛使用。这里就不逐一介绍,可参考其他资料。

4. 设计方法

数据流图是结构化分析的主要方法。作为需求分析的结果,数据流图描述了系统的逻辑结构,而功能模块图是概要设计中重要的设计和表示方法。由于任何可以用计算机处理的流程都可用数据流图来分析和描述,所以确立一种方法、原则和步骤,将数据流图映射为功能模块图就显得十分重要。

面向数据流的设计方法就是以数据流图为基础,通过一系列系统的步骤,将数据流图转换为功能模块图,从而导出软件的结构的方法。面向数据流的设计方法是需求分析阶段结构化分析方法的延续,是结构化设计的主要方法。

1) 数据流的两种类型——变换流和事务流

(1) 变换流。从总体上看,任何以数据流图表示的软件系统,都包括三个功能部分,即接收数据、加工处理和输出数据。加工处理部分利用外部的输入数据,完成本身的逻辑功能,并产生新的数据作为输出。抽象地看,加工处理部分可以被看做一个将输入数据变换为输出数据的变换机构,把有以上过程的数据流称为变换流。变换流的一般形式可用图 2.21 表示。

在图 2.21 所示的变换流中,引入如下新的概念:

① 输入流:输入流由一个或多个数据加工组成。其作用是将最初接收到的系统外部输入的数据,由其外部形式变成内部形式,即将系统得到的物理输入变为系统可用的形式。一般来说,输入流的处理工作是对数据格式进行转换,即对数据进行分类、排序、编辑、整理、有效性检验等。

② 变换流:此处的变换流是指将输入流转换为输出流的数据变换过程和机制。变换流接收的数据是系统可处理的,处理后以系统的内部形式送给输出流。

③ 输出流:输出流将变换流发来的内部形式的数据经过加工处理变为外部系统可接收的形式并输出。

(2) 事务流。一般来说,所有数据流均可看做变换流。但是,有一类数据流本身有较明显的特点,可以将它区分出来单独处理。若在一个数据流中,存在一个加工只接收一个输入数据,然后根据这个输入数据从若干个处理序列中选择一个路径执行,则具有这种类型的数据流叫做事务流,如图 2.22 所示。

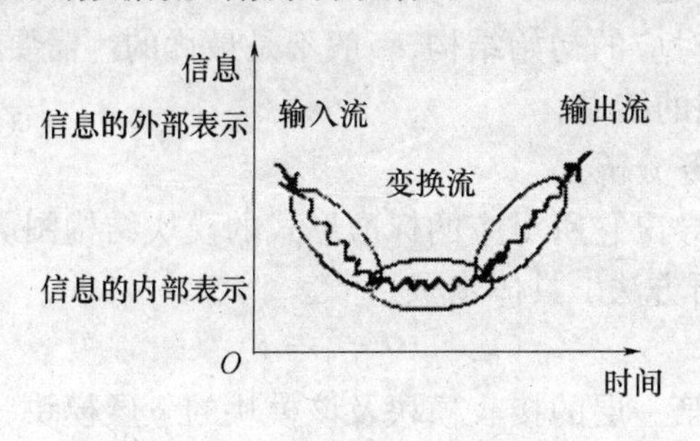

图 2.21 变换流的一般形式

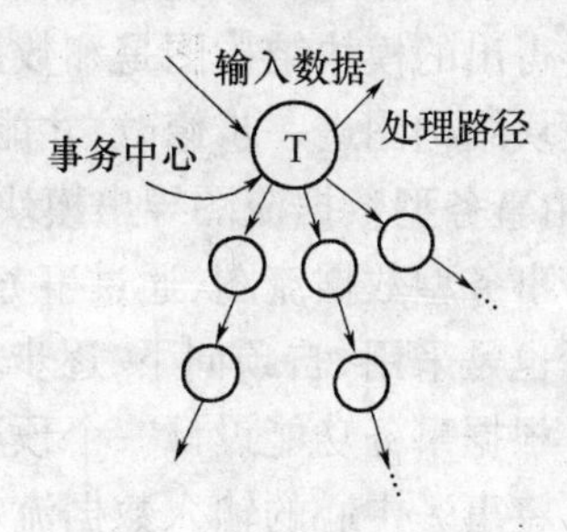

图 2.22 事务流的一般形式

这里称输入数据为事务,称根据事务作出判断,并选择多个处理路径中的一条来执行的加工为事务中心,事务中心的作用:

① 接收输入数据(事务);

② 根据事务作出判断,并选择处理路径;

③ 沿处理路径执行。

2) 由变换型数据流图导出模块结构图(变换分析)

对于变换型数据流图,可以根据一定的规则将它直接映射为功能模块图。规则具体步骤:

(1) 确定变换流、输入流和输出流部分。一般而言,只要对系统流程比较熟悉,找出变换流和输入流、输出流的边界不是很难的。几个数据流汇集的地方,常常是加工的开始。如果一时找不出,可以用下述方法先区分出输入流部分和输出流部分,这样,变换流也就自然明确了。

从最外层的流入(物理的)出发,逐步向里,直到一个加工的流入数据流不能看做输入,则它以前的数据流就是输入流。

同样,从最外层的流出(物理的)逐步向里,直到一个加工的流出数据流不能看做输出,则它以后的数据流就是输出流。输入流和输出流之间就是变换流。

也有这样的情况,即输入流和输出流是连在一起的,物理输入的结束就是物理输出的开始,则这样的系统就没有变换流。

(2) 设计模块结构的顶层和第一层。变换流即系统结构的顶层所在,同时它也对应一个第一层模块。输入流的每一输入数据、变换流给输出流的每一输出数据都分别对应一个第一层模块。

顶层模块表示整个系统要完成的功能,常称为总控模块。对于没有变换流的结构,可以没有变换模块,也可以把输出中重要的加工提升为变换模块,这要根据具体情况而定。在映射过程中要注意,模块之间的数据交换应当和数据流图中的数据流一致。

(3) 设计中下各层。一般而言,输入流中的每个加工可以对应成两个模块,即接收输入数据模块和将输入数据变换成其调用模块所需数据模块,然后再如此逐层细分。每个输出部分也可以按输入部分做相似的处理。这两部分的转换可以自上而下递归对应,直到物理输入的数据源和物理输出的数据池为止。

对于变换流中的每一个加工,可依次对一个模块,流入加工的数据映射为模块的输入参数,流出加工的数据流映射为输出参数。具体过程如图 2.23 所示。

这样得出的模块结构图是和数据流图严格对应的初始结构,一般不是最优的。需要对初始模块结构图进一步修改,才能得到较理想的结果。

3) 由事务型数据流图导出模块结构图(事务分析)

对于事务型数据流图,通过事务分析,可以导出它所对应的标准形式的模块结构图。事务分析也是采用“自顶向下,逐步求精”的分析方法。具体步骤:

(1) 根据事务功能设计一个顶层总控模块。

(2) 将事务中心的输入数据流对应为一个第一层的接收模块及该模块的下层模块,具体可用变换分析方法。

(3) 将事务中心对应为一个 第一层的调度模块。

(4) 对每一种类型的事务处理,在调度模块下设计一个事务处理模块;然后为每个事务处理模块设计下面的操作模块及操作模块的细节模块,每一处理的对应设计可用变换分析方法。具体如图 2.24 所示对应关系。

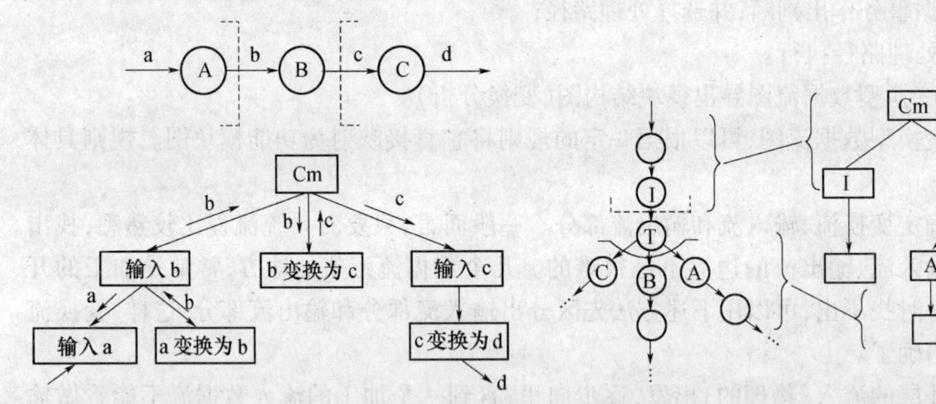

图 2.23 输入流和变换流的映射　　图 2.24 由事务型数据流图导出模块结构图

5. 形成概要设计说明书

概要设计说明书是概要设计阶段的最后成果,包括的内容和书写参考格式可查阅相关资料。

2.2.3 详细设计

1. 详细设计的目的

为软件结构图中的每一个模块确定采用的算法、模块内的数据结构,用某种选定的表达工具给出清晰的描述。

2. 详细设计的设计工具种类

图形工具:程序流程图(Program Flow Diagram,PFD)、N-S 图、问题分析图(Problem Analysis Diagram,PAD);

表格工具:类似于判定表;

语言工具:过程设计语言。

1)程序流程图

流程图:是用一些图框表示各种操作。它的特点是直观形象,易于理解。

2)盒图(N-S 图)

为避免流程图在描述程序逻辑时的随意性与灵活性,1973 提出用方框代替传统的程序流程图,通常也称 N-S 图,有 5 种控制结构。

盒图具有以下特点:过程的作用域明确;盒图没有箭头,不能随意转移控制;容易表示嵌套关系和层次关系;强烈的结构化特征。

3)问题分析图

PAD 图是继流程图和方框图之后,又一种描述详细设计的工具,有 5 种结构。

4)过程设计语言

过程设计语言也称结构化的英语或伪码语言,它是一种混合语言,采用英语的词汇和结构化程序设计语言的语法,它描述处理过程怎么做,类似编程语言。

3. 程序流程图

与上面所介绍的概要设计时使用的图形工具不同,程序流程图、PAD 图和盒图是详细设计时所使用的工具。这些工具均能精确描述程序的处理过程,无歧义地表达处理功能和控制流程,乃至数据的作用范围,并能在编码阶段直接将其翻译成为用某种具体的程序设计语言书写的程序代码。

程序流程图又称框图,是一种传统的过程描述方法。其特点是直观、灵活、方便。它所使用的基本符号:

(1)方框:表示一个处理,处理内容写于框内。

(2)菱形框:表示一个判断,判断条件写于框内。

(3)椭圆框:表示开始或结束。

(4)箭头:表示程序流程。

例如,前面提到的教材订购系统中的销售子系统的程序流程图如图 2.25 所示。

由于程序流程图具有十分灵活的特点,其箭头使用有很强的随意性,使设计人员的思想不受任何约束,因而使用不当会导致产生非结构化程序和十

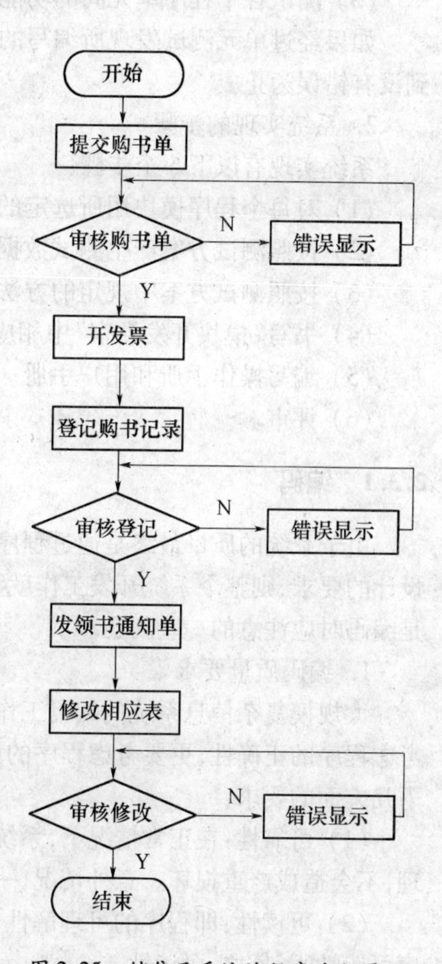

图 2.25 销售子系统的程序流程图

分混乱结果,这是一个致命缺点。同时,程序流程图不能表示数据结构;它诱导设计人员过早地考虑程序实现的细节,而非系统的总体结构。因而,它不是结构化设计工具,不能体现自顶向下的设计思想。所以长期以来,很多人一直建议停止使用它。

2.3 结构化实现

1. 系统实现的任务

系统分析和系统设计工作完成之后,信息系统的功能、模块结构、数据组成和数据结构已基本确定,接下来的工作就是系统实现。系统实现阶段的任务是将详细设计的结果转化为用具体的程序设计语言所书写的程序,即编写程序代码。同时,系统实现还要对所编写的源程序进行程序单元测试,并验证各程序模块单元间的接口。

因此,系统实现阶段有以下三方面的工作:

(1) 以模块为程序单元编写代码;

(2) 测试每一个程序单元;

(3) 测试各个程序单元间的功能与数据是否协调一致。

如果经过单元测试发现所编写的程序存在错误,则需要修改源程序,然后再测试,直到没有错误为止。

2. 系统实现的步骤

系统实现有以下 6 个步骤:

(1) 对每个程序模块用所选定的程序设计语言进行编码;

(2) 按照测试方案产生测试数据;

(3) 按照测试方案中规定的方法进行程序单元测试;

(4) 书写"模块开发卷宗"中相应于该阶段的内容;

(5) 编写操作手册和用户手册;

(6) 评审。

2.3.1 编码

由于系统的质量最终是通过程序来体现的,如果编码工作未能实现系统分析和系统设计的要求,则整个系统开发工作就无法完成。同时,编码也有自身的规律和技巧。以下是编码时应注意的一些问题。

1. 编码质量要求

大规模复杂信息系统的编码工作要求众多程序员之间的密切合作,因此,编码不仅要考虑程序的正确性,更要考虑程序的可理解性、可测试性和可维护性,因而,编码应注意以下几方面的要求:

(1) 可靠性:在正常情况下,系统能够正确工作;而在意外情况下,系统能做出适当处理,不会造成严重损坏。意外情况,一般指硬件故障、输入/输出错误等。

(2) 可读性:即程序的可理解性。逻辑结构清晰、变量命名合理、书写编排规范的程序可读性强;反之,可读性差。

(3) 可测试性:是指所编程序易于用现有方法验证及发现其中的错误。

(4) 可维护性:是指易于对所编的程序进行修改和扩充。

要使编码质量达到这些要求,需要注意解决几个问题,其中最主要的是程序的结构性和编写程序的风格。

2. 程序的风格

程序的风格即所书写的程序特征。编程人员往往具有各自不同的风格。具有良好风格的程序易于理解、测试和维护。以下是一些与程序风格有关的设计规则:

(1) 不要为了“效率”而丧失清晰性。

(2) 重复使用的表达式,要用调用公共函数去代替。

(3) 使用括号以避免二义性。

(4) 选用不会混淆的变量名。

(5) 使用有意义的变量名和语句标号。

(6) 用缩排格式限定语句群的边界。

(7) 和谐的格式有助于读者理解程序。

(8) 缩排书写要显示程序的逻辑结构。

(9) 让程序按自顶向下方式阅读。

(10) 避免不必要的转移。

(11) 采用三种基本控制结构。

(12) 首先使用易理解的伪编码语言编写,然后再翻译成你所使用的语言。

(13) 把与判定相联系的动作尽可能近地紧跟着判定。

(14) 对递归定义的数据结构使用递归过程。

(15) 测试输入的合法性和合理性。

(16) 结束输入要用文件结束标记,而不要用计数。

(17) 采用统一的输入格式。

(18) 把输入和输出局限在子程序中。

(19) 确信在使用之前,所有的变量都已被赋初值。

(20) 在出现故障时不要停机。

(21) 注意因错误引起的中断。

(22) 避免从循环引出多个出口。

(23) 将数据编制成文件。

(24) 选用能使程序更简单的数据表示法。

(25) 确信注释与代码一致。

2.3.2 测试

1. 系统测试的基本概念

1) 测试的目的

测试是寻找程序中错误的过程。对于系统测试,很多人往往存在着误解,认为测试的目的是证明程序的正确性。事实上,企图通过测试断定程序的正确性几乎是不可能的。对测试目的的理解直接影响测试的过程。对于想通过测试证明程序正确的开发人员来说,常会不自觉地使用那些能证明程序正确的测试数据,结果隐蔽了程序中的错误。正确的测试目的是尽可能多地发现系统存在的问题,进而加以改进。

2）测试工具

由于测试工作量大,且存在很多简单、重复性的工作,所以应尽可能利用计算机来完成其中机械性的工作。近年来已有一些测试工具问世。这些测试工具可在测试中协助人的工作。

（1）静态分析工具:静态分析是在不执行被测程序的情况下对程序进行的测试。静态分析工具和作用是扫描被测试程序的正文,检查可能导致错误的异常情况,如是否使用了未赋值的变量,是否有从未使用过的变量,实在参数和形式参数类型或个数是否不符,是否有程序从未执行等。

（2）文件比较程序:文件比较程序通过分析测试结果来测试程序。例如,可将预期输出结果编成一个文件,测试后的实际输出结果也编成一个文件,然后通过文件比较程序比较两个结果文件,检索有无差异。由于很多测试输出的数据量都很大,有的还很复杂,所以使用文件比较程序可大大减少测试人员的工作负担。

（3）覆盖监视工具:覆盖监视工具又叫做动态分析程序。动态分析是通过运行被测程序进行测试的方法。监视工具被安插在程序的适当位置,以便对被测程序进行监视,它们还可以产生带有统计数字的报告。监视工具还可用在编码过程中,开发人员可以在程序中加入监控语句,并通过输出的监控结果来调试程序。

（4）驱动工具:采用自底向上的测试方法时,由于被测模块的上层模块尚未经测试,所以需要编写模拟调用本模块的上层模块,驱动工具可协助测试人员完成有关的工作。

3）测试用例

测试用例是测试时所选用的数据。一般认为,测试是通过输入一定的测试数据运行被测程序来完成的。因而,测试的关键是选择好测试用例。但是,需要明确的是,要穷举所有的测试数据来测试程序常常是不可能的,因而需要选择一些被认为是好的测试用例。好的测试用例可以理解为:在一定的时间和经费的限制下,能尽可能多地发现错误的测试用例。事实上,穷举所有测试用例是完全不必要的,反复地使用那些能证明程序正确执行的测试用例也是绝对不必要的。

测试用例应该包括输入数据和预期输出结果两部分。输入数据即前面说的测试数据,预期输出结果即根据输入数据推断出来的可能输出,把它也作为测试用例的一部分是为了在执行测试之后,和实际的输出结果相比较。

2. 测试的过程

系统测试可分为三个过程,即单元测试、组装测试和确认测试。

1）单元测试

单元测试是对基本的程序模块所做的测试。其具体内容包括:

（1）模块间的接口;

（2）模块内局部数据结构;

（3）程序的执行路径,包括计算和运行控制;

（4）程序的错误处理能力。

2）组装测试

组装测试是根据概要设计中各功能模块的说明及制定的组装测试计划,将经过单元

测试的模块逐步组装并进行测试。其具体内容包括:

(1) 测试模块间的连接;

(2) 测试系统或子系统的输入/输出处理,使其达到设计要求;

(3) 测试系统或子系统正确处理能力和经受错误的能力。

具体地说,组装测试主要做以下检查:通过模块间接口的数据是否丢失;一个模块的运行会不会破坏别的模块的功能;一些模块组合之后所形成的总功能是否保持系统设计的要求;全程数据在程序运行中能否保持正常;几个模块运行后的误差积累是否超过规定范围;单元测试中尚未查出的错误等。

根据组装测试中各个模块连接方式,可将组装测试分为非渐增式测试和渐增式测试两种方式。非渐增式测试先对系统的单个模块进行个别测试,然后再将所有模块组合在一起测试;渐增式测试也是先对系统的单个模块进行个别测试,但在模块组合时,不是一次组合所有的模块,而是先组合测试少数几个模块,然后逐渐加多,直到所有模块都组合在一起为止。

渐增式测试的组合方向有自顶向下连接和自底向上连接两种。自顶向下连接从模块结构图的顶端开始,逐层向下连接。自底向上连接与此刚好相反。

3) 确认测试

确认测试又叫做验收测试,其任务是根据软件需求说明书中定义的全部功能和性能要求,以及确认测试计划测试整个系统是否达到了要求,并提交最终的用户手册和操作手册。确认测试包括以下内容:

(1) 在模拟的环境中进行强度测试,即在事先规定的一个时期内运行软件的所有功能,以证明该软件无严重错误。

(2) 执行测试计划中提出的所有确认测试。

(3) 使用用户手册和操作手册,以进一步证实其实用性和有效性,并改正其中的错误。

(4) 分析测试结果,找出产生错误的原因。

(5) 书写确认测试分析报告。

(6) 确认测试结束后,书写整个项目的开发总结报告。

3. 测试方法

目前,最基本的测试方法有白盒法和黑盒法两种。

白盒法又叫做逻辑覆盖法。之所以称为白盒法,是指测试时需深入到程序内部。对测试人员而言,整个程序就像一个敞开的盒子,因而使用这种方法的基础是对程序内部的逻辑结构有清楚的了解,即测试时需要有被测程序的源代码。白盒法要求测试用例要尽可能覆盖程序模块内部的所有逻辑路径。黑盒法和白盒法的测试依据正相反,黑盒法不需要测试人员了解被测程序内部的逻辑结构,程序内部的源代码就像被一个黑盒法隐藏起来,所以称为黑盒法。在黑盒法中,测试人员不是根据程序内部的逻辑结构而是根据程序的功能来设计测试用例。

白盒法和黑盒法各自有其优点和不足,也各有其应用的条件和限制,它们分别适宜于不同情况下的测试。

1) 白盒法

(1) 基本概念。白盒法又称逻辑覆盖法。逻辑覆盖是指使用一定的测试数据所能执行的语句范围,这些被执行的语句所组成的路径称为逻辑路径。如果整个程序是顺序结构,从头到尾只有一条路径,则执行程序必然会覆盖所有路径,测试起来就很简单。而在具有选择结构或循环结构的程序中,由于有了两个或两个以上的分支,程序的一次执行肯定不会覆盖所有的分支,从而产生了多种逻辑覆盖类型。

例设有如下一程序段:

```
if(A>1 and B=0)
X=X/A;
if(A=2 or X>1)
X=X+1;
```

该程序段的流程图如图 2.26 所示,它有两个复合判定,两条可执行语句。因而逻辑路径有:

ace,两条语句均被执行;

abd,两条语句均不执行;

acd,只执行 X=X/A;

abe,只执行 X=X+1。

这样,一共有 4 条逻辑路径。

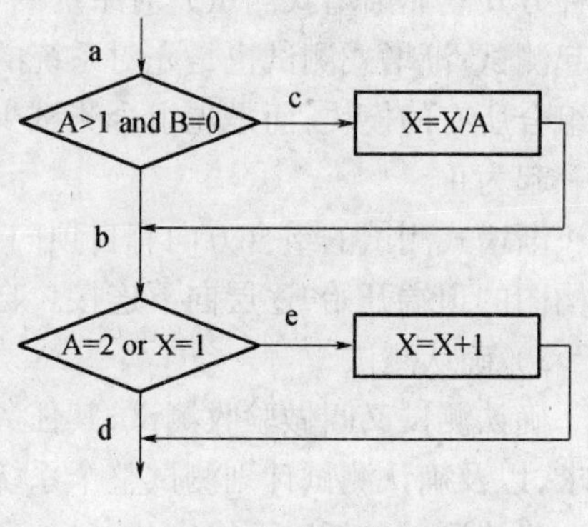

图 2.26 程序段的流程图

下面根据对这个程序段的分析来说明各种逻辑覆盖类型。

(2) 逻辑覆盖类型。

① 语句覆盖:是指选用的测试用例将执行程序中的每个语句。

对于所举的例子,语句覆盖应执行 c 和 e 两个语句。要做到这一点,可以有多个测试用例,有的执行 c,有的执行 e,但理想的测试用例应当是最少的,即最好用一个执行 ace 这一逻辑路径的测试用例。选用如下测试用例就能满足语句覆盖的要求:

A=2

B=0

X=3

可以看出,语句覆盖的测试效果是相当弱的。因为就这个程序段讲,一共有 4 条逻辑路径,要对它进行比较全面的测试,则每条路径至少要执行一遍,而语句覆盖只执行了 1 条。

② 判定覆盖:是指执行测试用例时,要使程序中每个判定都能够获得一次真值和伪值。即使每个分支路径都被执行一次。

根据这一要求,比较理想的情况是使用如下测试用例:

A=3

B=0

X=1

程序运行时,第一个判定为真,能够执行 X/A,但由于执行后 X=1/3,第二个判定为伪,所覆盖的是 acd 这一逻辑路径。

再用如下测试用例:

A = 2

B = 1

X = 3

则程序运行时，第一个判定为伪，第二个判定为真，所覆盖的是 abe 逻辑路径。由于使用这两个测试用例后，每个判定都取过真和伪，已经满足判定覆盖标准，因而不必再选其他测试用例。然而这样执行的结果只经过 acd 和 abe 两条逻辑路径，还有其他两条没有被执行。所以判定覆盖尽管比语句覆盖的测试效果要强些，但距完整、全面的测试仍有一定的差距。

③ 条件覆盖：是指执行测试用例时，要使得程序判定中的每个条件都能获得一次真值和伪值。

判定由条件组成，只包含一个条件的判定称为简单条件判定。对于简单条件判定，条件覆盖和判定覆盖是一致的；包含两个或两个以上条件的判定称为复合条件判定。对于复合条件判定，由于一个判定由多个条件组成，所以两种覆盖的程序不同。一般讲，条件覆盖的测试效果比判定覆盖强。

在上例中，一共有四个条件，即

A > 1

B = 0

A = 2

X > 1

为使每一个条件在测试中都要取一次真和一次伪。可选用如下两个测试用例：

测试用例 1	测试用例 2
A = 2	A = 1
B = 0	B = 1
X = 4	X = 1

④ 判定/条件覆盖：是覆盖范围更全面的一种覆盖类型。在判定/条件覆盖中，通过执行足够的测试用例，使每个判定都能取各种可能的值，同时使每个条件也都能取各种可能的值。对于上面的程序段，条件覆盖所选的两个测试用例就可以满足这种覆盖标准。

⑤ 条件组合覆盖：是通过执行足够的测试用例，使得每个判定中条件的各种可能组合至少出现一次。由于考虑到判定中各种条件的可能组合，满足这种覆盖标准的测试用例一定能满足前述的其他覆盖类型。对于上例中的程序段，四个条件共有八种组合，即

A > 1, B = 0

A > 1, B ≠ 0

A < 1, B = 0

A < 1, B ≠ 0

A = 2, X > 1

A = 2, X < 1

A ≠ 2, X > 1

A ≠ 2, X < 1

用四个测试用例就可以实现上述八种组合，即

A = 2, B = 0, X = 4

A = 2, B = 1, X = 1

A = 1, B = 0, X = 2

A = 1, B = 1, X = 1

条件组合覆盖的覆盖效果应当是最强的，但它也不一定能覆盖程序所有的逻辑路径。如本例中 acd 就没有执行。

2）黑盒法

和白盒法不同，黑盒法的测试用例很大程度上是根据经验总结出来的。在选择测试用例时，一般有等价分类法、边缘值分析法和错误推断法等几种方法。

（1）等价分类法：黑盒法是根据程序的功能来选择测试用例的。彻底的黑盒法应当用所有可能的输入数据来进行测试，但这常常是不可能的。因此测试时只能挑选适当的、有代表性的测试用例，即组织一个数量有限但能尽可能多地代表其他各种未被选为测试用例的测试数据集合。这就是等价分类法的基本思想。等价分类法把输入数据的所有可能值分成若干个“等价类”，对测试而言，每个等价类中的数据作用结果是相同的。因而，测试时从中选择一个数据即可。等价分类法的关键是划分等价类。

划分等价类和程序功能有关。一般说来，程序功能所要求的输入决定了等价类，因此应当从程序的功能找出输入条件，再把所有可能的输入条件划分成若干等价类，对于每一个等价类则要举出合理的和不合理的两种例子。

划分的方法是带有试探性的，目前还没有很明确的规则，只有些可供参考的做法。

① 如果输入条件说明了输入数据的取值的范围，则可以把规定的取值范围划分为一个合理的等价类，而把超出此范围的划分为两个不合理的等价类。例如，如果输入值在 1 ~100 之间则合理等价类为“$1 \leqslant X \leqslant 100$”；而两个不合理的等价类为“$Y < 1$”和“$Y > 100$”。

② 如果输入条件说明了输入数据的个数，则可以把规定个数作为一个合理的等价类，而把在此之外的个数划分为两个不合理的等价类。例如，如果每个学生可以购 5 本书，则一个合理的等价类是 1 ~ 5；两个不合理的等价类分别是未购书和购书超过 5 本。

③ 如果输入条件说明了一个“必须成立”的情况，则此情况可以作为一个合理的等价类，而与此相反的情况则是一个不合理等价类。例如，如果某数据要求第一字节规定为“1F”，则“1F”为合理等价类，而其他字符均属于不合理等价类。

④ 如果输入条件说明了输入数据的一组可能的值，而且程序是用不同方式来处理每一种值的，则可以划分合理的和不合理的等价类各一个。如用户的购书量是按学生、研究生、教师来确定的，则合理的输入等价类是学生、研究生、教师的集合，而不合理的等价类是这三种以外的其他人。

⑤ 如果认为程序将按不同的方式来处理等价类中的各种例子，则应将这个等价类再细分成几个更小的等价类。

（2）边缘值分析法：是等价分类法的一种特殊情况。它的“特殊”之处在于：

① 它对同一等价类的所有例子不是等同看待，而是把目标放在反映该等价类的边缘情况的例子上，因而它不是从同一等价类中随意挑选测试用例，而是着重从边界情况来分析可能挑选的测试用例。

② 等价分类法仅仅从输入条件进行分类和挑选测试用例，而边缘值分析法除此之外还要根据输出的情况来设计测试用例。

应用边缘值分析法需要一定的经验和技巧,还要有一定的创造性。这里只能列举一些例子供参考:

① 如果输入条件说明了取值范围,则可以在取值的边界附近来选取合理的和不合理的测试用例,并使不合理到合理正好越过边界。如输入范围为 -1.0~1.0,则取 -1.001、-1.0、1.0、1.001 四个测试用例,第 1 个和第 4 个是不合理的,第 2 个和第 3 个是合理的,由第 1 个到第 2 个和由第 3 个到第 4 个正好两次跨越输入范围的边界。

② 如果输入条件指出输入数据的个数,可以取其范围中的最小个数、最大个数,比最小个数少 1 个、比最大个数多 1 个作为边缘值。如某个数据文件可以 1 个~65535 个记录,则可取 0 个、1 个、65535 个、65536 个作为边缘值。

③ 把①用于输出条件。如某个程序的功能是计算商品销售折扣量,最低折扣量为 0 元,最高可到 1050 元,则可设计一些有关商品价格的测试用例,使输出分别为 0 和 1050,还可以考虑是否能设计输出为负值或大于 1050 的例子。

④ 把②用于输出条件。如某情报检索系统对于命中文献,最多只能打印 100 篇,就可以设计打印出 0 篇、1 篇、100 篇、101 篇作为边缘值。

⑤ 如果程序的输入或输出是有序集合,如顺序文件、线性表等,则应特别注意集合的第一个和最后一个元素。

(3) 错误推测法:是指测试人员凭借经验来推测程序中可能存在的错误,从而有针对性地编写检查这些错误的测试用例。

错误推测法没有确定的步骤,很大程度上凭借经验,如输入数据为 0 或输出数据为 0 易发生错误;又如,输入表格为空或只有一行也容易发生错误,因而可以选择这些情况作为测试用例。

(4) 综合策略:由于程序的情况多种多样,因而具体测试时,需要综合运用各种测试方法,即把选择测试用例的各种方法结合起来,形成一些综合性的策略。具体应用要根据情况灵活处理,比如,不了解程序内部的具体逻辑处理流程是无法使用白盒法的。根据各种方法的特点,综合策略有如下几种:

① 任何情况下,都需要用边缘值分析法;

② 必要时再用等价分类法补充测试用例;

③ 再用错误推测法;

④ 如果能使用白盒法,则可检查上述例子的逻辑覆盖程度,如发现不够,可再增加测试用例以使逻辑覆盖尽可能全面。

总之,系统测试有多种方法,实际测试时应根据具体情况,选择适当的方法。

2.3.3 维护

在软件的生命周期中,维护阶段是持续时间最长的一个阶段,所花费的精力和费用也是最多的一个阶段。所以如何提高可维护性、减少维护的工作量和费用,是软件工程的一个重要任务。

1. 软件维护概述

软件维护是指软件已经交付使用之后,为了改正错误或满足新的需要而修改软件的过程。

一般来说,要求进行维护的原因大致有以下几种:

(1) 改正程序中的错误和缺陷。

(2) 改进设计以适应新的软、硬件环境。

(3) 增加新的应用范围。

综合以上几种要求进行维护的原因,可以把软件维护分为改正性维护、适应性维护、完善性维护和预防性维护。

改正性维护:测试并不能发现所有的错误,因此必然有一部分隐含的错误在使用时才会被发现。对此类错误进行确定和修改的过程,就称为改正性维护。

适应性维护:随着计算机技术的飞速发展,计算机的软、硬件环境在不断发生变化,硬件的性价比越来越高,操作系统的功能越来越强、越稳定、使用越来越方便。为了使应用软件适应这种变化而修改软件的过程称为适应性维护。

完善性维护:用户在使用软件的过程中,用户的工作流程、应用环境都会发生变化,因此会提出增加新的功能和改善性能的要求。这种增加软件功能和提高软件运行效率而进行的维修活动称为完善性维护。

预防性维护:为了提高软件的可维护性和可靠性而对软件进行的修改称为预防性维护。

2. 软件维护的特点

1) 非结构化维护

因为只有源程序,而文档很少或没有文档,维护活动只能从阅读、理解和分析源程序开始。也只有通过阅读源程序来了解系统功能、软件结构、数据结构、系统接口和设计约束等。要完成这些工作是非常困难的。要想搞清楚,要花费大量的人力、物力,最终对源程序修改的后果还是难以估量的,难以估计软件的质量。因为没有测试文档不可能进行回归测试,很难保证程序的正确性。

2) 结构化维护

用软件工程思想开发的软件具有各个阶段的文档,这对于理解、掌握软件功能、性能、软件结构、数据结构、系统接口和设计约束有很大作用。进行维护活动时,需从评价需求说明开始,搞清楚软件功能、性能上的改变;对设计说明文档进行修改和复查;根据设计的修改,进行程序的变动;根据测试文档中的测试用例进行回归测试;最后,把修改后的软件再次交付使用。这对于减少精力、减少花费和提高软件维护效率有很大的作用。

3. 软件维护的困难性

软件维护的困难性包括:

(1) 理解他人编写的程序一般都有一定的困难性。

(2) 软件配置的文档严重不足甚至没有,或者没有合格的文档。

(3) 当需要对软件进行维护时,由于软件人员经常流动,维护阶段持续的时间又很长,所以一般不能指望由原来的开发人员来完成或提供软件的解释。

(4) 绝大多数软件在设计时没有考虑到将来的修改问题。

(5) 软件维护可以说是一项毫无吸引力的工作。之所以形成这样一种观念,一方面是因为软件维护工作量大,看不到什么“成果”,更主要的原因是维护工作难度大,又经常遭受挫折。

4. 软件维护的费用

软件维护费用要占用更多的软件和软件工程师等资源；由于维护时的改动，在软件中引入了潜在的故障，从而降低了软件的质量。

1）维护的代价高昂

用于软件维护的工作量可以分为两部分：一部分用于生产性活动（分析评价、修改设计和编写程序代码）；另一部分用于非生产性活动（理解程序代码，数据结构、接口等）。下面的表达式是由 Belady 和 Lehman 提出的维护工作量的计算模型：

$$M = p + K \times e^{c-d}$$

式中：M 为维护中消耗的总工作量；p 为生产性工作量；K 为经验常数；c 为复杂程度；d 为维护人员对软件的熟悉程度。

通过这个模型可以看出，如果使用了不好的软件开发方法，参加维护的人员都不是原来开发的人员，那么维护工作量（及成本）将按指数级增加。

2）无形的维护成本

（1）一些看起来是合理的改错或修改的要求不能及时满足，使得用户不满意；

（2）维护时产生的改动，可能会带来新的潜伏的故障，从而降低了软件的整体质量；

（3）当必须把软件开发人员抽调去进行维护工作时，将在开发过程中造成混乱。

5. 软件维护任务的实施

1）维护的流程

软件维护工作和软件开发一样，要有严格的规范，才能保证软件的质量。一般执行维护活动的过程（图 2.27）：

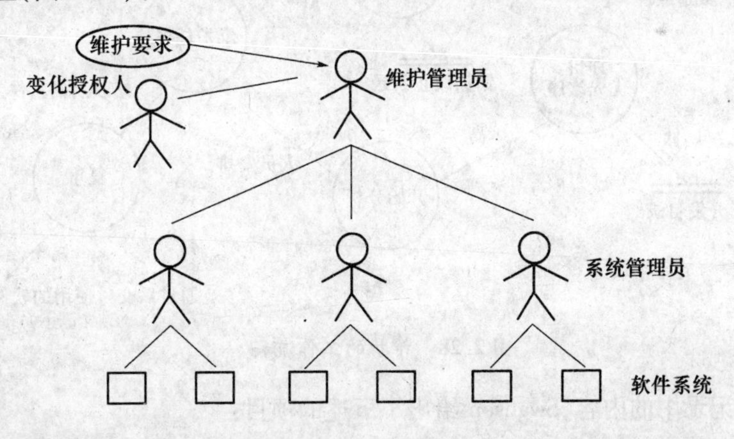

图 2.27 软件维护过程

（1）建立一个维护组织；

（2）根据维护要求表写出维护申请报告；

（3）维护的工作流程；

（4）写出维护记录；

（5）完成维护评价。

维护管理员负责接受维护申请，然后把维护申请交给某个系统管理员去评价。系统管理员是一名技术人员，他必须熟悉软件产品的某一部分。系统管理员对维护申请做出评价，然后交与修改负责人确定如何进行修改。

软件维护人员通常为用户提供空白的维护要求表，由用户填写，完整地描述一个错误环境，包括输入数据、输出数据及其他的全部信息。

维护要求表是由外部提交的文档，它是计划维护活动的基础。软件组织内部应依此制定相应的软件修改报告，这个报告包括：为满足某个维护申请要求所需的工作量；所需修改变动的性质；申请修改的优先级；与修改有关的事后数据。

软件修改报告应提交修改负责人进行审核批准，以便进行下一步工作。维护的工作流程如图 2.28 所示。

在每次软件维护任务完成后，需要进行必要的情况评审。这种评审是对以下问题的一个小结：在当前情况下，设计、编码、测试中的哪些方面能够改进？哪些维护资源是应该有而实际上却没有的？工作中的主要和次要的障碍是什么？要求的维护类型中有预防性维护吗？必要的评审对将来的维护工作有重要影响，而且反馈信息有利于管理软件组织。

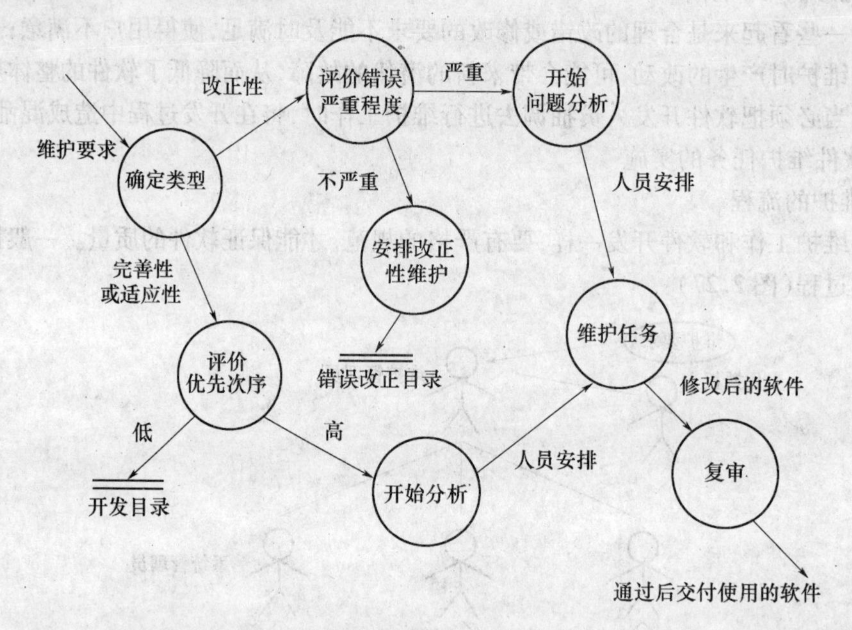

图 2.28 维护的工作流程

对于维护记录中的内容，Swanson 给出了下述的项目：

(1) 程序名称；

(2) 源程序语句条数；

(3) 机器代码指令条数；

(4) 使用的程序设计语言；

(5) 程序的安装日期；

(6) 程序安装后的运行次数；

(7) 与程序安装后运行次数有关的处理故障的次数；

(8) 程序修改的层次和名称；

(9) 由于程序修改而增加的源程序语句条数；

（10）由于程序修改而删除的源程序语句条数；

（11）每项修改所付出的“人时”数；

（12）程序修改的日期；

（13）软件维护人员的姓名；

（14）维护申请报告的名称；

（15）维护类型；

（16）维护开始时间和维护结束时间；

（17）用于维护的累计“人时”数；

（18）维护工作的净效益。

2）维护技术

在维护活动中，按目的不同分为两类维护技术，分别是面向维护的技术和维护支援技术。面向维护的技术是在软件开发阶段用来减少错误、提高软件可维护性的技术。维护支援技术是在软件维护阶段来提高维护作业的效率和质量的技术。

3）维护的副作用

维护的目的是为了延长软件的寿命并让其创造更多的价值，经过一段时间的维护，软件的错误被修正了，功能增强了。但同时，因为修改而引入的潜伏的错误也增加了。这种因修改软件而造成的错误或其他不希望出现的情况称为维护的副作用。维护的副作用有编码副作用、数据副作用和文档副作用三种。

6. 软件的可维护性

1）软件可维护性定义

软件可维护性是指进行维护活动时的容易活动。可维护性、可使用性、可靠性是衡量软件质量的几个主要质量特性，也是用户十分关心的几个方面。软件的可维护性是软件开发阶段的各个时期的关键目标。

2）可维护性定的度量

可以从以下四个方面来度量软件的可维护性：

（1）可理解性：读者对软件接口、功能、结构等的理解。

（2）可测试性：取决于是否有良好的文档、以前的测试过程及模块的环形复杂度。

（3）可修改性：低耦合\高内聚\信息隐藏\局部化及控制域与作用域的关系等决定了程序的可修改性。

（4）可移植性：是指把程序从一种计算环境转移到另一种环境的难易程度。

3）提高可维护性的方法

可从五个方面提高软件的可维护性：

（1）建立明确的软件质量标准目标。

（2）利用先进的软件开发技术和工具。

（3）建立明确的质量保证工作。

（4）选择可维护的程序设计语言。

（5）改进程序文档。

小 结

结构化方法是一种传统的软件开发方法,它是由结构化分析、结构化设计和结构化实现三部分有机组合而成的。它的基本思想:把一个复杂问题的求解过程分阶段进行,而且这种分解是自顶向下、逐层分解,使得每个阶段处理的问题都控制在人们容易理解和处理的范围内。本章在详细介绍结构化方法的概念和原理基础上,通过具体案例分析,帮助读者较快地理解和掌握结构化方法。

习 题

1. 如何理解需求分析的任务是确定软件系统“做什么”,而不是“怎么做”?
2. 结构化分析方法的基本要点是什么?
3. 结构化设计的步骤有哪些?试用结构化分析方法对火车票订票系统进行分析,给出功能划分、数据流图、数据字典。
4. 简述选择程序设计语言的原则。
5. 软件测试的目的和原则是什么?简述测试的步骤。

第3章　面向对象方法学

面向对象的软件开发方法在20世纪60年代后期首次提出,经过将近20年这种技术才逐渐得到广泛应用。到了90年代前半期,面向对象的软件工程方法学已经成为人们在开发软件时首选的范例。

3.1　面向对象方法概述

面向对象的技术是当前计算机界所关心的重点,是目前软件发展的主流。面向对象的概念来自面向对象的程序设计语言,实际上,面向对象的概念和应用已经超越了程序设计语言,扩展到很宽的范围,如面向对象的数据库系统、面向对象的系统分析与设计、CAD技术、人工智能以及其他广泛的应用范围。针对日趋复杂的软件需求的挑战,软件业界开始崇尚使用面向对象的方法和思想进行软件开发。

3.1.1　面向对象的定义

面向对象是软件工程领域中的重要技术,这种软件开发思想比较自然地模拟了人类认识客观世界的方式,成为当前计算机软件工程学中的主流方法。

面向对象方法的基本思想是,从现实世界中客观存在的事物(即对象)出发,尽可能地运用人类的自然思维方式来构造软件系统。它更加强调运用人类在日常的逻辑思维中经常采用的思想方法与原则,如抽象、分类、继承、聚合、封装等,使开发者以现实世界中的事物为中心来思考和认识问题,并以人们易于理解的方式表达出来。

面向对象技术的基本观点如下:

(1) 客观世界是由对象组成的,任何客观的事物或实体都是对象,复杂的对象可以由简单的对象组成。

(2) 具有相同数据和相同操作的对象可以归并为一个类,对象是对象类的一个实例。

(3) 类可以派生出子类,子类继承父类的全部特性(数据和操作),又可以有自己的新特性。子类与父类形成类的层次结构。

(4) 对象之间通过消息传递相互联系。类具有封装性,其数据和操作等对外界是不可见的,外界只能通过消息请求进行某些操作,提供所需要的服务。

软件工程学家Codd和Yourdon认为:"面向对象 = 对象 + 类 + 继承 + 通信"

如果一个软件系统采用这些概念来建立模型并予以实现,那么它就是面向对象的。

面向对象方法起源于面向对象程序设计语言,后来才逐步形成了面向对象的分析和设计方法。

3.1.2 面向对象的基本概念

在面向对象方法中，对象和传递消息分别是表现事物及事物间相互联系的概念。类和继承是适应人们一般思维方式的描述范式。

1. 对象

对象从不同的角度有不同的含义，针对系统开发讨论对象的概念，其定义是：对象是系统中用来描述客观事物的一个实体，它是构成系统的一个基本单位，由一组属性和对这组属性进行操作的一组服务组成。

属性和服务是构成对象的两个基本要素。其中，属性是用来描述对象静态特征的一个数据项。服务是用来描述对象动态特征（行为）的一个操作序列。

在系统开发中，对象只描述客观事物本质的、与系统目标有关的特征，而不考虑那些非本质的、与系统目标无关的特征。

2. 类

把众多的事物归纳并划分成一些类是人类在认识客观世界时经常采用的思维方法。在面向对象的方法中，对象按照不同的性质划分为不同的类。同类对象在数据和操作性质方面具有共性。类是具有相同属性和服务的一组对象的集合，它为属于该类的全部对象提供了统一的抽象描述，其内部包括属性和服务两个主要部分。具体来说，类由数据和方法集成，它是关于对象性质的描述，包括外部特性和内部实现两个方面。

在面向对象程序设计语言中，程序由一个或多个类组成。在程序运行过程中，类好比一个对象模板，根据需要用它可以产生多个对象（即类的实例）。因此，类所代表的是一个抽象的概念或事物，类是静态概念；在客观世界中实际存在的是类的实例，即对象，对象是动态概念。类是对象的抽象，有了类之后，对象则是类的具体化，是类的实例。

举例：在学校教学管理系统中，“学生”是一个类，其属性有姓名、性别、年龄等，可以定义“入学注册”、“选课”等操作。一个具体的学生“王平”是一个对象，也是“学生”类的一个实例。

在面向对象程序设计语言中，类的作用有两个：一是作为对象的描述机制，刻画一组对象的公共属性和行为；二是作为程序的基本单位，它是支持模块化设计的设施，并且类上的分类关系是模块划分的规范标准。

3. 消息和方法

1）消息

在面向对象的方法中把面向对象发出的服务请求称作消息。消息用来请求对象处理或回答某些信息的要求，消息统一了数据流和控制流。程序的执行是靠在对象间传递消息来完成的。

消息的接收者是提供服务的对象。通常，一个对象向另一个对象发出消息请求某项服务，接收消息的对象响应该消息，激发所要求的服务操作，并将操作结果返回给请求服务的对象。

举例：使用电视机时，用户通过按钮或遥控器发出转换频道的消息，电视机变换对电视台的接收信号频率，并将结果显示给用户。在这里，用户发出的信息包括：接收者——电视机；要求的服务——转换频道；输入信息——转换后的频道序号；应答信息——转换后频道的节目。

消息一般包含提供服务的对象标识、服务标识、输入信息和应答信息等信息。在设计时,它对外提供的每个服务应规定消息的格式,这种规定称作消息协议。消息的发送者是要求提供服务的对象或其他系统成分。在它的每个发送点上需要写出一个完整的消息,其内容包括接收者(对象标识)、服务标识和符合消息协议要求的参数。消息中只包含发送者的要求,它指示接收者要完成哪些处理,但并不告诉接收者应该怎样完成这些处理。

例如,MyCircle 是一个半径 4 cm、圆心位于(100,200)的 Circle 类的对象,也就是 Circle 类的一个实例,当要求它以绿色在屏幕上显示自己时,在 C + + 语言中应该向它发出消息:MyCircle. Show(GREEN)。

其中,MyCircle 是接收消息的对象的名字,Show 是消息选择符(即消息名),圆括号内的 GREEN 是消息的变元。当 MyCircle 接收到这个消息后,将执行在 Circle 类中所定义的 Show 操作。

面向对象技术的封装机制使对象各自独立,各司其职,消息通信则为它们提供了唯一合法的动态联系途径,使它们的行为能够相互配合,构成一个有机的运动的系统。

2) 方法

方法也称作行为,指定义于某一特定类上的操作与法则。类中定义的方法描述了该类对象向外界提供的服务,表达了该类对象的动态性质。图 3.1 给出了对象的分解图。

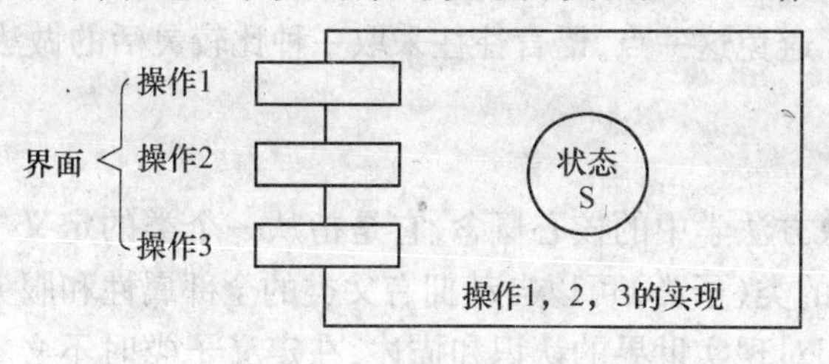

图 3.1 对象的分解图

4. 面向对象的基本特性

在面向对象的设计方法中,对象、类、消息和方法的程序设计范式的基本点在于对象的封装性和继承性。通过封装能将对象的定义和对象的实现分开,通过继承能体现类与类之间的关系,以及由此带来的动态绑定和实体的多态性,从而构成了面向对象的各种特性。

1) 封装

封装是把对象的属性和服务结合成一个独立的系统单位,并尽可能隐藏对象的内部细节。封装是一种信息隐藏技术,用户只能见到对象封装界面上的信息,对象内部对用户来说是隐蔽的。

在面向对象的方法中,所有信息都存储在对象中,即其数据及行为都封装在对象中,影响对象的唯一方式是执行它所从属的类的方法即执行作用于其上的操作,这就是信息隐藏,也就是说将其内部结构从其环境中隐藏起来。若要对对象的数据进行读写,必须将消息传递给相应对象,得到消息的对象调用其相应的方法对其数据进行读写。因此,当使用对象时,不必知道对象的属性及行为在内部是如何表示和实现的,只需知道它提供了哪些方法(操作)即可。

例如,电视机包括外形尺寸、分辨率、电压、电流等属性,具有打开、关闭、调谐频道、转换频道、设置图像等服务,封装意味着将这些属性和服务结合成一个不可分的整体,它对外有一个显示屏、插头和一些按钮等接口,用户通过这些接口使用电视机,而不关心其内部的实现细节。

封装是面向对象方法的一个重要原则,系统中把对象看成属性和对象的结合体,使对象能够集中而完整地描述一个具体事物。封装的信息隐藏作用反映了事物的相对独立性,当从外部观察对象时,只需要了解对象所呈现的外部行为(即做什么),而不必关心它的内部细节(即怎么做)。

封装的目的在于将对象的使用者和对象的设计者分开,使用者不必知道行为实际的细节,只需用设计者提供的消息来访问该对象。

与封装密切相关的概念是可见性,它是指对象的属性和服务允许对象外部存取和引用的程度。在软件上,封装要求对象以外的部分不能随意存取对象的内部数据(属性),从而有效地避免了外部错误对它的"交叉感染",使软件错误能够局部化,大大减少了查错和排错的难度。另外,当对象内部需要修改时,由于它只通过少量的服务接口对外提供服务,便大大减少了内部修改对外部的影响,即减少了修改引起的"波动效应"。

封装也有副作用,如果强调严格的封装,则对象的任何属性都不允许外部直接存取,因此就要增加许多没有其他意义,只负责读或写的服务,从而为编程工作增加了负担,增加了运行开销。为了避免这一点,语言往往采取一种比较灵活的做法,即允许对象有不同程度的可见性。

2)继承

继承是面向对象方法学中的核心概念,它是指从一个类的定义中可以派生出另一个类的定义,被派生出的类(子类)可以自动拥有父类的全部属性和服务。

继承简化了人们对现实世界的认识和描述,在定义子类时不必重复定义那些已在父类中定义过的属性和服务,只要说明它是某个父类的子类,并定义自己特有的属性和服务即可。

举例:考虑轮船和客轮两个类,轮船具有吨位、时速、吃水线等属性和行驶、停泊等服务,客轮具有轮船的全部属性和服务,又有自己的特殊属性(如载客量)和服务(如供餐),因此客轮是轮船的子类,轮船是客轮的父类。与父类/子类等价的其他术语有一般类/特殊类、超类/子类、基类/派生类等。

一个类的上层可以有超类,下层可以有子类,形成一种层次结构。这种层次结构的一个重要特点是继承性,一个类继承其超类的全部描述。这种继承具有传递性,一个类实际上继承了层次结构中在其上面的所有类的全部描述,属于某个类的对象除具有该类所描述的特性外,还具有层次结构中该类上面所有类描述的全部特性。在类的层次结构中,一个类可以有多个子类,也可以有多个超类。因此,一个类可以直接继承多个类,这种继承方式称为多重继承。如果限制一个类至多只能有一个超类,则一个类至多只能直接继承一个类,这种继承方式称为单继承或简单继承。在简单继承情况下,类的层次结构为树结构,而多重继承是网状结构。

例如,客轮既是一种轮船,又是一种客运工具,它可以继承轮船和客运工具这两个类的属性和服务。

继承机制是组织构造和复用类的一种工具，如果将面向对象方法开发的类作为可复用构件，那么在开发新系统时可以直接复用这个类，还可以将其作为父类，通过继承而实现复用。复用减少了程序的代码量和复杂度，提高了软件的质量和可靠性，软件的维护修改也变得更加容易。

3）多态

多态性是指同名的函数或操作在不同类型的对象中有各自相应的实现。

在存在继承关系的一个类层次结构中，不同层次的类可以共享一个操作，但有各自不同的实现。当一个对象接收到一个请求时，它根据其所属的类，动态地选用在该类中定义的操作。

举例：在父类“几何图形”中定义了一个服务“绘图”，但并不确定执行时绘制一个什么图形。子类“椭圆”和“多边形”都继承了几何图形类的绘图服务，但其功能不相同：一个是画椭圆，一个是画多边形。当系统的其他部分请求绘制一个几何图形时，消息中的服务都是“绘图”，但椭圆和多边形接收到该消息时各自执行不同的绘图算法。

多态性机制不但为软件的结构设计提供了灵活性，减少了信息冗余，明显提高了软件的可复用性和可扩充性。多态性的实现需要面向对象程序设计语言（Object - Oriented Programming Language，OOPL）提供相应的支持，与多态性实现有关的语言功能包括：重载、动态绑定、类属。

3.1.3 面向对象的软件工程方法

传统的软件工程方法学曾经给软件产业带来过巨大的进步，缓解了软件危机，使用这种方法开发的许多中、小规模的软件项目都获得了一定的成功。但人们也发现当把这种方法学应用于大型软件产品的开发时，似乎很少能取得成功。

软件工程学的作用从认识事物方面看，它在分析阶段提供了一些对问题域的分析、认识方法。从描述事物方面看，它在分析和设计阶段提供了一些从问题域逐步过渡到编程语言的描述手段。这如同在问题域和程序设计语言的鸿沟上铺设了一些平坦的路段。但是在传统的软件工程方法中，由于软件工程各阶段表示方法不连续等原因，并没有完全填平语言之间的鸿沟。而在面向对象的软件工程方法中，从面向对象的分析（Object Oriented Analysis，OOA）到面向对象的设计（Object Oriented Design，OOD），再到面向对象的编程（Object Oriented Programming，OOP）、面向对象的测试（Object Oriented Testing，OOT）都是紧密衔接的，从而填平了问题域和程序设计语言之间的鸿沟。

面向对象的软件工程方法是面向对象方法在软件工程领域的全面运用，涉及从OOA、OOD、OOP、OOT到面向对象软件维护（Object Oriented Software Maintenance，OOSM）的全过程。

面向对象方法与传统的软件开发方法相比，具有许多显著的优点，其主要优点如下：

（1）按照人类的自然思维方式，面对客观世界建立软件系统模型，有利于对问题域和系统责任的理解，有利于人员交流。

（2）在整个开发过程中采用统一的概念和模型表示，填平了语言之间的鸿沟，使得开发活动之间平滑过渡。

在传统的结构化方法中，自然语言与编程语言之间存在差距，开发人员需要将自然语言表示的分析结果转换成计算机的编程语言,工作量巨大且容易出错。在面向对象的方法中,OOA、OOD和OOP采用统一的表示方法,不存在这样的问题。

(3)对象所具有的封装性和信息隐蔽等特性,使其容易实现软件复用。对象类可以派生出新类,类可以产生实例对象,从而实现了对象类的数据结构和操作代码的软构件的复用。另外,面向对象程序设计语言的开发环境一般预定义了系统动态连接库,提供大量公用程序代码,避免重复编写,提高了开发效率和质量。

(4)在面向对象的方法中,系统由对象构成,对象是一个包含属性和操作两方面的独立单元,对象之间通过消息联系。这样的系统一旦出错,容易定位和修改,系统的可维护性好。

3.2 面向对象建模

在解决问题之前首先要理解所要解决的问题,对问题理解得越透彻,就越容易解决它。为了更好地理解问题,人们常常采用建立问题模型的方法。

3.2.1 面向对象建模概述

1. 模型及其作用

模型是为了理解事物而对事物做出的一种抽象,是对事物的一种无歧义的书面描述。通常,模型由一组图示符号和组织这些符号的规则组成,利用它们来定义和描述问题域中的术语和概念。

为了开发复杂的软件系统,系统分析员应该从不同角度抽象出目标系统的特性,使用精确的表示方法构造系统的模型,验证模型是否满足用户对目标系统的需求,并在设计过程中逐渐把和实现有关的细节加进模型中,直至最终用程序实现模型。对于那些因过分复杂而不能直接理解的系统,特别需要建立模型,建模的目的主要是为了减少复杂性。人的头脑每次只能处理一定数量的信息,模型通过把系统的重要部分分解成人的头脑一次能处理的若干个子部分,从而减少系统的复杂程度。

用面向对象方法成功地开发软件的关键,同样是对问题域的理解。面向对象方法基本的原则,是按照人们习惯的思维方式,用面向对象观点建立问题域的模型,开发出尽可能自然地表现求解方法的软件。

2. 面向对象方法中的模型

用面向对象方法开发软件,通常需要建立三种形式的模型:描述系统数据结构的对象模型、描述系统控制结构的动态模型和描述系统功能的功能模型。这三种模型都涉及数据、控制和操作等共同的概念,只不过每种模型描述的侧重点不同。这三种模型从三个不同但又密切相关的角度模拟目标系统,各自从不同侧面反映了系统的实质性内容,综合起来则全面地反映了对目标系统的需求。

为了全面地理解问题域,对任何大型系统来说,上述三种模型都是必不可少的。当然,在不同的应用问题中,这三种模型的相对重要程度会有所不同,但是,用面向对象方法开发软件,在任何情况下,对象模型始终都是最重要、最基本、最核心的。在整个开发过程中,三种模型一直都在发展、完善。在面向对象分析过程中,构造出完全独立于实现的应用域模型；在面向对象设计过程中，把求解域的结构逐渐加入到模型中；在实现阶段，把应用域和求解域的结构都编成程序代码并进行严格的测试验证。

3. 统一建模语言——模型的描述工具

统一建模语言（Unified Modeling Language，UML）是 Booch、OOSE 和 OMT 方法的结合，同时吸收了其他方法的思想，通过统一这些先进的面向对象思想，UML 成为一种定义明确的、富有表现力的、强大的、可应用于广泛的问题域的建模语言。它是一种直观化、明确化、构建和文档化软件系统产物的通用可视化建模语言，从企业信息系统到基于 Web 的分布式应用，甚至严格的实时嵌入式系统都适合于用 UML 来建模。它是一种富有表达力的语言，可以描述开发所需要的各种视图，并以此为基础组建系统。

UML 2.3 中用图作为模型基本符号，共支持 13 种图，分成结构图和行为图两大类。结构图包括类图、组合结构图、构件图、部署图、对象图和包图；行为图包括活动图、交互图、用例图和状态机图，其中交互图是顺序图、通信图、交互概览图和时序图的统称。

对整个系统而言，其功能由用例图描述，静态结构由类图和对象图描述，动态行为由状态机图、顺序图、协作图和活动图描述，而物理架构则是由构件图和部署图描述。

3.2.2 对象模型

对象模型表示静态的、结构化的系统的"数据"性质。它是对模拟客观世界实体的对象以及对象彼此间的关系的映射，描述了系统的静态结构。面向对象方法强调围绕对象而不是围绕功能来构造系统。对象模型为建立动态模型和功能模型，提供了实质性的框架。

在建立对象模型时，我们的目标是从客观世界中提炼出对具体应用有价值的概念。在 UML 中常用的描述工具有类图和对象图。

1. 类图

类图是一个纵向分成三部分的矩形，分别写入类名、属性和方法，如图 3.2 所示。

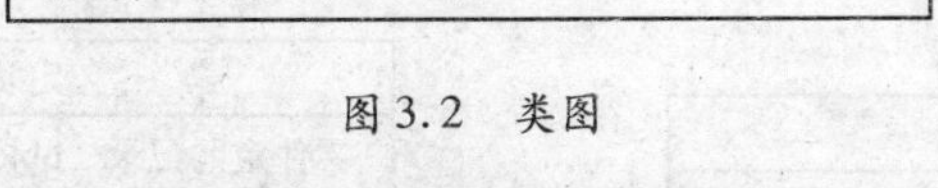

定货报表

-零件定购记录：object=NULL
-记录数：int=1
-报表存储状态：bool

+打印（）
+存储():bool
+添加(in零件定购记录编号：double):void

图 3.2 类图

类名是访问类的索引，应当使用含义清晰、用词准确、没有歧义的名字。属性是类中的数据，每个属性按照以下语法定义：

可见性 属性名:类型名 = 初值{性质串}

其中，可见性有四种类型：

公有 Public：用（+）表示，说明该属性所有对象均可以访问。

私有 Private:用(-)表示,说明该属性只有该类产生的实例可以访问。

保护 Protected:用(#)表示,说明该属性只有该类及其派生类产生的对象可以访问。

包 Package:用(~)表示,说明该属性只有属于同一个包的类产生的对象可以访问。

类型名表示该属性的数据类型,性质串说明了该属性所有可能的取值,也可以加入其他说明。

方法是该类可以提供的对数据的操作,其定义为:

可见性 方法名(参数表):返回值类型{性质串}

可见性的定义与属性相同。

参数表中每个参数的格式:

方向 参数名:类型名 = 默认值

方向有四种类型:

In:表示传递给方法的参数。

Out:表示传送给调用者的参数。

Inout:表示在方法和调用者之间双向传送的参数。

Return:表示作为方法返回值返回给调用者的参数。

2. 对象图

对象是类的实例,对象由一个分成两部分的矩形表示,分别写入对象名和属性值,如图 3.3 所示。

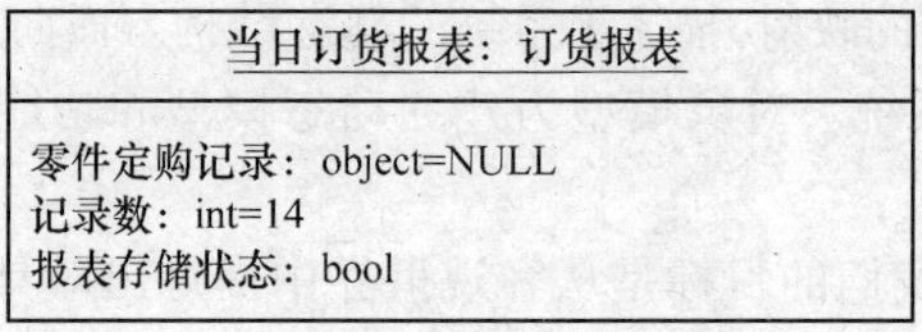

当日订货报表: 订货报表
零件定购记录: object=NULL
记录数: int=14
报表存储状态: bool

图 3.3 对象图

对象名由对象名:类名表示,并加下画线。每个对象的属性都有具体的取值。

3. 关系

关系表达了类与类之间的相互联系,一个系统的静态模型就是由类图和类图之间的关系作为基础构成的。

UML 中常用的类之间的关系有以下几种类型:

1) 关联

关联表示了两个类之间的语义联系,因此关联有名称、方向和重数(图 3.4)。

仓库管理员
-工号: int
-姓名: string
+添加 (in工号: int,in姓名: string) :bool
+删除(in工号: int):bool
编制 ▶
1
1..*
定货报表
-零件定购记录: object=NULL
-记录数: int=1
-报表存储状态:bool
+打印 ()
+存储():bool
+添加 (in零件定购记录编号: double) :void

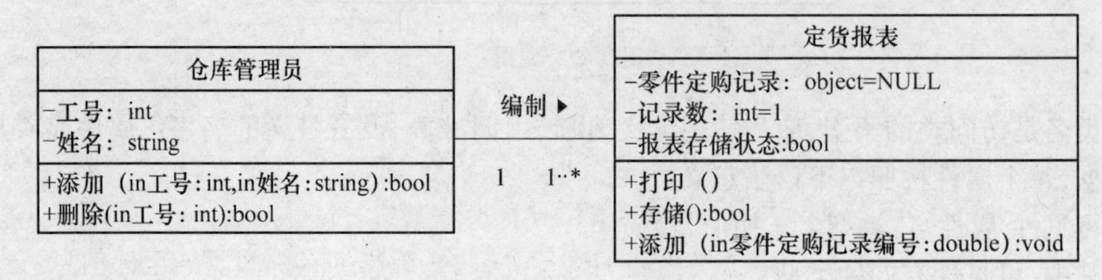

图 3.4 关联关系

0··1 表示 0 到 1 个对象;0··＊或＊表示 0 到多个对象;1+或 1··＊表示 1 到多个对象;1··15 表示 1 个~15 个对象。3 表示 3 个对象。

2) 聚合

聚合也称为聚集,可以看做是关联的特例,它表示类与类之间是整体与部分的关系。聚合有共享聚合和复合聚合两种特殊方式。

在聚合关系中处于部分方的类的实例可以同时参与多个处于整体方的类的实例的构成,同时部分方的类的实例也可以独立存在,则该聚合为共享聚合。如果部分方的类的实例完全隶属于整体方的类的实例,部分类需要与整体类共存,一旦整体类的实例不存在了,则部分类的实例也会随之消失,或失去存在的价值,则这种聚合称为复合聚合。例如,定货报表与零件定购记录的关系为共享聚合,如图 3.5 所示;而编号等和零件定购记录之间的关系则为复合聚合关系,如图 3.6 所示。

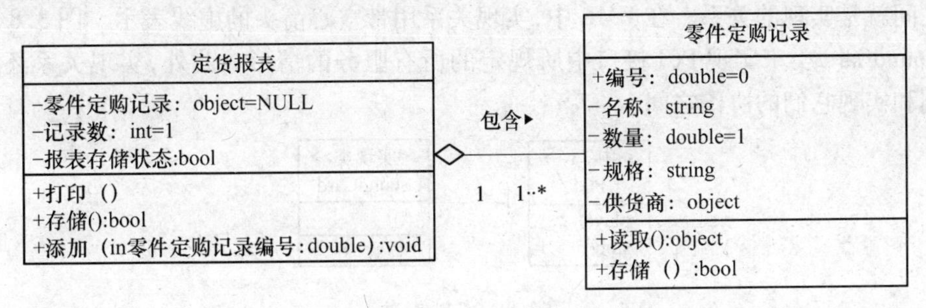

图 3.5 共享聚合

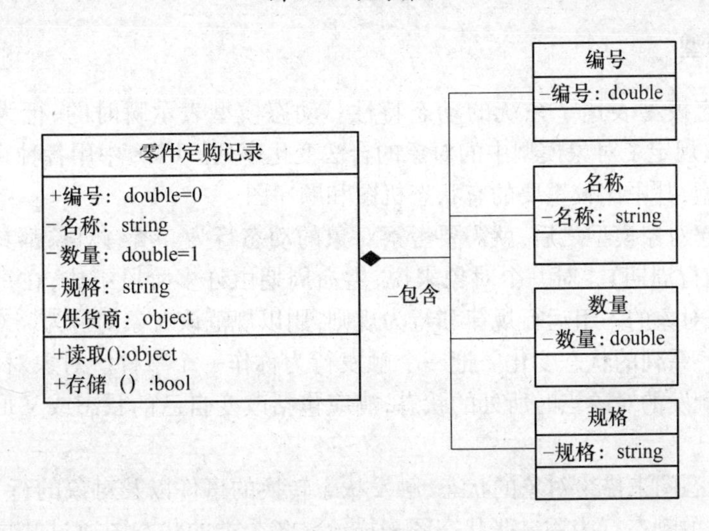

图 3.6 复合聚合

聚合的图示符号是在表示关联关系的直线末端紧挨着整体类的地方画一个菱形,共享聚合用空心菱形表示,复合聚合用实心菱形表示。

3) 泛化

泛化关系就是一般类和特殊类之间的继承关系,特殊类拥有一般类的全部信息,还可以附加自己的新的信息。

在 UML 中,一般类也称为泛化类,特殊类也称为特化类。在图形表示上,用一端为空心三角形的连线表示泛化关系，三角形的顶角指向一般类，如图 3.7 所示。注意泛化关系仅仅用于类与类之间，因为一个类可以继承另一个类，但一个对象不能继承另一个对象。

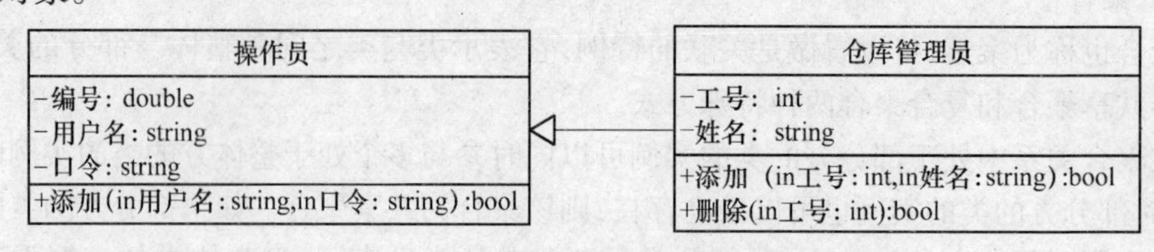

图 3.7　泛化关系

4）实现

实现关系是泛化和依赖关系的结合，也是类之间的语义关系，接口和实现它们的类或构件之间就是实现的关系。在 UML 中，实现关系用带空心箭头的虚线表示。图 3.8 描述了用 SoundCard 类来实现 PCI 接口中所规定的所有服务的情形。此外，实现关系还存在于用例和实现它们的协作之间。

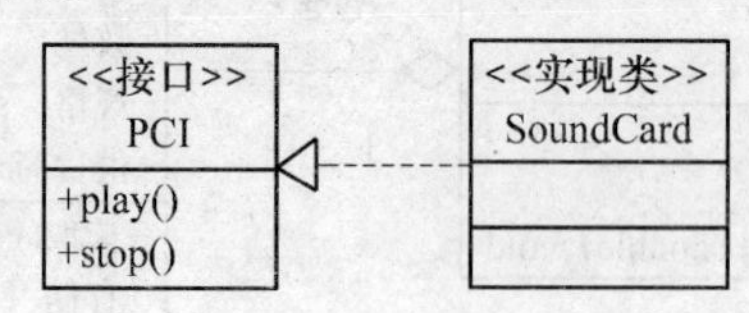

图 3.8　实现关系

3.2.3　动态模型

系统的动态模型表达了系统的动态特性。动态模型表示瞬时的、行为化的系统的“控制”性质，它规定了对象模型中的对象的合法变化序列。UML 中用各种行为图来表达系统的动态模型，其中比较重要的有状态机图和顺序图。

一旦建立起对象模型之后，就需要考察对象的动态行为。所有对象都具有自己的生命周期（或称运行周期）。对一个对象来说，生命周期由许多阶段组成，在每个特定阶段中，都有适合该对象的一组运行规律和行为规则，用以规范该对象的行为。对象之间相互作用就形成了一系列的状态变化。把一个触发行为称作一个事件。对象对事件的响应，取决于接受该触发的对象当时所处的状态，响应包括改变自己的状态或又形成一个新的触发行为。

通常，用状态图来描绘对象的状态、触发状态转换的事件以及对象的行为（对事件的响应）。每个类的动态行为用一张状态图来描绘。各个类的状态图通过共享事件合并起来，从而构成系统的动态模型。也就是说，动态模型是基于事件共享而互相关联的一组状态图的集合。

1. 状态机图

状态图是一种常用的描述系统动态特性的工具，它可以表达一个对象如何在事件的驱动下从自身的一个状态转移到另一个状态。UML 中的状态机图是状态图的一个子集，它表达了系统对象作为一个有限状态机的状态转移特性。

状态机图通过对类的对象的生存周期建模来描述对象随时间变化的动态行为，表达了对象的状态在相应事件触发下会发生的转移。它由状态、转换、事件和活动组成，如图 3.9 所示。

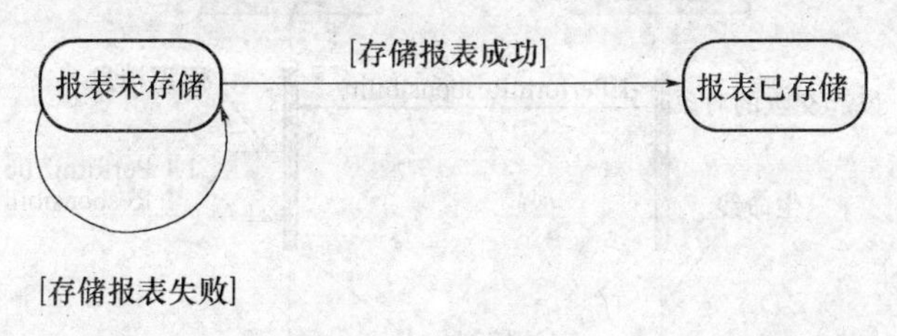

图 3.9　状态机图

状态是对象生存周期中的一个位置。在此位置满足某种条件，执行某种活动或等待某个事件。状态包含一组状态变量，即对象在生存周期某一时刻所具有的一组属性值。当对象响应某个事件时需要进行的活动，取决于这组状态变量的值。状态分为起始状态、终止状态和中间状态。起始状态表示激活一个对象，开始该对象的生存周期的历程；终止状态表示对象完成生存周期的状态转换的所有活动，结束对象的生存周期历程；中间状态表示对象处于生存周期的某一位置并执行相关的活动或动作。一个状态机图可以有一个起始状态和零个或多个终止状态。

转换表示图中一个状态到另一个状态的转换，在状态机图中用连接两个状态的箭头表示。

事件是指在某一时刻发生并造成影响的事。在状态机图中，一个事件的发生可以触发状态的转换。事件包含一个参数表(可以为空)，用于事件的发出者向接收者传递信息。

状态机图描述了类对象的行为，显示了一个给定类对象的生命历程，描述了导致状态迁移的一系列事件以及产生状态变化的一系列活动。它是一个对象的局部视图，一个将对象与其外部世界分离开并独立考察其行为的视图。但状态机图不适合用来理解系统的整体运作。如果要更好地理解行为对整个系统产生的影响，还是使用交互图(顺序图或通信图)更好些。

2. 顺序图

顺序图也称为序列图，它按时间顺序显示了对象之间在事件上的相互配合以及对象之间的交互，描述了系统通过对象之间的消息传递实现用例的过程。

UML 中顺序图包含四个元素，即对象、生命线、消息和激活。图中纵轴是时间轴，时间沿竖线向下延伸。横轴代表了在协作中各个独立的对象。对象排列在图的顶部，它是图中虚垂线顶端的矩形框。其中，发起用例活动的对象(或参与者)放在图的最左边，其他对象按边界对象、控制对象、实体对象依次排列。每个对象下面的虚垂线是对象的生命线，它表明对象在一段时间内存在。生命线上覆盖的长条矩形称为控制焦点，表示一个对象执行一个动作所经历的时间段。消息用从一个对象的生命线到另一个对象生命线的箭头表示。消息出现的次序自上而下，如图 3.10 所示。

顺序图展现了一组对象和由这组对象收发的消息，用于按时间顺序对控制流建模。顺序图强调的是消息交换，这有利于用例的细化和规格化，用例的各种不同的场景都可以用顺序图表述。还可以使用跨越多个用例的顺序图，在一个较粗略的层次描述业务过程。

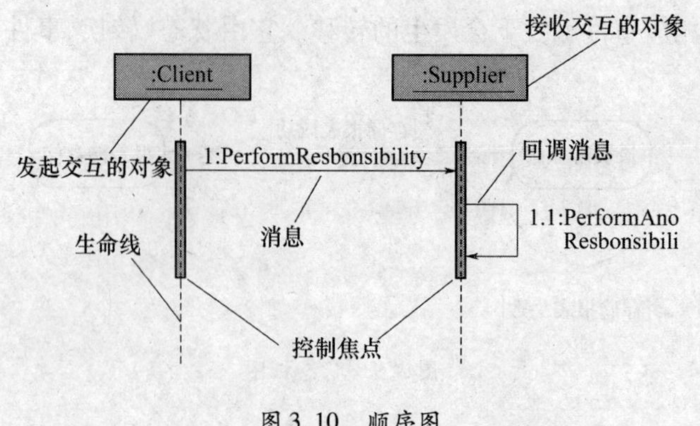

图 3.10　顺序图

3.2.4　功能模型

功能模型表示变化的系统的“功能”性质,它指明了系统应该“做什么”,因此更直接地反映了用户对目标系统的需求。

通常,功能模型由一组数据流图组成。在面向对象方法学中,数据流图远不如在结构分析、设计方法中那样重要。一般说来,与对象模型和动态模型比较起来,数据流图并没有增加新的信息,但是,建立功能模型有助于软件开发人员更深入地理解问题域,改进和完善自己的设计。因此,不能完全忽视功能模型的作用。

UML 提供的用例图也是进行需求分析和建立功能模型的强有力工具。在 UML 中,使用用例模型来捕捉和描述系统满足用户需求的各种功能,把用用例图建立起来的系统模型称为用例模型。用例模型由一组用例图构成,其基本组成部件是用例、参与者和系统。用例模型用于从系统的外部视角描述参与者与系统的交互,进行系统的功能建模。用例模型的目的是列出系统中的用例和参与者,并显示哪个参与者参与了哪个用例的执行。用例的行为用动态视图,特别是交互视图来表示。

1. 用例图的组成

一个用例描述了系统和外部角色之间的一次交互。用例图由系统、用例、角色和关联组成,如图 3.11 所示。

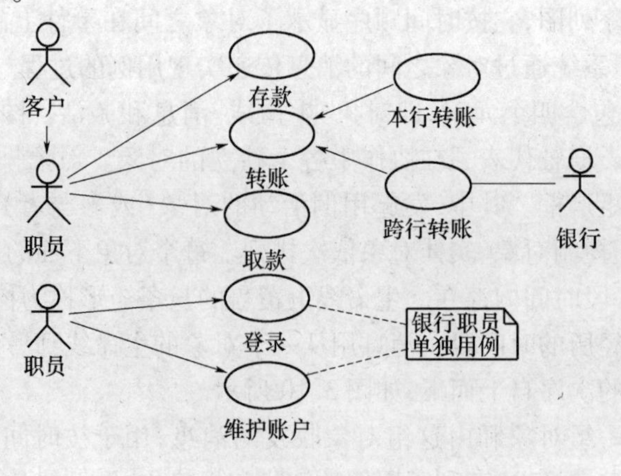

图 3.11　用例图

系统用矩形表示,它表明了软件系统的边界。

角色也称为参与者,是指系统以外与系统进行信息交互的人或物,在 UML 语言中,角色用一个小人的图形和名称来表示。

用例表达了系统可以提供的一项完整的功能,这些功能的结果能通过系统与角色之间的通信让角色觉察到。在 UML 语言中,用例用一个椭圆图形和名称表示。

关联也称为通信,它连接角色与用例,表达了角色与用例之间的关系。关联也可以有自己的重数和特性。

2. 用例之间的关系

除了与角色关联外,用例之间还有使用和扩展的关系。

1) 扩展

在一个用例中加入一些新的动作,则构成了另一个用例,这种用例之间的关系称为扩展。扩展关系是一种泛化关系,扩展用例可以根据需要有选择地继承原有用例的部分行为,它是由一般用例扩展到特殊用例的过程,如图 3.12 所示。扩展关系用带关键字 << extends >> 的实线来表示,箭头指向被扩展的用例。

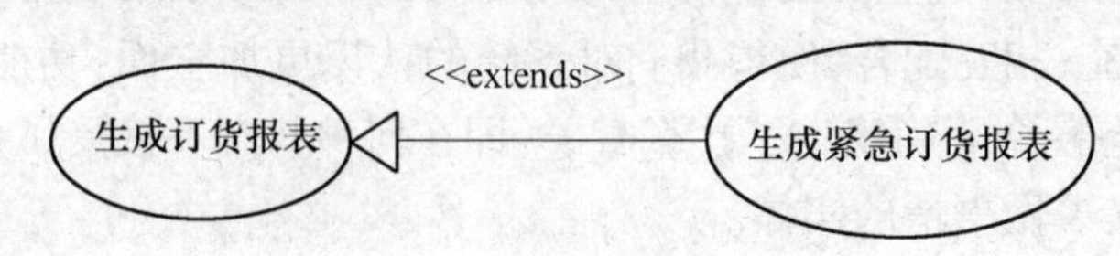

图 3.12 用例之间的扩展关系

2) 使用

使用关系表示一个用例在完成自己功能时,要使用另一个用例的功能,使用关系用带关键字 < < uses > > 的实线来表示,箭头指向被使用的用例。如图 3.13 所示。

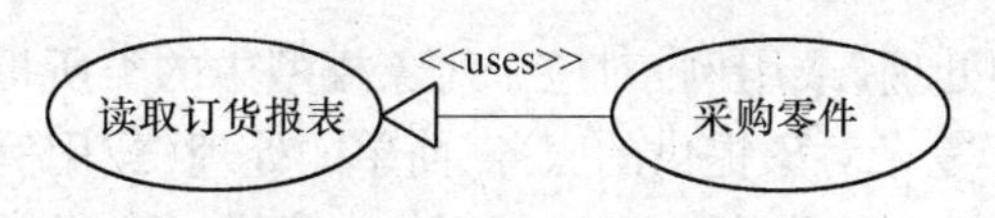

图 3.13 用例之间的使用关系

3. 用例描述

用例图中的用例只是表达了系统所具有的某项功能,而不能提供每个功能的具体含义和操作细节,必须使用文字描述那些不能反映在图形上的信息。

描述用例时,只关注角色可以感知到的用例的功能表现,而不必关注软件系统自身对功能的实现细节,即只注重外部能力,不涉及内部细节。因此,用例描述实际上是关于角色与系统如何交互的规格说明,要求清晰明确,没有二义性。一般用例描述主要包括用例说明、前置条件、事件流、异常处理等内容。

1) 目标

简要描述用例的最终任务和结果。

2) 事件流

事件流是用来描述如下内容的:

(1) 说明用例是怎样启动的,即哪些角色在什么情况下启动执行用例。

(2) 说明角色和用例之间的信息处理过程,如哪些信息是通知对方的,怎样修改和检索信息的,系统使用和修改了哪些实体等。

(3) 说明用例在不同的条件下,可以选择执行的多种方案。

(4) 说明用例在什么情况下才能被看做完成,完成时结果应传给角色。

事件流包括基本流程和可选流程两部分。基本流程说明了角色和系统之间相互交互或对话的顺序,当这种交互结束时,角色便实现了预期目的;可选流程也可促进成功地完成任务,但它们代表了任务的细节或用于完成任务的途径的变化部分。在交互过程中,基本流程可以在一些决策点上分解成可选流程,然后再重新汇成一个基本流程。

3) 特殊需求

说明此用例的特殊要求。

4) 前提条件

说明此用例开始执行的前提条件,如角色登录成功等。

5) 后置条件

说明此用例执行结束后,结果应传给什么角色。

面向对象建模技术所建立的三种模型,分别从三个不同侧面描述了所要开发的系统。这三种模型相互补充、相互配合,使得我们对系统的认识更加全面:功能模型指明了系统应该"做什么";动态模型明确规定了什么时候(即在何种状态下接受了什么事件的触发)做;对象模型则定义了做事情的实体。

在面向对象方法学中,对象模型是最基本,也是最重要的,它为其他两种模型奠定了基础,我们依靠对象模型完成三种模型的集成。下面扼要地叙述三种模型之间的关系:

(1) 针对每个类建立的动态模型,描述了类实例的生命周期或运行周期。

(2) 状态转换驱使行为发生,这些行为在数据流图中被映射成处理,它们同时与对象模型中的服务相对应。

(3) 功能模型中的处理(或用例)对应于对象模型中的类所提供的服务。通常,复杂的处理(或用例)对应于复杂对象提供的服务,简单的处理(或用例)对应于更基本的对象提供的服务。有时一个处理对应多个服务,也有一个服务对应多个处理的时候。

(4) 数据流图中的数据存储,以及数据的源点/终点,通常是对象模型中的对象。

(5) 数据流图中的数据流,住往是对象模型中的对象的属性值,也可能是整个对象。

(6) 用例图中的行为者,可能是对象模型中的对象。

(7) 功能模型中的处理(或用例)可能产生动态模型中的事件。

(8) 对象模型描述了数据流图中的数据流、数据存储以及数据源点/终点的结构。

3.3 面向对象分析

面向对象分析就是运用面向对象的方法进行需求分析,其主要任务是分析和理解问题域,得到对问题域的清晰、精确的定义,找出描述问题域和系统责任所需的类及对象,分析它们的内部构成和外部关系,确定问题的解决方案,建立独立于实现的系统分析模型。

3.3.1 面向对象分析概述

面向对象分析是采用面向对象方法学开发软件的第一步。它的基本内容是以对象概念为基础，通过对目标系统的分析，确定软件系统的结构、组成和行为方式，从而建立起目标系统的完整模型。

面向对象分析模型由三个独立的模型构成：由用例和场景表示的功能模型；用类和对象表示的分析对象模型；由状态图和顺序图表示的动态模型。通常，在需求获取阶段得到的用例模型就是功能模型，但在分析建模阶段还需要补充完善，同时可以根据功能模型导出分析对象模型和动态模型。需要注意的是，分析阶段的这些模型代表的是来自客户的概念，而非实际的软件类或实际构件，如数据库、子系统、会话管理器和网络等，不应出现在分析模型中，因为这些概念仅与实现相关。

面向对象分析的基本过程如下：

(1) 问题域分析。分析应用领域的业务范围、业务规则和业务处理过程，确定系统的责任、范围和边界，确定系统的需求。在分析中，需要着重对系统与外部的用户和其他系统的交互进行分析，确定交互的内容、步骤和顺序。

(2) 发现和定义对象与类。识别对象和类，确定它们的内部特征，即属性和操作。这是一个从现实世界到概念模型的抽象过程，是认识从特殊到一般的提升过程。

抽象是面向对象分析的基本原则，系统分析员不必了解问题域中繁杂的事物和现象的所有方面，只需研究与系统目标有关的事物及其本质特性，并且舍弃个体事物的细节差异，抽取其共同的特征而获得有关事物的概念，从而发现对象和类。

(3) 识别对象的外部联系。在发现和定义对象与类的过程中，需要同时识别对象与类、类与类之间的各种外部联系，即结构性的静态联系和行为性的动态联系，包括一般与特殊、整体与部分、实例连接、消息连接等联系。

对象和类是现实世界中事物的抽象，它们之间的联系要从分析现实世界事物的各种真实联系中获得。

(4) 建立系统的静态结构模型。分析系统的行为，建立系统的静态结构模型，并将其用图形和文字说明表示出来，如绘制类图、对象图、系统与子系统结构图等，编制相应的说明文档。

(5) 建立系统的动态结构模型。分析系统的行为，建立系统的动态行为模型，并将其用图形和文字说明表示出来，如绘制用例图、交互图、活动图、状态图等，编制相应的说明文档。

现实世界中事物的行为是极其复杂的，需要从中抽象出对建立系统模型有意义的行为。在分析中需要控制系统行为的复杂性，注意确定行为的归属和作用范围，确定事物之间的行为依赖关系，区分主动与被动，认识并发行为和状态对行为的影响。系统的静态结构模型和动态行为模型、必要的需求分析说明书、系统分析说明书等一起构成了系统的分析模型，这是系统分析活动的成果，成为下一步系统设计的基础。

3.3.2 建立功能模型

建立系统功能模型的最主要工作是编写用例，建立用例模型。用例表达了系统功能，也作为软件开发的目标驱动了整个面向对象软件开发的过程。

1. 用例模型的作用

用例模型在系统分析建模过程中是十分重要的，它影响着其他视图的建立和系统的实现。对不同的人员来说,用例模型具有不同的用处。

对于系统客户,用例模型能够详细说明系统应有的功能,并描述系统的使用方法;对于系统开发人员,使用用例模型有助于理解系统的需求,为后续阶段的工作(如分析、设计和实现)奠定基础;对于系统集成和测试人员,使用用例模型可以验证最终实现的系统是否与用例模型说明的功能一致;另外,文档人员使用用例模型,可以为编写用户手册提供参考。

2. 建立用例模型

建立用例模型的过程如下:

(1) 找出系统边界以外的角色,角色是与系统进行交互的外部实体,可以是与系统交互的人员、与系统相连并交换信息的设备和其他系统。

(2) 从这些角色如何与系统进行交互的角度,使用用例来描述角色怎样使用系统以及系统向角色提供什么功能,用例所表示的是从外部用户角度观察的系统功能。

(3) 绘制用例图,并编写详细的用例描述。用例图只能宏观地描述系统的功能,但不能提供用例模型所必需的所有信息,每个功能的含义和具体实现步骤则以文本方式描述。

3.3.3 建立对象模型

在面向对象分析中,建立分析对象模型的主要任务是识别和定义对象类。分析中的类和对象可以看做是高层抽象,识别类和对象应以问题域和系统责任为出发点,正确地运用抽象原则,尽可能全面地发现对象的因素,并对其进行检查和整理,最终得到系统的对象类。同时,为了有助于理解系统,在识别对象时可以将对象分为实体对象、边界对象和控制对象。实体对象表示系统将存储和管理的持久信息;边界对象表示参与者与系统之间的交互;控制对象表示由系统支持和用户执行的任务,负责用例的实现。其图形表示如图3.14所示。使用UML中的构造型< < entity > >、< < boundary > >和< < control > >分别表示实体类、边界类和控制类。可以在用例模型的基础上,通过识别实体类、边界类和控制类,从而发现和定义系统中的对象类。

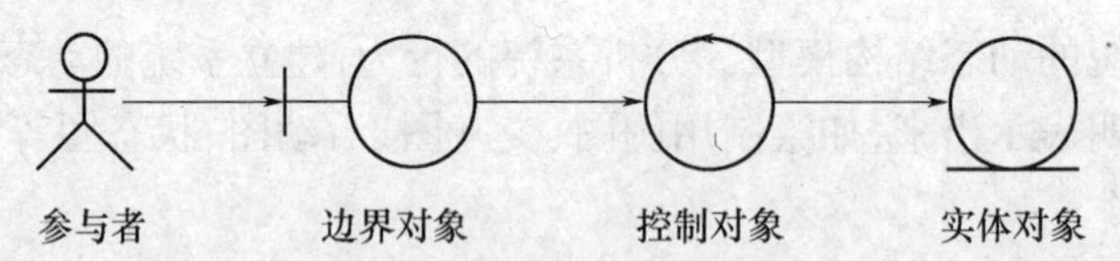

图3.14 分析对象模型中的三种对象

1. 识别对象类

1) 识别实体类

实体类代表系统中需要存储和管理的信息,通常是永久存在的。启发分析员发现实体类的因素包括:

(1) 人员:通常系统会涉及各种各样的人员,需要考虑的是由系统保存和管理其信息的人员,如教师、学生等。

(2) 组织:在系统中发挥一定作用的组织机构,如系、班级等。

(3) 物品:需要由系统管理的物品,可以是有形或无形的,如课程等。

(4) 设备:在系统中动态地运行,由系统进行监控或供系统使用的各种设备、仪表、机器、运输工具等。

(5) 事件:需要由系统长期记忆的事件,如学生注册课程的记录等。

(6) 表格:这里的"表格"是广义的,可以是各种业务报表、统计表、申请表、身份证、商品订单、账目、学生成绩单等,注意不要将原始的表格进行简单对应,应该是分析和整理后形成的映射一些现实事物的表格。

2) 识别边界类

边界类代表系统与角色的接口,在每一个用例中,一个角色对应一个边界类。边界类收集来自角色的信息,并将其转换成实体类和控制类可以使用的中间接口。

根据角色的不同类型,边界类可以是用户接口、系统接口和设备接口。对于用户接口来说,边界类集中描述了用户与系统的交互信息,而不是描述用户接口的显示形式,如按钮、菜单等;对于系统接口和设备接口来说,边界类集中描述所定义的通信或交换协议,而不是说明协议如何实现的。

3) 识别控制类

控制类负责协调边界类和实体类,通常在现实世界中没有对应的事物,它负责接收边界类的信息,并将其分发给实体类。

控制类与用例存在着密切的关系,它在用例开始执行时创建,在用例结束时取消。一般来说,一个用例对应一个控制类。当用例比较复杂时,特别是产生分支事件流的情况下,也可以有多个控制类。在有些情况下,用例的行为十分简单,这时可以没有控制类,学生注册课程系统中的用"登录"就是这种情况。

2. 标识类的关系

在找到系统的对象类之后,需要分析和认识各类对象之间的关系,从而使对象类构成一个整体的、有机的系统模型。

1) 发现泛化关系

可以参考应用领域已有的一些分类知识,也可以按照自己的常识,从各种不同角度考虑事物的分类,找出对象类之间的泛化关系。另外,通过考察系统中每个类的属性和服务,找出类之间的泛化关系。

查看一个类的属性与服务是否适合这个类的全部对象,如果某些属性或服务只适合该类的一部分对象,说明应该从这个类中划分出一部分特殊类,建立泛化关系;检查是否某些类具有相同的属性和服务,如果把这些相同的属性和服务提取出来,能否在概念上构成这些类的父类,形成泛化关系。

为了加强分析模型的可复用性,应该进一步考虑在更高的层次上运用泛化关系,从而开发一些可复用的构件类。

2) 发现聚合关系

聚合关系可以清晰地表达问题域中事物之间的组成关系。

3) 发现关联关系

关联关系表示对象之间的静态联系,即可以通过对象属性来表示的一个对象对另一个对象的依赖关系。在现实中存在大量的这种关系,如"教师"与"学生"之间的教学关系。

4) 发现依赖关系

在面向对象的系统中,消息体现了对象行为之间的依赖关系,实现了对象之间的动态联系,使系统成为一个能活动的整体,并使各个部分能够协调工作。通过模拟和跟踪对象服务的执行过程,考虑当该对象执行时是否需要请求其他对象提供服务,是否需要向其他对象提供或索取某些数据等问题,从而建立依赖关系。

3. 绘制系统包图和类图

1) 绘制系统包图

在系统分析阶段,建立包图的目的是降低复杂性、控制可见度并指引开发者的思路。对于分析模型,使用包图可表示此模型的框架,每个包就是一个主题。在一个包中可以包含多个类或子包以及它们的关系。包图可以是一个层次结构,可以逐层细化。

在包图中通过对主题的识别,可以比较清晰地了解大而复杂的模型。

2) 绘制类图

类图可以是对包图的细化。在绘制类图时,可以根据上述分析中识别出的类之间的关系分别绘制边界类的类图、实体类的类图以及各种类之间关系的类图。

4. 标识类的属性和服务

1) 标识类的属性

对于每个对象,从以下方面考虑并发现对象的属性:

(1) 按照一般常识,找出对象的某些属性,如人员的姓名、性别、年龄、地址等;

(2) 认真研究问题域,找出对象的某些属性,如商品的条形码、学生的学号等;

(3) 根据系统责任的要求,找出对象的某些属性;

(4) 考虑对象需要系统保存和管理的信息,找出对象的相应属性,如“课程”需要保存和管理的信息;

(5) 对象为了在服务中实现其功能,需要增设一些属性;

(6) 识别对象需要区别的状态,考虑是否需要增加一个属性来区别这些状态;

(7) 确定属性表示整体与部分结构和实例连接。

对于初步发现的属性,检查这些属性是否系统使用的特征,是否描述了对象本身的特征,是否可以通过继承得到,是否可以从其他属性直接导出等,对这些属性进行整理和筛选。

2) 标识类的服务

对象收到消息后执行的操作称为它可提供的服务。

类的服务也可以称为“方法”或“操作”,服务的定义可以来源于状态图中的事件响应,也可以来源于功能模型中的具体数据处理。

标识了类的服务后,需要比较类的服务与属性,验证其一致性。如果已经标识了类的属性,那么每个属性必然关联到某个服务;否则,该属性永远不可能被访问,就没有存在的必要了。

3.3.4 建立动态模型

1. 编写脚本

建立系统动态模型从编写脚本开始。脚本是指系统在某一期间内的一系列事件,它由用户与系统的多次交互构成,表达了用户使用系统所提供的功能的过程。

脚本的编写围绕系统的用例进行,通常一个完整的脚本中包含了系统某一方面功能的多个用例,并用流程描述将它们串接起来。脚本的内容为事件序列,每个事件要明确产生的时间、发起者、接收者、参数和产生的影响,通常都会按照正常情况脚本和异常情况脚本来分别编写。

2. 绘制顺序图或协作图

在脚本的基础上,抽取出对象之间状态变化的时间关系,以及对象间消息传递的内容,将用例的行为分配到对象类,绘制出顺序图,准确地描绘出系统功能实现过程中的信息传递和对象间相互关系。

协作图包含一组对象和以消息交换为纽带的关联,用于描述系统的行为是如何由系统的成分合作实现的。协作图与时序图是同构的,二者表示的都是同样的系统交互活动,只是各自的侧重点不同而已。

通过对用例建立交互图,实现了将系统责任分配到对象类中,即交互图中的每一个消息就是消息接收对象的一个服务。最后,审查和整理对象图,删除一些不必要的冗余操作,分解或合并某些对象类。

3. 设计基本用户界面

根据对系统动态的分析,设计一个能满足交互需求的用户界面,同时确定系统的基本人机交互模式。

4. 绘制每个对象的状态图

顺序图表达了系统整体的消息流动和事件,而状态图能很好地描绘出每个对象对消息和事件的反应,对于准确地理解每个对象的动态特性很有帮助。

状态图的绘制可以在顺序图的基础上进行,从顺序图中抽取出每个对象以及它接收和发送的消息,考查这些消息是否会对对象的状态造成影响。

可以看到,无论是对问题域中的单个事物,还是对各个事物之间的关系,OOA 模型都保留着它们的原貌,没有转换、扭曲,也没有重新组合,所以 OOA 模型能够很好地映射问题域。OOA 模型对问题域的观察、分析和认识是很直接的,对问题域的描述也是很直接的,它所采用的概念及术语与问题域中的事物保持了最大限度的一致,不存在语言上的鸿沟。

在面向对象分析阶段,工作的重点是对问题域进行仔细的研究,将它所包含的对象和对象之间的关系确定下来,并且用对象模型进行模拟;而在面向对象设计阶段,可以看做对分析阶段生成的系统对象模型的一种扩充和深化,补充许多在问题域中并不存在,但为了完成软件的整体任务所不可缺少的对象和对象之间的关系,从而形成完整的软件结构。所以,在进行面向对象分析时,一定要将所研究的内容限定在与系统任务直接相关的范围内,以更多地集中精力探明目标系统的本质要求,而不要涉及与系统任务没有直接关系的对象和操作,把这些内容留待面向对象设计的阶段再来研究。

3.4 面向对象设计

面向对象设计建立在分析模型的基础上,集中研究系统的软件实现问题,完成软件的体系结构设计、接口设计(或人机交互设计)、数据设计、类设计及构件设计。

OOA 与 OOD 采用一致的表示法,使得从 OOA 到 OOD 不存在转换,只有局部的修改或调整,并增加了与实现有关的独立部分,因此,OOA 与 OOD 之间不存在传统方法中分析与设计之间的鸿沟,成为面向对象方法的主要优势。

3.4.1 子系统的分解

面向对象系统设计的主要活动是进行子系统分解,并在此基础上定义子系统/构件之间的接口。为此,首先根据子系统可提供的服务来定义子系统,然后对子系统细化,明确系统结构。要求对子系统的分解尽可能做到高内聚、低耦合。

1. 子系统和类

在应用领域,为了降低复杂性,用类进行标识。在设计实现时,为了降低复杂性,将系统分解为多个子系统,每个子系统又由若干个类构成。

对于大型复杂系统,首先根据需求功能模型(用例模型),将系统分解成若干个部分,每个部分又可分解为若干个子系统或类,每个子系统还可以由更小的子系统或类组成,如图 3.15 所示。各个子系统相对独立,子系统之间具有尽量简单、明确的接口。子系统划分完成后,就可以相对独立地设计每个子系统。这样可以降低设计的难度,有利于分工合作,降低系统的复杂程度。

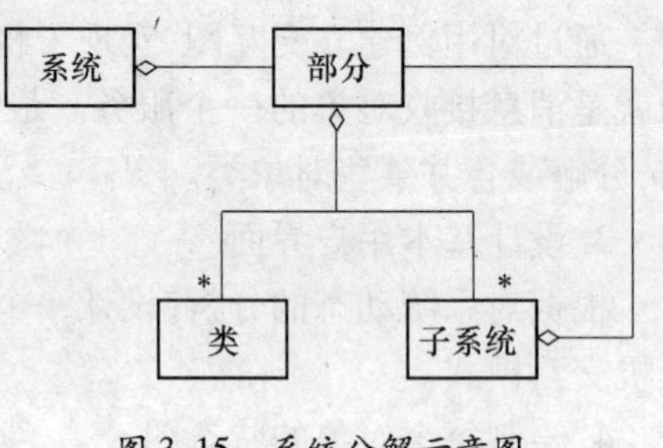

图 3.15 系统分解示意图

2. 服务和子系统接口

一个服务是一组有公共目的的相关操作。而一个子系统通过为其他子系统提供服务来发挥自己的能力。与类不同的是,子系统不要求其他子系统为它提供服务。

供其他子系统调用的某个子系统的操作的集合就是子系统的接口。子系统的接口包括操作名、操作参数类型及返回值。面向对象的系统设计主要关注每个子系统提供服务的定义,即枚举所有操作、操作参数和行为。

3. 子系统分层和划分

为了建立系统的层次结构,可以将子系统分层。每一层仅依赖于它的下一层提供的服务,而对它的上层可以一无所知。存在层次结构的软件系统中,其体系结构可分为封闭式体系结构和开放式体系结构。

4. Coad & Yourdon 的面向对象设计模型

根据 P. Coad 和 E. Yourdon 提出的面向对象设计模型,把软件的整个面向对象设计过程分成了问题域子系统、人机交互子系统、任务管理子系统、数据管理子系统四个部分,对每一个部分又包括了类与对象、结构、主题、属性、服务 5 个层次的内容,如图 3.16 所示。

其中,问题域子系统是整个设计的主体,它是由完成软件系统主要任务的部分所构成的,其设计直接来源于 OOA 所建立目标系统对象模型;人机交互子系统给出实现人机交互所需的对象;任务管理子系统提供协调和管理目标软件系统各个任务的对象;数据管理子系统定义专用对象,将目标软件系统中依赖于开发平台的数据存取操作与其他功能分开,以提高对象独立性。这四个部分相当于给整个软件的完整对象模型划分了四个最高层的主题,不仅可以相对独立地进行设计,而且在人机交互、任务管理、数据管理这些主题

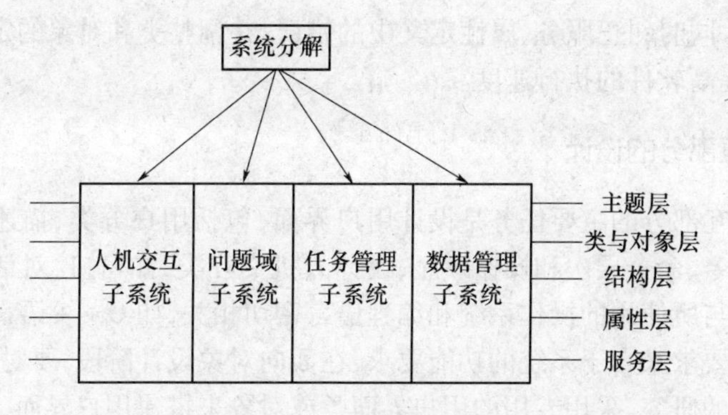

图 3.16　面向对象设计模型

的设计和实现中，都可以采用大量的通用类库等可重用件，使软件开发的效率得以很大幅度的提高。其基本过程如下：

(1) 设计对象和类。在分析模型的基础上，具体设计对象与类的数据结构和操作实现算法，设计对象与类的各种外部联系的实现结构，设计消息与事件的内容与格式等，这里应当充分利用预定义的系统类库或其他来源的现有类。

(2) 设计系统结构。一个复杂的软件系统由若干子系统组成，一个子系统由若干个软件组件组成。设计系统结构的主要任务是设计组件和子系统，以及它们相互的静态和动态关系。

(3) 设计优化，提高系统的性能。系统设计的结果需要优化，尽可能地提高系统的性能和质量。

3.4.2 问题域部分的设计

将面向对象分析中产生的类图直接引入设计的问题域部分，根据具体的实现环境，对其适当进行调整、增补和改进。

问题域子系统的设计以面向对象分析所得出的系统对象模型为基础，通过适当的扩展和调整，使之适应需求的变化，并为那些完成系统功能所需的类、对象、属性和方法提供实现途径。

对系统对象模型的扩展和调整主要采用以下方法和措施：

1. 设计重用

对系统模型中的对象进行仔细的研究和分析，充分利用对象本身的可重用特性，调整类结构，必要时引入一些新的成分，尽可能地使得类之间可以通过继承关系获得属性和操作，以减少系统的冗余，并为今后的重用提供条件。

2. 调整泛化关系

根据开发环境的限制(例如，有的语言支持多重继承，有的只支持单继承)对泛化结构进行调整，或引入新的父类，使系统中相关的某一组类都可以成为新父类的子类，使系统的继承结构更加清晰，更加容易管理，也更加容易重用，还可以以更少的设计和代码代价完成更多的方法的实现，提高开发效率。

3. 设计实现细节

对问题域子系统的服务进行详细的算法设计，使其可以在面向对象编程实现时方便地实现各种操作，同时纠正服务、属性定义中的错误，并调整类和对象的定义，以降低对象间的通信开销，提高软件的执行速度。

3.4.3 人机交互部分的设计

设计人机交互部分的主要任务是设计用户界面，包括用户分类、描述交互场景、设计人机交互操作命令、命令层次和操作顺序、设计人机交互类，如窗口、对话框、菜单等。人机交互部分的类与所使用的操作系统和编程语言密切相关，如 C++语言的 MFC 类库。

人机交互的要求来自于系统的功能要求，在面向对象设计阶段，要对实际用户的特性和类别进行仔细的研究，采用专用的用户界面类或对象来搭建用户界面，并对其细节进行设计，使得软件的用户界面既能够满足核心功能的输入、输出要求，又能够给用户提供一个简单、方便、稳定、可靠的操作环境。可采取如下步骤：

(1) 对用户进行分类，并描述其特性；

(2) 设计命令的层次和组织关系；

(3) 利用开发环境的支撑，设计出系统所需的人机交互类。

3.4.4 任务管理部分的设计

设计软件系统的内部模块运行的管理机制，即将事件驱动、时钟驱动、优先级管理、关键任务和协调任务等系统管理任务分配给硬件和软件执行。

任务管理子系统的主要作用：一是适应多任务环境应用的要求；二是管理和协调整个系统的不同子系统之间的共同工作，它能简化某些应用的设计和编码。

在一个软件中的各项任务中，触发的方式是不同的，有的是由事件触发的（如操作触发等），有的是有时间触发的（如定时执行的任务），任务管理部件要根据这些任务的不同特性和优先级，完成对资源的分配和任务的调度优化，使得系统的运行能够正常地进行。

任务管理子系统可以采用以下的设计步骤：

(1) 分析任务并发性；

(2) 确定事件触发型任务；

(3) 确定时间触发型任务；

(4) 确定优先任务和关键任务；

(5) 增加协调任务；

(6) 进行任务精化。

3.4.5 数据管理部分的设计

数据管理部分包括数据的录入、操作、检索、存储、对永久性数据的访问控制等。其主要任务是：确定数据管理的方法，设计数据库与数据文件的逻辑结构和物理结构，设计实现数据管理的对象类。

采用数据管理子系统，可以把对大量数据的操作与系统的主要功能任务区别开来，不仅可以提高设计和执行的效率，而且可以充分保障数据的完整性和安全性，能够满足多用户环境对数据的操作，并且也可以充分利用大量的数据库环境、数据库资源来简化软件系统的数据管理的设计和实现的工作量，大大提高软件的开发效率和质量。

对于数据管理子系统的设计，包含定义数据格式和定义相应服务两部分内容。定义数据格式要对数据结构、数据类型、数据与数据之间的关系都要做出定义；定义服务则从对象的角度，确定数据管理子系统能够提供给软件系统内的其他对象的服务类型和消息传递格式，以使数据管理子系统能够被软件系统的其他部分很好地使用。

在数据管理子系统中，数据存储管理模式也是重要的设计内容，一般可以采用的模式包括：

(1) 文件管理系统。以文件的形式来存储和管理数据。优点是简单高效、资源需求少、成本低，但数据的安全性和访问效率比较差。

(2) 关系数据库系统。关系数据库是基于关系理论的传统数据库系统，它把所有数据元素按照统一的关系表形式来组织。优点是结构规范、访问接口一致、数据的安全性高，缺点是不能直接存储对象，必须将对象拆散为属性数据的集合才可保存。

(3) 面向对象数据库系统。面向对象数据库是新发展起来的数据库系统，它在关系数据库的基础上，可以直接对对象进行存储和访问，也就是同时存储对象的属性值、操作和状态，不仅能保存静态的数据，而且对于动态环境中对象的特性也能够一并存储和访问。

3.5 面向对象实现

面向对象的程序设计方法属于面向对象范型。面向对象的程序设计与传统的结构化程序设计属于两种不同的编程风格。在传统的程序设计中把模块看成是黑箱，它接收给定的输入，进行需要的处理，最后产生规定的输出。这种模块是面向处理的，通常数据和处理是分开的，是用户习惯并熟悉的方法。在面向对象程序设计中，数据和操作数据的算法不再分离，它们被封装在一起，构成对象，对象之间可以进行交互，即一个对象可以使用其他对象所提供的服务。面向对象程序设计方法的特点是封装、泛化、多态、协同和复用。

3.5.1 程序设计语言及风格

1. 面向对象的程序设计语言

面向对象的程序设计语言以对象为核心，以类和继承为构造机制，认识、理解、刻画客观世界并构建相应的软件系统。它一方面借鉴了20世纪50年代的人工智能语言LISP，引入了动态绑定和交互式开发的思想；另一方面又从60年代的离散事件模拟语言SIMULA67引入了类和继承的概念。

第一个正式发布的面向对象程序设计语言是20世纪70年代的Smalltalk。目前比较流行的面向对象程序设计语言有C++、Java、C#和Delphi等。

2. 编程风格与编码标准

编程风格是指编程应遵循的原则。在软件生存周期中需要经常阅读程序，特别是在软件测试阶段和维护阶段，程序员和参与测试维护的人员都要反复阅读程序。阅读程序是软件开发和维护过程的一个重要组成部分，阅读程序的时间往往比编写程序的时间还要多。因此，在编写程序时，应该使程序具有良好的风格。提高程序的可读性也就显得更为重要。尤其是当多个程序员合作完成一个大的软件项目时，更需要良好一致的编码风格，便于相互沟通，减少因不协调而引起的问题。

目前,许多软件企业提出了编程规范,一些流行的编程语言也有了自己的编码标准,目的都是为了改进程序代码的编程风格,提高程序编写的质量。

编程规范包括总则和细则两部分。总则部分是对编码的总体性规范要求,适用于多种编码语言;细则部分是在总则的规范要求下,针对具体语言的特点而提出的规范要求。在制定编码规范时,主要从以下几个方面考虑:

(1) 源程序的文档化。源程序的文档化包括选择标识符(变量和标号)的名字、安排注释及程序的视觉组织等。

(2) 数据说明规范化。

(3) 程序代码结构化。程序代码的构造力求简单、直接,不能片面追求效率而使语句复杂化。

(4) 输入/输出风格的可视化。编程规范主要包括版面、注释、标识符命名、可读性、变量使用、函数编写、代码可测性、程序效率、质量保证、代码编译、单元测试、程序版本与维护等主要内容。

3. 编程语言的选择

软件实现阶段的任务是将软件详细设计转换成用编程语言实现的程序代码,即把用伪代码写成的程序,翻译成计算机能够接受的用编程语言编写的程序。编程语言的性能和设计风格将关系到和程序设计的效能和质量。

在构造软件系统时,首先需要确定使用哪种编程语言来实现这个系统。总的原则是,选择的语言使编码容易实现,容易阅读,减少系统测试和维护的工作量。具体选择时既要从技术角度、工程角度和心理学角度评价和比较各种语言的适用程度,又必须考虑现实可能性。

选择编程语言要从问题入手,根据问题的要求以及这些要求的相对重要程度来衡量需要采用的语言。在技术层面上应考虑项目的应用范围、算法和计算复杂性、软件运行环境、系统性能与实现的条件、数据结构的复杂性、软件开发人员的知识水平和心理因素等。其中,项目的应用范围是最关键的因素。

计算机的应用主要包括四个领域,在四个领域中,不同的程序设计语言的应用范围大致可以这样划分:FORTRAN、C 和 C + + 语言主要应用于科学与工程计算领域;Java、COBOL 等语言主要应用于商业数据处理领域;汇编语言、C 语言和 Ada 语言等主要应用于系统和实时应用领域;LISP 和 Prolog 语言主要应用于人工智能、问题求解和组合应用领域。

3.5.2 面向对象测试策略

面向对象的测试(OOT)是指对于运用 OO 技术开发的软件,在测试过程中继续运用 OO 技术进行以对象概念为中心的软件测试。它以类作为基本测试单位,集中检查在类定义之内的属性、服务和有限的对外接口,大大减少了错误的影响范围。

传统的测试软件是从“小型测试”开始,逐步过渡到“大型测试”,即从单元测试开始,逐步进入集成测试,最后进行确认测试和系统测试。对于传统的软件系统来说,单元测试集中测试最小的可编译的构件单元(模块);单元测试结束之后,就把它们集成到系统中去,与此同时进行一系列的回归测试,以发现模块接口错误和新单元加入到系统中来所带来的副作用;最后,把系统作为一个整体来测试,以发现软件需求中的错误。

1. 面向对象测试概述

软件测试的目的：开发人员必须在软件交付给用户之前进行一系列严格的测试，以尽可能地发现和消除最大数量的错误。对于一个面向对象软件系统，此基本目标不变，但是面向对象系统的本质改变了测试策略和测试方法。为了充分试验 OO 系统，必须做到：

(1) 测试的定义必须加宽以包括适用于 OOA 和 OOD 模型的错误发现技术；

(2) 单元和集成测试策略必须显著地改变；

(3) 测试案例的设计必须考虑 OO 软件的独特性质。

2. 测试 OOA、OOD 模型

对于一个 OO 系统模型，它的完全性和一致性表示必须在一开始建造时就要进行评审。

每一个阶段的模型都应该被测试评审，而避免错误在下一次迭代时被传播。而且，错误发现的越晚，所产生的副作用和付出的代价就越大。

1) 审查 OOA、OOD 模型的正确性

将 OOA、OOD 模型提交领域专家。审查类及其层次是否遗漏或模糊，类之间的关系是否准确地反映了真实世界中对象间的联系。

2) 判断 OOA、OOD 模型的相容性

通过考虑模型中实体之间的关系来判断 OOA、OOD 模型的相容性。一个不相容的模型中某部分的表示内容不能正确地反映在其他部分的表示之中，可借助于类—责任—协作(CRC)模型和对象关系图，考查每个类和它与其他类的一些联系。

3. 面向对象测试策略

面向对象测试，在测试策略和测试技术上都有所改变，都必须适应面向对象软件的独特性质。

1) 面向对象的单元测试

由于对象的“封装”特性，面向对象软件中单元的概念与传统的结构化软件的模块概念已经有了较大的区别。面向对象软件的基本单元是类和对象，它们包括属性(数据)以及处理这些属性的操作(方法或服务)。

面向对象的单元测试，一方面测试每个类中定义的每一个服务的算法，其测试过程和方法与传统软件测试中的单元测试相似；另一方面，测试封装在一个类中的所有方法与属性之间的相互作用，这是面向对象测试中所特有的模块单元的测试。面向对象的单元测试是进行集成测试的基础。例如，假设程序是用 C + +语言编写的，单元测试主要是对类成员函数的测试。类成员函数通常都很小，功能单一，函数间调用频繁，容易出现一些不易发现的错误。因此，在测试分析和实际测试用例时，应该注意面向对象的这一特点，认真进行测试分析和设计测试用例。

2) 面向对象的集成测试

面向对象的集成测试主要对系统内部的相互服务进行测试。一方面要依据单元测试的结果，另一方面要参见面向对象设计和面向对象设计测试的结果。在面向对象的软件中没有层次的控制结构，所以，传统意义上的自上而下和自下而上的集成策略不再适用；并且构成类的成分彼此间存在直接或间接的交互，一次集成一个操作到类中即传统的渐增式继承方法也是不适用的。

面向对象的集成测试有以下两种策略：

(1) 基于线程的测试，即把响应系统的一个输入或事件所需要的一组类集成起来，

分别继承并测试每个线程，同时应用回归测试以保证没有产生副作用。

(2) 基于使用的测试，即首先测试几乎不使用服务器类的那些类（成为独立类），把独立类都测试完之后，接下来测试使用独立类的下一层次的类（称为依赖类），一层一层地测试依赖类，直到把整个软件系统构造完为止。

集成测试在设计测试用例时，不但要设计确认类功能满足的输入，还应该有意识地设计一些被禁止的例子，确认类是否有不合法的行为产生。

3) 面向对象的系统测试

面向对象的系统测试是面向对象集成测试后的最后阶段的测试，主要以用户需求为测试标准，需要参考面向对象分析和面向对象分析测试的结果。

面向对象的系统测试一方面是检测软件的整体行为表现，另一方面是对软件开发设计的再确认。有以下几种测试策略：

(1) 功能、性能测试用来测试软件是否满足开发要求，是否能够提供设计所描述的功能，用户的需求是否都得到满足，用户界面是否友好等。测试人员要认真研究动态模型和描述系统行为的脚本，以确定最有可能发现用户交互需求错误的情景。功能测试是系统测试最常用和必需的测试，通常还会以正式的软件说明书为测试标准。

(2) 强度测试用来测试系统的最高实际限度，即软件在一些超负荷的情况下功能的实现情况。

(3) 安全测试用来验证安装在系统内的保护机构确实能够对系统进行保护，使之不受各种非常的干扰。安全测试时需要设计一些测试用例试图突破系统的安全保密措施，检验系统是否有安全保密的漏洞。

(4) 恢复测试用来采用人工的干扰使软件出错，中断使用，检测系统的恢复能力，特别是通信系统。恢复测试时，应该参考性能测试的相关测试指标。

(5) 安装/卸载测试用来系统测试需要对被测的软件结合需求分析进行安装和卸载的测试，设计测试用例。

小　结

本章主要介绍面向对象的基本概念：对象、类、实例、消息、方法、封装、继承、多态性和重载等；面向对象的软件工程：OOA、OOD、OOP、OOT；面向对象的建模及对象模型、动态模型、功能模型；面向对象的开发方法。要求掌握面向对象的基本概念及特征，面向对象的建模，面向对象的软件工程。了解面向对象方法学的定义和优点，面向对象的开发方法。

习　题

1. 什么是面向对象方法学，它有什么优点？
2. 什么是对象，它有哪些特征？
3. 类和型有什么区别？
4. 传统的软件工程和面向对象的软件工程有什么不同？
5. 请使用“种瓜得瓜，种豆得豆”的古谚语来说明抽象和继承的概念。

第二篇

软件项目管理

软件项目管理是软件工程和项目管理的交叉学科，是项目管理的原理和方法在软件工程领域的应用。与一般的工程项目相比，软件项目的特殊性主要体现在软件产品的抽象性上。本篇系统讲述了软件项目管理的基本概念、基本原理及基本方法，围绕软件项目的开发过程，详细介绍了软件需求管理、进度管理、成本管理、质量管理、风险管理、配置管理等内容，使读者能全面掌握软件项目管理所需的知识体系。

第 4 章　软件项目管理概述

在 21 世纪的今天,科技不断进步,知识不断丰富,人们的各类活动也越来越复杂,同时也越来越有组织。项目就是有组织的活动之一,对项目的管理是一门学科,内容极为丰富。项目管理的科学化可以为高效率、快节奏的人类活动带来极大的方便性和优越性。软件项目作为项目的一个类别,有其自身的概念、特点和发展。本章将结合软件项目管理过程所需要的知识和方法简单介绍项目与项目管理的一些基本知识、项目管理的相关理论体系以及我国软件项目管理的发展历程。

4.1　项目管理的概念

4.1.1　项目

1. 项目的概念

“项目”一词,是从英文“Project”翻译过来的,其主要含义是已计划好的活动、承诺或事业。如:特定的计划或设计;公共的房屋开发,包括计划、设计和实施;可以明确表述的研究活动;一次政府支持的大型活动;由一群人参与的解决某个特定问题或完成某个特定任务的活动等。

美国项目管理协会(Project Management Institute,PMI)对项目的定义是:“项目”是为完成一个独特的产品、服务或任务所作的一次性努力,包含如下含义:

(1) 项目是一项有待完成的任务,有特定的环境、背景要求和约束条件。

(2) 在一定的组织机构内,利用有限的人力、物力、财力等资源,在规定时间内完成任务。

(3) 任务要满足一定的数量、质量、功能、性能和技术指标等多方面的要求。

2. 项目的特点

项目作为一类特殊的活动或任务,与日常事务不同,具有以下特点:

(1) 独特性。即每个项目都是唯一的。每个项目均有自身的独特之处,没有两个完全相同的项目。不能简单地把项目程序化,所有项目都具有不同程度用户化的特点。

(2) 一次性。由于项目的独特性,项目作为一个任务,一旦完成,即宣告结束,不会有完全相同的任务重复出现,即项目不会重复,这就是项目的“一次性”。但项目的一次性是对项目整体而言的,并不排斥在项目中存在交叉重复的子项目工作。

(3) 多目标性。项目的目标包括成果性目标和约束性目标。在项目执行过程中,成果性目标都是由一系列技术指标如时间、费用、性能、功能等来定义的,同时受到多种条件的约束,这种约束性目标往往是多重的。

(4) 生命周期性。项目是一次性的任务,因而它是有起点和终点的,任何项目都将经历启动、开发、实施、结束这样一个相对固定的过程,这一过程常称为项目的生命周期。尽管各类项目的生命周期阶段的划分有所区别,但总体来看,可划分为概念(Concept)阶段、开发(Develop)阶段、实施(Execute)阶段和结束(Finish)阶段四个阶段(简称 CDEF 阶段)。

(5) 相互依赖性。项目常与组织中的其他工作或项目同时进行、互相影响。在组织中各部门间的相互作用是有规律的,而项目与部门之间的作用往往是无规律可循的。项目主管应该非常清楚项目与其他工作或项目的冲突,并与相关部门保持密切的联系,着力解决冲突。

(6) 冲突性。项目经理与其他经理相比,其工作更富有冲突性。项目内部的冲突性主要表现在资源分配与调度的不均衡性、时间进度的安排和质量结果的考核等方面。应该说在项目开展的过程中,冲突问题无处不在。

4.1.2 项目管理

1. 项目管理的概念

项目管理就是对项目进行管理,包含两方面的内容:一是客观实践活动,指一种有意识地按照项目的特点和规律,对项目进行组织和管理的活动;二是前者的理论总结,即以项目管理活动为研究对象的一门学科,探求在项目活动中进行科学的组织和管理的理论和方法,属于管理学科大范畴。

随着社会的进步以及管理实践的发展,项目管理的内涵得到了较大的充实和发展。概括起来,项目管理就是以项目为对象的系统管理方法,通过一个特定的柔性组织,对项目进行高效率的计划、组织、指导和控制,不断进行资源的配置和优化,不断与项目各方沟通和协调,努力使项目执行的全过程处于最佳状态,获得最好的结果。项目管理是全过程的管理,是动态的管理,是在多个目标之间不断地进行平衡、协调与优化的体现。

2. 项目管理的要素

要想对项目进行有效的管理,必须清楚项目都由哪些部分组成,应该对项目的什么内容进行管理,怎样管理。通常,可以把对项目的管理分为以下几个方面。

1) 资源

项目资源包括一切应用于项目的人力、材料、资金、设备、信息、技术和市场等有形或无形的事物。这些资源是完成项目的有力保障。对这些资源的有效管理是项目成功的重要因素之一。

而对这些资源的管理重点就在于合理、科学地分配它们。让项目的各个活动都能得到正确、合理、适量的资源。完全均衡地分配这些资源有时候是相当困难的,这需要项目主管对项目了如指掌,并且有丰富的经验。合理的资源分配不仅可以使资源得到充分的利用,而且是项目按时完成的有力保证。

2) 需求

项目需求分为基本需求和期望需求。

项目的基本需求是项目最终必须要达到和完成的,如果达不到,那么项目就会失败。项目的质量、成本和时间就是项目的基本需求,如果这三者有一项不能达到,那么整个项目就算失败。这三者之间相互制约,相互影响。“质量最好,时间最短,成本最低”永远是项目管理的一种理想目标,项目主管只能通过各种努力无限接近这一目标,但永远不能达到。

期望要求指的是一些额外的要求,它们对项目的成功与失败不起决定作用。同样一种活动在某些项目中可能是需求,而在其他项目中可能就是要求。比如,项目中的环保,如果在某个项目中明确提出环保的要求,那么这就属于需求,是必须要达到的;如果在某个项目中没有明确提出,那么它就属于期望要求。项目管理者在自己的能力范围内达到此要求会使项目更加完美,但如果不能达到环保要求,也不能算项目失败。

3)项目组织

项目的运作肯定不能缺少项目团队,对项目团队的管理可以使项目的运作更加有效。我们需要挑选有能力的领导,制定章程;通过各种方式进行合理的人员配备,让项目参与人员进行有效地沟通,减少分歧;建立激励机制,创建自己的组织文化。

项目组织建设要因事设人,根据项目的任务设置机构,设岗用人,事毕境迁,及时调整,甚至撤销。不能来了走不得,定了变不得,不用去不得,用的使不得。总之一句话:项目组织是根据项目的实际需求在不断更替变化的。

4)项目环境

使项目取得成功,除了对项目本身、项目组织及其内部环境有充分的了解外,还要对项目所处的外部环境有正确的认识。这个问题涉及十分广泛的领域,如政治、经济、科学技术、地理位置、文化意识等。

3. 软件开发项目管理

随着计算机应用水平的不断提高和发展,作为计算机核心部分的软件已经变得越来越庞大了,软件开发过程中的难点渐渐地从开发转向了管理。科学的管理成了软件开发成功的关键。

软件项目是指采用计算机语言为实现一个目标系统软件产品而开展的活动和过程,其目的是实现各类业务系统的信息化、业务流程的集成化管理与连续性执行。由于软件项目本身的这些特点,对它的管理也会有别于其他非软件项目。但是,不管是什么样的项目,它们的管理是“表亲”关系,我们完全可以从工程项目的管理中得到如何解决软件开发管理方面问题的答案。

1)软件项目管理的内容

(1)按需求界定目标:依据客户的个性化需求圈定软件项目的范围与目标。

(2)按目标制订计划:包括分解目标、制订阶段性里程碑计划、制订软件生存期各个阶段的资金和资源的配置方案等。

(3)按计划组织资源:包括人力资源、设备资源、资金等的组织与分配。

(4)按计划执行管理过程。

(5)按目标落实和考核阶段性成果。

(6)按目标进行评估、分析、总结、改进和完善。

应该说,需求是依据,计划是前提,资源是保障,组织是手段,管理是核心,落实执行是保障,评估分析是监控。

2)软件项目管理的特点

软件不同于一般的传统产品,它是一种智力产品。软件最突出的特征就是需求变化频繁、内部构成复杂、规模越来越大、度量困难等。这些特征使软件项目管理具有如下特点:

（1）软件项目是设计型项目。设计型项目要求长时间的创造和发明，需要许多技术非常熟练、有能力合格完成任务的技术人员。开发者必须在项目涉及的领域中具备深厚和广博的知识，并且有能力在团队沟通和协作中有良好的表现。设计型项目同样也需要用不同的方法来进行设计和管理。

（2）软件过程模型。在软件开发过程中，会选用特定的软件过程模型，如瀑布模型、原型模型、迭代模型、快速开发模型和敏捷模型等。选择不同的模型，软件开发过程会存在不同的活动和操作方法，其结果会影响软件项目的管理。例如，在采用瀑布模型的软件开发过程中，对软件项目会采用严格的阶段性管理方法；而在迭代模型中，软件构建和验证并行进行，开发人员和测试人员的协作就显得非常重要，项目管理的重点是沟通管理、配置管理和变更控制。

（3）需求变化频繁。软件需求的不确定性或变化的频繁性使软件项目计划的有效性降低，从而对软件项目计划的制定和实施都带来很大的挑战。需求的不确定性或变化的频繁性还给项目的工作量估算造成很大的影响，进而带来更大的风险。仅了解需求是不够的，只有等到设计出来之后，才能彻底了解软件的构造。另外，软件设计的高技术性，进一步增加了项目的风险，所以软件项目的风险管理尤为重要。

（4）难以估算工作量。不能有效地度量软件的规模和复杂性，就很难准确估计软件项目的工作量。对软件项目工作量的估算主要依赖于对代码行、对象点或功能点等的估算。虽然上述估算可以使用相应的方法，但这些方法的应用还是很困难的。例如，对于基于代码行的估算方法，不仅因不同的编程语言有很大的差异，而且也没有标准来规范代码，代码的精练和优化的程度等对工作量影响都很大。基于对象点或功能点的方法也不能适应快速发展的软件开发技术，没有统一的、标准的度量数据供参考。

（5）主要的成本是人力成本。项目成本可以分为人工成本、设备成本和管理成本，也可以根据和项目的关系分为直接成本和间接成本。软件项目的直接成本是在项目中所使用的资源而引起的成本，由于软件开发活动主要是智力活动，软件产品是智力的产品，所以在以往软件项目中，软件开发的最主要成本是人力成本，包括人员的薪酬、福利、培训等费用。

（6）以人为本的管理。软件开发活动是智力的活动，要使项目获得最大收益，就要充分调动每个人的积极性，发挥每个人的潜力。要达到这样的目的，不能靠严厉的监管，也不能靠纯粹的量化管理，而是要靠良好的激励机制、工作环境和氛围，靠人性化的管理。

4.2 项目管理的相关理论体系

项目管理就是根据特定的规范在预算范围内按时完成指定的任务，也就是运用既有规律又经济的方法制定计划，围绕计划对项目进行监控，在进度、成本和人力上进行控制。同时，在项目管理中，必须关注质量，质量是产品或服务立于不败之地的关键，而项目所有活动都是由项目团队来完成的，所以项目组的建设也是非常重要的任务，包括人力资源和沟通的管理。在项目实施过程中，可能会发生意想不到的情况，也有可能在项目范围、资源等方面发生一些变化，例如，用户提出新的需求，项目组长突然生病了，这些都是项目潜在的风险，需要预防和控制。所以项目管理涉及各方面的知识，包括计划管理、进度管理、成本管理、人力管理、质量管理、风险管理、沟通管理等。

4.2.1 项目管理知识体系

项目管理知识体系（Project Management Body of Knowledge,PMBOK）是美国项目管理学会历经近10年(1987年—1996年)开发的一个关于项目管理的知识体系标准,并于2000年、2004年相继发布了第2版、第3版,受到项目管理业界的普遍认可。例如,PMBOK第3版被国际电机电子工程师学会认定为作业标准,标准编号:IEEEStd1490—2003,在不同行业得到了广泛的应用。

PMBOK将软件开发划分为"启动、计划、执行、控制和结束"5个过程,每个管理过程包含了输入/输出、所需工具和技术,而通过相应的输入/输出将各个过程联系在一起,构成完整的项目管理活动过程。PMBOK2000根据过程的重要性,将项目管理过程分为核心过程和辅助过程两类。

核心过程(共17个),是大多数项目都必须经历的、依赖性很强的项目管理过程,对项目管理的影响至关重要。

辅助过程(共22个),是可以根据实际情况取舍的项目管理过程。

在PMBOK2004中,为了保证项目管理的各个过程都得到足够的重视,取消了"核心过程、辅助过程"概念,但增加了7个过程,减少了2个过程,对13个过程进行了修改,总共是44个过程,见表4.1。

表4.1 PMBOK2004的知识域和过程组

知识域	启动	计划编制	执行	监控	收尾
项目综合管理	制定项目章程; 制定项目初步范围	制定项目 管理计划	指导与管理 项目执行	监控项目工作 整体变更控制	项目收尾
项目范围管理		计划范围定义制 作工作分解结构		范围核实 范围控制	
项目时间管理		定义活动排序活动 资源估算活动时间 估算编制进度表		进度控制	
项目成本管理		成本估算 成本预算		成本控制	
项目质量控制		质量规划	质量保证	质量控制	
项目人力 资源管理		人力资源规划	人员招聘 团队建设	项目团队管理	
项目沟通管理		沟通规划	信息分发	绩效报告相关 利益者管理	
项目风险管理		风险管理规划风险识 别风险定性分析风险 定量分析风险应对规划		风险监控	
项目采购管理		采购规划 发包规则	询价供方选择	合同管理	合同收尾

它将项目管理按所属知识领域分为9类，按时间逻辑分为5类，按重要程度分为2类。项目管理的内容一般包括范围管理、时间管理、费用（成本）管理、质量管理、人力资源管理、沟通管理、风险管理、采购管理和综合管理。

（1）范围管理是对项目的任务、工作量和工作内容的管理，包括项目范围的界定、范围变化的控制等。说得通俗些，范围管理也就是确定项目中哪些事要做，哪些事不需要做，每个任务做到什么程度。例如，客户总是不断提出新的需求，如果不能界定项目范围，不能对需求变化进行控制，那么项目将永无休止。

（2）时间管理是确保项目按时完成而开展的一系列活动，包括活动排序、每项活动的合理工期估算、进度安排及其控制等工作。时间管理和人力资源管理、成本管理相互作用、相互影响，需要综合考虑。

（3）费用（成本）管理是为了确保项目在不超预算的情况下对项目的各项费用进行成本控制、管理的过程，包括项目预算、资源配置及其优化、资源合理使用、各项费用控制等工作。

（4）质量管理是为了确保项目达到所规定的质量要求所实施的一系列管理过程，包括质量计划、质量控制和质量保征等活动。质量是项目关注的焦点，成本控制、进度管理和范围管理，都应该在保证质量的前提下进行。

（5）人力资源管理。为了提高项目的工作效率、保证项目顺利实施，需要建立一个稳定的团队，调动项目组成员的积极性，协调人员之间的关系，这些都在人力资源管理的范围内。“天时、地利、人和”一直被认为是成功的三大因素，“人和”就是人力资源管理的目标之一，在项目管理中，如何最大地发挥每个项目组成员的作用，就是人力资源管理的主要任务，包括组织规划、团队建设、人员招聘和培训等。

（6）沟通管理是为了保证有效收集和传递项目信息所需要实施的一系列措施，包括沟通规则定义、沟通渠道建设和报告制度等。沟通管理包括外部沟通管理（与顾客沟通）和内部沟通管理，而且沟通管理和人力资源管理之间有着密切的联系。

（7）风险管理是对项目可能遇到的各种不确定因素的管理，包括风险识别、风险量化、制订对策和风险控制等。项目实施前，虽然制订了项目计划，但是随着项目的不断深入，会发现计划的不足之处，无论是项目的范围、时间还是人力资源、费用等都存在变数。这种变数随时带来风险，需要得到管理。

（8）采购管理是从项目组织之外获得所需的资源或服务所采取的一系列措施，包括采购计划、供应商选择、资源选择以及合同管理等工作。采购管理和成本管理有密切的关系。

（9）综合管理也称整合管理、集成管理，是指为确保项目各项工作相互配合、协调所展开的综合性和全局性的项目管理工作，包括项目集成计划的制定、实施和总体控制等工作。在项目管理中，由于项目各方对于项目的期望值不同，要满足各方的要求和期望并不是一件很容易的事。例如，客户期望获得非常高的质量，将质量作为首要目标，而项目组可能设法降低成本，将成本作为首要目标。因此，需要在不同的目标之间进行协调，寻求一种平衡，这就主要依靠综合管理来实现。

4.2.2 受控环境中的项目

受控环境中的项目(Projects in Controlled Environments,PRINCE)是组织、管理和控制项目的方法,强调通过管理方法使项目环境得到有效控制。PRINCE2 是对 PRINCE 的升级,即通过整合现有用户的需求,提炼特定的方法成为面向所有用户的通用的项目管理方法,而且它是基于过程的、结构化的项目管理方法,从而成为英国项目管理的标准。

PRINCE2 包括组织、计划、控制、项目阶段、风险管理、在项目环境中的质量、配置管理以及变化控制等 8 类管理要素。这些管理要素是 PRINCE2 管理的主要内容,贯穿于整个项目周期。

PRINCE2 的主要管理技术有基于产品的计划、变化控制方法、质量评审技术以及项目文档化技术。PRINCE2 项目管理方法的特点有以下几点:

(1) 项目是由业务用例进行驱动、强调业务的合理性和用户需求。

(2) 描述了一个项目如何被切分成可控的、可管理的阶段,以便高效地控制资源的使用和在整个项目周期执行常规的监督流程。

(3) 易于剪裁和灵活使用的方法,应用于任何级别的项目。

(4) 为项目管理团队提供定义明确的组织结构。

(5) 每个过程都依据项目的大小、复杂度和组织的能力定义关键输入、需要执行的关键活动和特殊的输出目标。

(6) 描述了项目中应涉及的各种不同的角色及其相应的管理职责。

(7) 项目计划是以产品为导向的,强调项目按预期交付结果。

(8) 首次引进程序管理和风险管理的概念。

PRINCE2 提供从项目开始到项目结束,覆盖整个项目生命周期的,基于过程的,结构化的项目管理方法,共包括 8 个过程,如图 4.1 和图 4.2 所示。每个过程都描述了项目为何重要(Why)、项目的预期目标何在(What)、项目活动由谁负责(Who)以及这些活动何时被执行(When)。

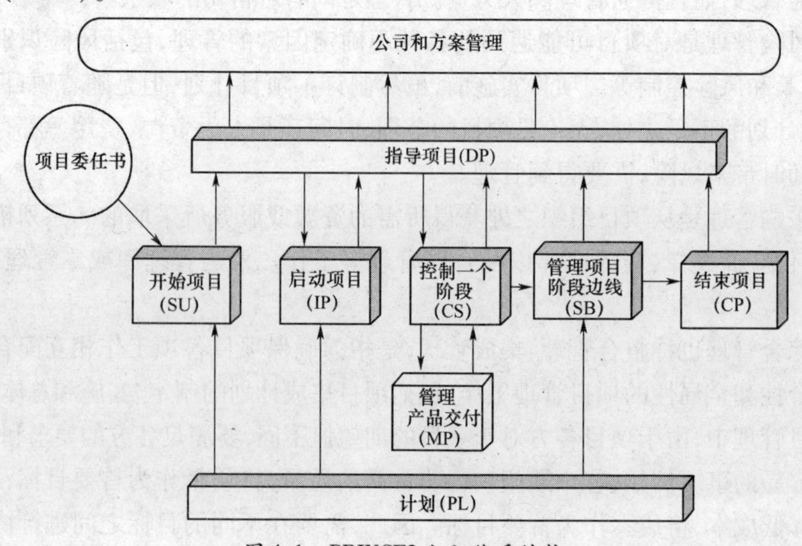

图 4.1 PRINCE2 知识体系结构

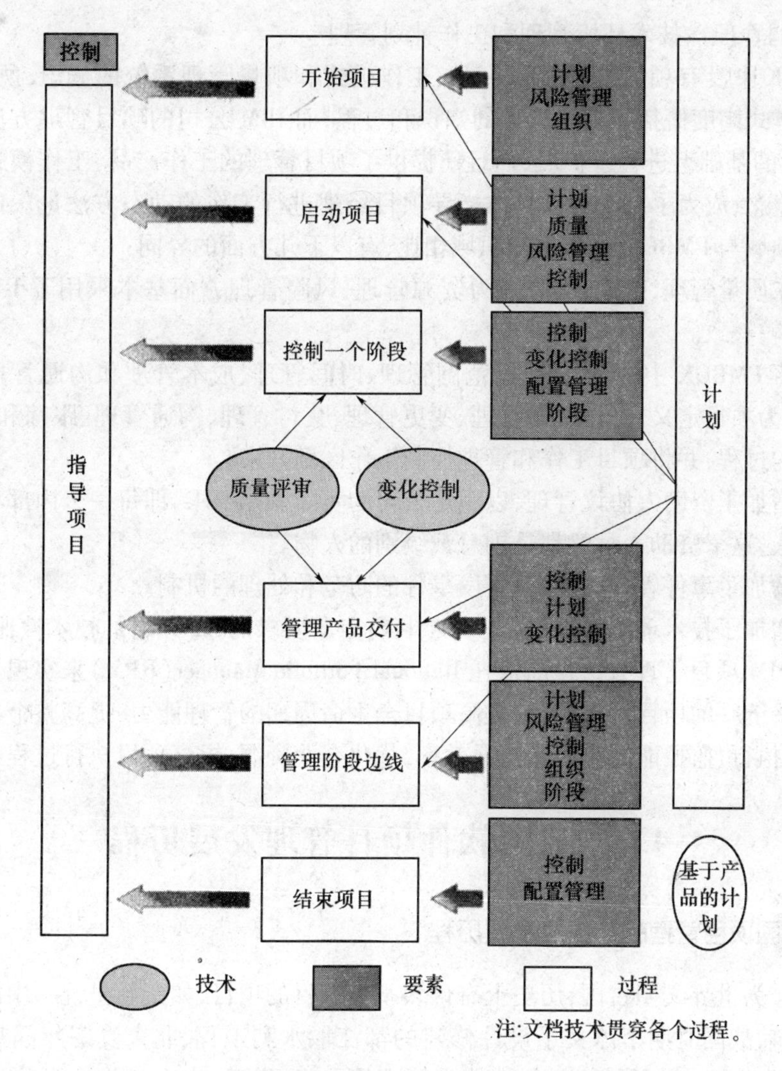

图 4.2　PRINCE2 过程、要素和技术之间关系

4.2.3 WWPMM

IBM 公司早期的项目管理方法主要有应用开发项目的方法论、ERP 软件包实施方法论、集成产品研发项目方法论等,而在 20 世纪 90 年代中期,为了满足公司向服务转型的需要,IBM 公司综合了上述不同的项目管理方法,适时地推出了全球设计发布方法(World Solution Design and Delivery Method,WSDDM)方法论。随后,IBM 公司成立了一个项目管理委员会,进一步整合了公司内部的项目管理方法,从而形成了统一的项目管理方法,称为 WWPMM。WWPMM 由 4 个有机部分(即项目管理领域、工作产品、工作模式和信息系统)组成,并定义了 13 个领域及其 51 个子领域,在此基础上再分解为 150 个过程。IBM 公司项目管理方法中的 13 个领域:变更管理、沟通管理、交付管理、事件管理、人力资源管理(对应 PMBOK 的人力资源管理)、项目定义、质量管理(对应 PMBOK 的质量管理)、资助人协议管理、风险管理(对应 PMBOK 的风险管理)、跟踪和控制、供应商管理(对应 PM-

BOK 的采购管理)、技术环境管理和工作计划管理。

PMBOK 中没有项目管理工作产品、工作模式和项目管理系统的概念,所以 PMBOK 以静态的方式高度概括了项目管理的知识和过程;而 IBM 公司的项目管理方法不但在应用 PMBOK 的基础上进行了扩展,而且还提供了项目管理的工作产品、工作模式和项日管理系统的概念,成为了一个可以具体指导项目经理进行工作的动态方法论。IBM 公司的项目管理领域与 PMBOK 的 9 个知识域相比,有以下几方面的异同:

(1) 在质量管理、采购管理、人力资源管理、风险管理方面基本采用了 PMBOK 的内容,二者比较一致。

(2) 将 PMBOK 中的综合管理、范围管理、时间管理、成本管理和沟通管理重新进行结构化,成为项目定义、工作计划管理、变更管理、交付管理、沟通管理、跟踪和控制,符合项目进行的过程,并将项目工作和管理控制工作区别开来。

(3) 增加了资助人协议管理,以满足公司的实际操作要求,即每一个内部项目都需要一个资助人,这个资助人一般都是副总裁级别的人物。

(4) 增加了事件管理,建立对突发事件的防范和处理的机制。

(5) 增加了技术环境管理,这是 IT 项目特点所要求的,IT 项目的技术性比较突出。

WWPMM 项目管理方法目前依托 Rational Portfolio Manager(RPM)来实现。它能为企业快速打造统一的项目管理平台,提高项目全生命周期的管理能力,提高整个项目团队的项目规划、执行、监控能力和团队沟通效率,优化企业资源,提高项目执行过程的可见性。

4.3 我国软件项目管理发展历程

4.3.1 我国项目管理的产生及发展历程

我国作为世界文明古国,历史上有许多举世瞩目的项目,如秦始皇统一中国后对长城进行的修筑,战国时期李冰父子设计修建的都江堰水利工程、北宋真宗年间皇城修复的“丁渭工程”,河北的赵州桥,北京的故宫等都是中华民族历史上运作大型复杂项目的范例,从今天的角度来看这些项目都堪称是极其复杂的大型项目。对于这些项目的管理,如果没有进行系统的规划,要取得成功也是非常困难的。有了项目就必须要进行项目管理,随着现代项目规模越来越大,投资越来越高,涉及专业越来越广泛,项目内部关系越来越复杂,传统的管理模式已经不能满足运作好一个项目的需要,于是产生了对项目进行管理的模式,并逐步发展成为主要的管理手段之一。我国项目管理的发展历程如下:

(1) 20 世纪 60 年代初期,华罗庚教授引进和推广了网络计划技术,并结合我国“统筹兼顾,全面安排”的指导思想,将这一技术称为“统筹法”。当时华罗庚组织并带领小分队深入重点工程项目中进行推广应用,取得了良好的经济效益。我国项目管理学科的发展就是起源于华罗庚推广“统筹法”的结果,我国项目管理学科体系也是由于统筹法的应用而逐渐形成的。80 年代随着现代化管理方法在我国的推广应用,进一步促进了统筹法在项目管理过程中的应用。此时,项目管理有了科学的系统方法,但当时主要应用在国防和建筑业,项目管理的任务主要强调的是项目在进度、费用与质量三个目标的实现上。

(2) 1982 年,在我国利用世界银行贷款建设的鲁布格水电站饮水导流工程中,日本建筑企业运用项目管理方法对这一工程的施工进行了有效的管理,取得了很好的效果。这给当时我国的整个投资建设领域带来了很大的冲击,人们确实看到了项目管理技术的作用。基于鲁布格工程的经验,1987 年国家计委、建设部等有关部门联合发出通知在一批试点企业和建设单位要求采用项目管理施工法,并开始建立中国的项目经理认证制度。1991 年建设部进一步提出把试点工作转变为全行业推进的综合改革,全面推广项目管理和项目经理负责制。比如,在二滩水电站、三峡水利枢纽建设和其他大型工程建设中,都采用了项目管理这一有效手段,并取得了良好的效果。20 世纪 90 年代初在西北工业大学等单位的倡导下成立了我国第一个跨学科的项目管理专业学术组织——中国优选法统筹法与经济数学研究会项目管理研究委员会(Project Management Research Committee, PMRC),PMRC 的成立是中国项目管理学科体系开始走向成熟的标志。PMRC 自成立至今,做了大量开创性工作,为推动我国项目管理事业的发展和学科体系的建立,为促进我国项目管理与国际项目管理专业领域的沟通与交流起了积极的作用,特别是在推进我国项目管理专业化与国际化发展方面,起到了非常重要的作用。截至今日,许多行业也纷纷成立了相应的项目管理组织,如中国建筑业协会工程项目管理委员会、中国国际工程咨询协会项目管理工作委员会、中国工程咨询协会项目管理指导工作委员会等都是中国项目管理学科得到发展与日益应用的体现。

现代项目与项目管理是扩展了的广义概念,项目管理更加面向市场和竞争、注重人的因素、注重顾客、注重柔性管理,是一套具有完整理论和方法基础的学科体系。项目管理知识体系 PMBOK 的概念是在项目管理学科和专业发展进程中由美国项目管理学会(Project Management Institute, PMI)首先提出来的,这一专门术语是指项目管理专业领域中知识的总和。PMRC 于 2001 年在其成立 10 周年之际也正式推出了《中国项目管理知识体系》。

4.3.2 我国软件项目管理的现状

软件项目管理是一个富有创新意义的领域,是针对特定的项目需求,以团队运作的形式,有效地组织项目资源,通过对项目的管理和控制,实现项目的目标。在我国,IT 行业起步较晚,但发展迅速,项目管理在 IT 行业应用还很不成熟,一般的、常规的组织管理方式已很难适应,这是软件开发中项目管理面临的最大挑战。目前我国软件项目管理中存在如下问题:

(1) 对项目管理认识和重视不够。项目经理或管理人员不十分了解项目管理的知识体系,所以在实际工作中没有项目管理知识的指导,完全依靠个人现有的知识技能,管理工作的随意性、盲目性比较大。在软件企业中,项目经理主要是因为他们能够在技术上独挡一面,而管理方面特别是项目管理方面的知识比较缺乏。希望尽快推行和实施软件项目经理知识技能资格制度,各方面都能充分认识项目管理的重要性,让项目经理自觉学习项目管理的知识和一些常用工具和方法。

(2) 对项目的系统性把握不够。在软件企业一些项目管理人员对项目总体计划、阶段计划的作用认识不足。项目经理认为计划不如变化快,项目中也有很多不确定的因素,做计划是走过场,因此制定总体计划时比较随意,造成计划与控制管理脱节,无法进行有效的进度控制管理。其实制定计划的过程就是一个对项目逐渐了解掌握的过程,通过认真地制定计划,项目管理人员可以知道哪些要素是明确和重要的,哪些要素是要逐渐明确和次要的,通过渐近明细不断完善项目计划。制定计划的过程,也是在进度、资源、范围之间寻求一种平衡的过程。因此,提高项目管理人员的计划意识,加强对开发计划、阶段计划的有效性,并进行事前事后的评估。

(3) 管理思想贯彻不到位。项目经理如果没有从总体上去把握管理整个项目,而是埋头于具体的技术工作,造成项目组成员之间任务不均、资源浪费。在软件企业中,项目经理大多是技术骨干,技术方面的知识比较深厚,但无论是项目管理知识,还是项目管理必备的技能、项目管理必备的素质,都有待补充和提高。同时,由于工作分解结构设计的缺乏合理性,项目任务无法有效、合理地分配给相关成员,以达到"负载均衡"。因此,加强项目经理在项目管理知识方面的培训和考核,引导项目经理更好地做好项目管理工作。

(4) 沟通效率不高。在项目中一些重要信息没有进行充分和有效的沟通。在制定计划、意见反馈、情况通报、技术问题或成果等方面与相关人员的沟通不足,造成各做各事,重复劳动,甚至造成不必要的损失。在项目沟通管理方面,管理者要用70%的时间用于与人沟通,而项目经理需要花费90%或更多的时间来沟通。所以项目管理人员不但自己要把工作重点放在沟通上,而且要善于沟通,以提高沟通意识和沟通的效率。

(5) 对付风险的策略不成熟。项目管理人员没有充分分析可能的风险,对付风险的策略考虑比较简单。有些项目管理人员没有充分意识到风险管理的重要性,对计划书中风险管理的章节简单应付了事,随便列出几个风险和一些简单的对策,对于后面的风险防范起不到一定指导作用。项目风险管理是对项目潜在的意外损失进行规划、识别、估计、评价、应对和监控的过程,是对项目目标的主动控制手段。因此,通过学习项目管理知识,掌握风险识别、量化、对策研究、反应控制的工具和方法,加强对项目规划中风险管理计划的审核,提高项目组的风险管理意识。以上对软件开发项目管理中容易出现的问题的分析可能还不够深入,无法列举所有遇到或将遇到的问题,解决办法也只能在实际情况中把握。

4.3.3 我国软件项目管理发展展望

应该很清楚地意识到,项目管理在我国起步较晚,项目管理水平与高速增长的经济建设不相适应,也不利于参与国际竞争,必须奋起直追,赶超国际先进水平。展望未来,我们面临的不仅有广阔市场的大好机遇,还有必须认真对待的严峻挑战:

(1) 随着我国宏观控制体制调整和市场经济改革的深化,工程公司、项目管理公司和工程咨询公司等企业必须进一步深化管理体制和运行机制改革,加快重组,与世界接轨,建立现代企业制度,才能成为自主经营、自担风险、自负盈亏和自我发展的良好经济实体,在项目管理中提供高质量、有针对性、有竞争力的服务。

(2) 目前,我国建设市场在管理体制、法制建设、运行机制、中介服务、价格政策和社会习惯等方面仍有许多有待改进的工作要做。我国必须建立法制的、政府监督的、自我约束的管理体系,建立公开、公平、公正的投资中介市场,加大投资中介服务的法律责任,为工程咨询和项目管理创造更好的市场环境。

(3) 我国必须培养自己的优秀软件项目管理专业人员,大力提高项目管理水平。软件项目专业人才匮乏是影响我国软件项目管理快速发展的主要因素,我国应当把培训和建立一支优秀软件项目管理专业人员队伍作为战略任务来抓。我国软件项目管理人力资源结构必须通过国内、国际相关培训和认证机构以及项目管理实践来改进。

总而言之，软件项目管理领域仍然是一个比较新的领域，竞争态势还远未达到白热化的程度，但前景十分可观。需要不断地去开发与研讨，才能让软件充分地发挥在项目管理的领域；但在软件项目管理中，存在的各种风险管理应该根据不同的因素而做出不同的解决措施，让项目管理可以发挥到一定的程度，使之更加完善，从而促使我国软件产业更好、更快的健康发展，实现软件业的创新与繁荣。

小　结

本章首先介绍了项目及项目管理的概念及其特点。"项目"是为完成一个独特的产品、服务或任务所作的一次性努力。其特点有独特性、一次性、多目标性、生命周期性、相互依赖性和冲突性。

项目管理就是对项目进行管理。项目管理的要素包括资源、需求、项目组织和项目环境。项目管理的相关理论体系主要有 PMBOK、PRINCE2 及 WWPMM 三种。软件项目作为项目的一种，具有其自身的特点及内容。软件项目管理的核心内容有：按需求界定目标；按目标制订计划；按计划组织资源；按计划执行管理过程；按目标落实和考核阶段性成果及按目标进行评估、分析、总结、改进和完善。其特点是：软件项目是设计型项目；软件过程模型；需求变化频繁；难以估算工作量；主要的成本是人力成本及以人为本的管理。

习　题

1. 简述项目的概念及其特点。
2. 简述项目管理的概念及其特点。
3. 简述软件项目管理的内容及特点。
4. 收集相关资料，对 PMBOK 和 PRINCE2 进行比较，阐述各自的特点。
5. 简述我国项目管理产生及其发展历程。
6. 收集相关资料，分析我国软件项目管理现状及其发展展望。

第5章 软件项目需求管理

开发软件系统最为困难的部分就是准确说明开发什么。最为困难的概念性工作便是编写详细的技术需求,包括所有面向用户、面向机器和其他软件系统的接口。软件需求一旦做错,将会给系统带来极大的损害,同时对以后的修改带来极大的困难。软件项目中40% ~60%的问题都是在需求分析阶段埋下的"祸根"。因此,完全理解软件需求对软件开发的成功起着至关重要的作用。

5.1 软件需求概述

软件产业存在的一个普遍问题就是缺乏统一定义的名词术语来描述我们的工作。客户所定义的"需求"对开发者似乎是一个较高层次的产品概念,而开发人员所说的"需求"对用户来说又像是详细设计了。实际上,软件需求包含着多个层次,不同层次的需求从不同角度与不同程度反映着细节问题。

IEEE 软件工程标准词汇表(1997 年)将需求定义:

(1) 用户解决问题或达到目标所需的条件或能力。

(2) 系统或系统部件要满足合同、标准、规范或其他正式规定文档所需具有的条件或能力。

(3) 一种反映上面(1)或(2)所描述的条件或能力的文档说明。

IEEE 的定义包括从用户角度(系统的外部行为)及开发者角度(一些内部特性)来阐述需求,其关键的问题是一定要编写需求文档。

需求分析奠定了软件工程和项目管理的基础。我们在建造软件系统这座大厦的时候,如果需求分析的基础不够坚实和牢固,那么往往会导致软件系统问题百出,甚至被马上丢弃。在建造软件系统的过程中,我们经常习惯地沿用一些不规范的方法,其后果便是产生一条鸿沟——开发者开发的软件与用户所想得到的软件存在着巨大的"期望差异"。

5.1.1 软件需求的层次划分

从问题求解过程来看,软件需求可以分成四个抽象的层次,分别是原始问题描述、用户需求、系统需求和软件设计描述,如图 5.1 所示。

原始问题描述是对要解决的问题的叙述,它是软件需求的基础。用户需求是用自然语言和图表给出的关于系统需要提供的服务及系统的操作约束。系统需求用详细的术语给出系统要提供的服务及受到的约束。系统需求应该是精确的,可以为系统的实现提供依据。系统需求也称为功能描述,它将成为用户和软件开发组织之间合同的重要内容。软件设计描述是在系统需求的基础上加入更加详细的内容构成的,它作为软件详细设计和实现的基础,是对软件设计活动的概要描述。

从原始问题描述到软件设计描述,对需求刻画得越来越具体,从而便于软件的实现。原始问题描述和用户需求的抽象层次比较高,是无法通过其提供的描述来描述系统和编写代码的。但是,它有助于用户和软件开发人员在较高的抽象层次上进行交流、理解和沟通。系统需求和软件设计描述是具体的,可以根据它们进行设计与实现,并且二者应该是足够明确和可测试的,即可以根据二者对系统进行测试以确认系统是否实现了需求。

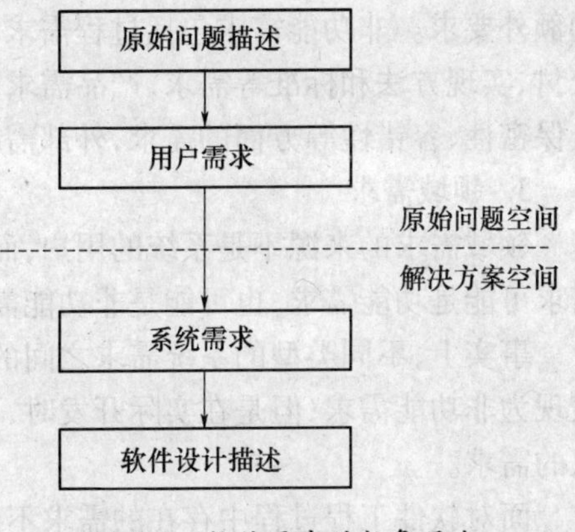

图 5.1 软件需求的抽象层次

5.1.2 用户需求与特点分析

用户需求是从用户的角度描述系统的需求,它只描述系统的外部行为,不涉及系统内部的设计特性。因而用户需求不使用任何实现模型来描述,而只通过自然语言、图表和图形等来描述。

1. 用户需求不断增加

在开发过程中,用户需求经常发生变化,但是不断的变更会使其整体结构越来越乱,整个程序也难以理解和维护。如果要减少需求变更的影响范围,就必须在项目的开始对项目视图、范围、目标、约束限制和成功标准给予明确说明,并将此说明作为评价需求变更和新特性的参照框架。

2. 需求模棱两可

模棱两可是需求规格说明中最严重的问题,它意味着不同的人对需求说明产生了不同的理解,或者是同一个人能用不止一个方式来解释某项需求说明。模棱两可的需求带来的后果便是返工、重做一些你认为已做好的事情,返工会耗费开发总费用的40%,而70% ~85%的重做是由于需求方面的错误引起的。

处理模棱两可需求的一种方法是组织不同的人员从不同的角度审查需求。仅仅阅读需求文档不可能解决模棱两可的问题,如果不同的评审者从不同的角度对需求说明给予解释,而每个评审人员都能真正了解需求文档,这样二义性就不会直到项目后期才被发现。

5.1.3 系统需求与类型划分

系统需求是比用户需求更为详细和专业的需求描述,是系统实现的依据。一个完整而一致的系统需求描述,是软件设计的起点。系统需求一般分为功能需求、非功能需求和领域需求。

1. 功能需求

功能需求定义了开发人员必须实现的软件功能,使得用户能完成他们的任务,从而满足了用户需求。

2. 非功能需求

非功能需求是从各个角度对系统的约束和限制,反映了应用对软件系统质量和特性的额外要求。非功能需求包括过程需求、产品需求和外部需求三类。其中,过程需求包括交付、实现方法和标准等需求,产品需求包含性能、可用性、实用性、可靠性、可移植性、安全保密性、容错性等方面的需求,外部需求包括法规、成本、操作性等需求。

3. 领域需求

领域需求的来源不是系统的用户,而是系统应用的领域,反映了该领域的特点。领域需求可能是功能需求,也可能是非功能需求,它的确定需要领域知识。

事实上,不同类型的系统需求之间的差别并不明显。若用户需求是关于机密性的,则表现为非功能需求;但是在实际开发时,可能导致其他功能性需求,如系统中关于用户授权的需求。

面对软件工程过程中存在的需求不确定性问题,软件工程进一步获得发展,其中一个具体体现,就是发展出"需求工程"的概念。需求工程是提供一种适当的机制,以了解用户想要什么、分析需求、评估可行性、协商合理的解决方案、无歧义地规约解决方案、确认规约以及在开发过程中管理这些被确认的需求规约。

现代需求工程一般被描述为6个步骤,包括获取(需求诱导)、分析(需求分析和谈判)、规定(规约)、系统建模、验证(需求确认)和需求管理(控制与变更管理)。

5.1.4 软件需求规格说明书

为什么人们开发一个软件系统会比建造一座摩天大厦要难得多?一是因为软件行业缺乏准确而又统一的语言来定义或描述相应的工作,真正的"需求"实际上存在于人们的头脑中;二是因为软件开发过程难以用一种工程化的方法来统一规范和有效实施。因此"需求"这个名词的定义不仅仅是从用户角度对系统外部行为的描述,以及从开发人员角度对系统内部特性的描述,其关键的一点是"需求"必须文档化。

软件需求规格说明在开发、测试、质量保证、项目管理以及相关项目功能中起着重要的作用。其中,功能需求充分描述了软件系统所应具有的外部行为;非功能需求描述了系统展现给用户的行为和执行的操作等,包括产品必须遵从的标准和规范、外部界面的具体细节、性能要求、设计或实现的约束条件及质量属性。

软件需求规格说明(Software Requirement Specification,SRS)是需求开发的最终结果,它精确地阐述一个软件系统必须提供的功能和性能以及它所要考虑的限制条件。软件需求规格说明不仅是系统测试和用户文档的基础,也是所有子系列项目规划、设计和编码的基础。

(1) 软件需求规格说明是用户、分析人员和设计人员之间进行理解和交流的手段。

(2) 测试人员可以根据软件需求规格说明中对产品行为的描述,制定测试计划、测试用例和测试过程。

(3) 文档人员根据软件需求规格说明和用户界面设计,编写用户手册等。

(4) 软件需求规格说明指导着整个系统的开发过程,评审过的需求规格说明需要进行变更控制。

人们习惯于用自然语言来描述软件需求,但这会产生许多意想不到的问题,如不精确、二义性等。因此,需要采用适当的方法形成一致的、完备的和无二义性的软件需求规格说明。通常,编写软件需求规格说明有三种方法:

(1) 将结构化语言与自然语言结合,编写文本型文档;

(2) 建立可视化的模型;

(3) 采用形式化的方法进行需求规格说明,如Z模式、Petri网等。

通常,需求规格说明包含形式化和非形式化两种方法,形式化方法以数学理论为基础,使需求说明更加严密和精确,但往往难以掌握,特别是不易与用户沟通。非形式化方法采用某种说明规范,并定义一些图形符号,使需求说明更加直观和易于理解。与形式化方法相比,非形式化方法的应用更加普遍。

5.2 需求管理方法与内容

管理需求可以很大程度地来左右项目的成功。系统开发团队之所以管理需求,是因为他们想让项目获得成功。满足项目需求即为成功打下了基础。若无法管理需求,达到目标的概率就会降低。也就是说,好的需求管理是项目成功的第一位因素。采用需求管理可以给项目组带来很多的好处,直至项目取得成功。

5.2.1 需求管理的含义

由于需求是正在构建的系统必须符合的事务,而且符合某些需求决定了项目的成功或失败,因此找出需求是什么,将它们记下来,进行组织,并在发生变化时对它们进行追踪,这些活动都是有意义的。

需求管理是一种获取、组织并记录系统需求的系统化方案,以及一个使客户与项目团队对不断变更的系统需求达成并保持一致的过程。

需求工程包括需求获取、分析、规格说明、评审(确认)和管理软件需求,而需求管理则是对所有相关活动的规划和控制。通常,人们把软件需求工程划分为需求开发和需求管理两个部分,如图5.2所示。

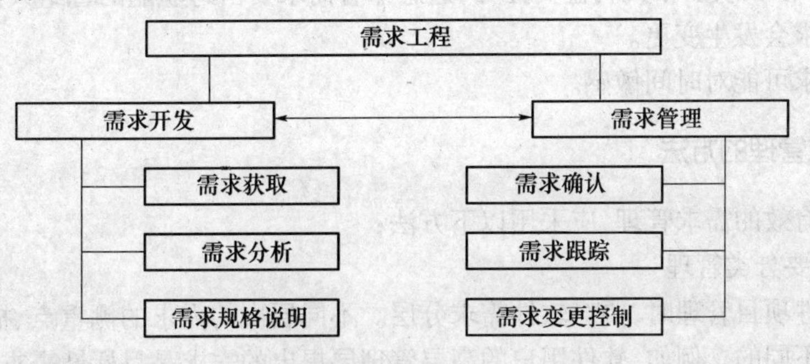

图5.2 需求关系图

需求开发包括软件需求的获取、分析、规格说明。典型的需求开发的结果应该有项目视图和范围文档、用例文档、软件需求规格说明及相关分析模型。经评审批准,这些文档就定义了开发工作的需求基线。这个基线在客户和开发人员之间构筑了待开发软件产品的功能需求和非功能需求的一个约定。这种需求约定,是需求开发和需求管理之间的桥梁。需求管理则包括在工程进展过程中维持需求约定的集成性和精确性的所有活动,如图5.3所示。

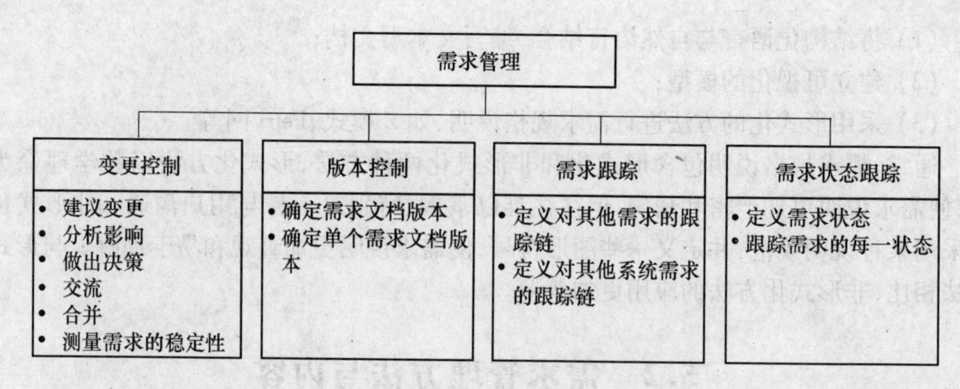

图 5.3 需求管理的主要活动

需求管理的目的是在客户与开发方之间建立对需求的共同理解，维护需求与其他工作成果的一致性，并控制需求的变更。需求管理强调控制对需求基线的变动；保持项目计划与需求一致；控制单个需求和需求文档的版本情况；管理需求和跟踪链之间的联系或管理单个需求和其他项目可交付物之间的依赖关系；跟踪基线中需求的状态。

5.2.2 需求管理的复杂性

需求管理的复杂性主要体现在以下几个方面：

(1) 需求不总是显而易见的，而且它可来自各个方面。

(2) 需求并不总是容易用文字明白无误地表达。

(3) 存在不同种类的需求，其详细程度各不相同。

(4) 如果不加以控制，需求的数量将难以管理。

(5) 需求相互之间以及与流程的其他可交付工件之间以多种方式相关联。

(6) 需求既非同等重要，处理的难度也不同。

(7) 需求涉及众多相关利益责任方，这意味着需求要由跨职能的各组人员来管理。

(8) 需求会发生变更。

(9) 需求可能对时间敏感。

5.2.3 需求管理的方法

为进行有效的需求管理，应采用以下方法：

1. 需求要分类管理

进行软件项目管理时，要对软件需求分层。不同层次的需求的侧重点、描述方式和管理方式都是不同的。例如，软件用户的高层管理层提出的需求是目标性需求；中层管理人员提出的需求是业务方面的需求；而作业人员提出的需求则是侧重于操作性的需求。目标性需求属于决策性需求，它的描述应该尽量简单明确，确定时要十分慎重，而且不能轻易变更，要保证其稳定性。

2. 需求要分优先级

在软件项目管理中，如果出现过多的需求，通常会导致项目超出预算和预定进度，最终导致软件项目的失败。解决这一问题的办法是裁剪需求。裁剪需求就是要对需求划分优先级。在需求管理中，划分需求的优先级可能比需求本身更加重要，它将有助于项目的整体平衡。

3. 需求必须文档化

需求必须有文档来记录,需求文档必须是正确的、最新的、可管理的和可理解的,而且是经过验证的,是在受控状态下变更的。

4. 要对需求变更的影响进行评估

在软件项目管理中,一旦需求变化,就必须对变更的影响进行评估,确保需求变更后,受影响的产品能够得到修改并与需求的变更保持一致。

5. 需求管理要与需求工程的其他活动紧密结合

需求管理与需求工程中的其他环节是密切相关的,需求管理不仅关心需求管理过程的建立和管理的形式,而且也关心需求的内容与结果。因此,对需求内容及结果的管理与对需求过程形式的管理是密不可分的。

5.2.4 需求管理的过程

需求管理在需求开发的基础上进行,贯穿整个软件项目过程,是软件项目管理的一部分。在软件项目进行的过程中,无论正处于哪个阶段,一旦有需求错误出现或任何有关需求的变更出现,都需要需求管理来解决相关问题。

需求管理是一个对系统需求变更了解和控制的过程。需求管理的过程与其他需求工程过程相互关联。初始需求导出的同时就启动了需求管理规划,一旦形成了需求文档的草稿,需求管理活动就开始了。

需求管理的主要活动包括变更控制、版本控制、需求跟踪和需求状态。具体内容包括:

(1) 定义需求基线;

(2) 评审提出的需求变更、评估每项变更的可能影响从而决定是否实施它;

(3) 一种可控制的方式将需求变更融入到项目中;

(4) 使当前的项目计划与需求一致;

(5) 估计变更需求所产生的影响并在此基础上协商新的承诺;

(6) 让每项需求都能与其对应的设计、源代码和测试用例联系起来以实现跟踪;

(7) 在整个项目过程中跟踪需求状态及其变更情况。

过去,常常认为软件需求过程由需求获取、需求分析和需求规格说明等阶段组成,然而,这种理解忽略了软件需求过程的两个重要阶段,即如何衡量软件需求的质量,以及如何处理软件需求的不断变化。如今,引入“需求工程”的概念,强调用工程化的方法进行需求开发和需求管理。其中,需求开发是采用有效方法获得高质量需求的过程,而需求管理则是在需求说明形成之后有效地控制其变更的过程,二者缺一不可。

需求开发包括问题获取、需求分析、编写需求规格说明和需求验证四个阶段,我们采用适当的方法收集和分析需求,把取得的结果用文档化的方式描述出来,同时还要采用有效的手段对其进行验证,以便在开发的早期及时发现和纠正需求错误。近几年的许多研究表明,需求错误导致成本放大因子可高达200倍,因此,千万不要把早期的需求错误延误到软件开发的最后阶段才去解决。

人们对复杂事物很难一下子认识清楚,往往是一个通过多次反复而演进的过程,因此,在软件开发过程中,用户的需求会不断地增加和变化。如何判断这些变化带来的影响,并且调整软件开发过程以控制和适应这种变化,成为软件开发必须解决的一个难题,也是需求管理的主要工作。在需求管理过程中,应当准确分析需求变更对项目计划和软件开发的影响,实行需求基准和版本控制管理,维护需求变更的历史记录,从而有效地控制和管理需求变化,降低由此而带来的软件开发风险。

5.3 软件项目的任务分解

当一个待解决的问题过于复杂时,可以进一步将其分解,直到分解后的问题容易解决为止。然后分别解决这些分解后的问题,通过综合其解答得到原有问题的解答。这是处理复杂问题的最自然的方法。

5.3.1 工作分解结构

工作分解结构(Work Breakdown Structure,WBS)是项目管理重要的专业术语之一。WBS是以可交付成果为导向对项目要素进行的分组,它归纳和定义了项目的整个工作范围每下降一层代表对项目工作的更详细定义。WBS总是处于计划过程的中心,也是制定进度计划、资源需求、成本预算、风险管理计划和采购计划等的重要基础。WBS同时也是控制项目变更的重要基础。项目范围是由WBS定义的,所以WBS也是一个项目的综合工具。

WBS是由三个关键元素构成的名词:工作(Work)——可以产生有形结果的工作任务;分解(Breakdown)——是一种逐步细分和分类的层级结构;结构(Structure)——按照一定的模式组织各部分。根据这些概念,WBS有相应的构成因子与其对应。

1. 结构化编码

编码是最显著和关键的WBS构成因子,首先编码用于将WBS彻底结构化。通过编码体系,可以很容易识别WBS元素的层级关系、分组类别和特性。并且由于近代计算机技术的发展,编码实际上使WBS信息与组织结构信息、成本数据、进度数据、合同信息、产品数据、报告信息等紧密地联系起来。

2. 工作包

工作包是WBS的最底层元素,一般的工作包是最小的"可交付成果",这些可交付成果很容易识别出完成它的活动、成本和组织以及资源信息。例如,管道安装工作包可能含有管道支架制作和安装,管道连接与安装,严密性检验等几项活动;包含运输、焊接和管道制作人工费用,管道、金属附件材料费等成本;过程中产生的报告和检验结果等文档;以及被分配的工班组等责任包干信息等。正是上述这些组织、成本、进度、绩效信息使工作包乃至WBS成为了项目管理的基础。基于上述观点,一个用于项目管理的WBS必须被分解到工作包层次才能够使其成为一个有效的管理工具。

3. WBS元素

WBS元素实际上就是WBS结构上的一个个"节点",通俗的理解就是"组织机构图"上的一个个"方框",这些方框代表了独立的、具有隶属关系或汇总关系的"可交付成果"。经过数十年的总结,大多数组织都倾向于WBS结构必须与项目目标有关,必须面向最终产品或可交付成果的，因此 WBS 元素更适于描述输出产品的名词组成。其中的道理很明显，不同组织、文化等为完成同一工作所使用的方法、程序和资源不同，但是它们的结果必须相同，必须满足规定的要求。一方面，只有抓住最核心的可交付结果才能最有效地控制和管理项目；另一方面，只有识别出可交付结果才能识别内部/外部组织完成此工作所使用的方法、程序和资源。工作包是最底层的 WBS 元素。

4. WBS 字典

管理的规范化、标准化一直是众多公司追求的目标，WBS 字典就是这样一种工具。它用于描述和定义 WBS 元素中的工作的文档。字典相当于对某一 WBS 元素的规范，即 WBS 元素必须完成的工作以及对工作的详细描述；工作成果的描述和相应规范标准；元素上下级关系以及元素成果输入/输出关系等。同时，WBS 字典对于清晰的定义项目范围也有着巨大的规范作用，它使得 WBS 易于理解和被组织以外的参与者（如承包商）接受。在建筑业，工程量清单规范就是典型的工作包级别的 WBS 字典。

5.3.2 工作分解的操作步骤

1. 工作分解的方法

创建 WBS 是指将复杂的项目分解为一系列明确定义的项目工作并作为随后计划活动的指导文档。创建 WBS 的方法主要有以下几种：

（1）使用指导方针。一些像美国国防部的组织，提供 MIL - STD 之类的指导方针用于创建项目的 WBS。

（2）类比方法。参考类似项目的 WBS 创建新项目的 WBS。

（3）自上而下的方法。从项目的目标开始，逐级分解项目工作，直到参与者满意地认为项目工作已经充分地得到定义。该方法由于可以将项目工作定义在适当的细节水平，对于项目工期、成本和资源需求的估计可以比较准确。

（4）自下而上的方法。从详细的任务开始，将识别和认可的项目任务逐级归类到上一层次，直到达到项目的目标。这种方法存在的主要风险是可能不能完全地识别出所有任务或者识别出的任务过于粗略或过于琐碎。

2. 工作分解的分解方式

WBS 的分解可以采用多种方式进行，包括：

（1）按产品的物理结构分解。

（2）按产品或项目的功能分解。

（3）按照实施过程分解。

（4）按照项目的地域分布分解。

（5）按照项目的各个目标分解。

（6）按部门分解。

（7）按职能分解。

3. 工作分解的过程

创建 WBS 的过程非常重要，因为在项目分解过程中，项目经理、项目成员和所有参与项目的职能经理都必须考虑该项目的所有方面。制定 WBS 的过程：

(1) 确认并分解项目的组成要素。

(2) 确定分解标准。

(3) 确定分解是否详细。

(4) 确定项目交付成果。

(5) 验证分解的正确性(建立编号)。

5.3.3 工作分解结构的表示形式

WBS 可以由树形的层次结构图或行首缩进的表格表示。

其中美国国防机构使用 WBS 在 MIL-STD 中对 WBS 进行的描述:"WBS 是由硬件、软件、服务、数据和设备组成的面向产品的家族树。"

在实际应用中,表格形式的 WBS 应用比较普遍,特别是在项目管理软件中。

5.3.4 任务分解的注意事项

创建 WBS 时需要满足以下几点基本要求:

(1) 某项任务应该在 WBS 中的一个地方且只应该在 WBS 中的一个地方出现。

(2) WBS 中某项任务的内容是其下所有 WBS 项的总和。

(3) 一个 WBS 项只能由一个人责任,即使许多人都可能在其上工作,也只能由一个人负责,其他人只能是参与者。

(4) WBS 必须与实际工作中的执行方式一致。

(5) 应让项目团队成员积极参与创建 WBS,以确保 WBS 的一致性。

(6) 每个 WBS 项都必须文档化,以确保准确理解已包括和未包括的工作范围。

(7) WBS 必须在根据范围说明书正常地维护项目工作内容的同时,也能适应无法避免的变更。

5.4 软件需求的变更控制

对许多项目来说,一些需求的改进是合理的且不可避免。业务过程、市场机会、竞争性的产品和软件技术在开发系统期间是可以变更的,管理部门也会决定对项目做出一些调整,在项目进度表中应该对必要的需求改动留有余地。若不控制范围的扩展将使我们持续不断地采纳新的功能,而且要不断地调整资源、进度或质量目标,这样做极其有害。这里一点小的改动,那里一点添加,项目就不可能按客户预期的进度和预期质量交付使用了。

不被控制的变更是项目陷入混乱、不能按进度执行或软件质量低劣的共同原因,因此,需求变更应该实现以下要求:

(1) 应仔细评估已建议的变更。

(2) 挑选合适的人选对变更做出决定。

(3) 变更应及时通知所有涉及的人员。

(4) 项目要按一定的程序来采纳需求变更。

5.4.1 不可避免的需求变更

在软件项目立项、研发、维护的过程中,用户的经验在增加,对软件的使用体会有变化,整个行业在发展,这些都会对软件的功能、性能及可操作性等方面提出新的要求。可以说,在软件项目的开发过程中,需求变更贯穿了软件项目的整个生命周期。

5.4.2 需求变更的原因分析

在项目的早期,某些问题不可能被完全定义,软件需求是不完备的,因此导致项目开发期间的需求变更。同时,软件开发人员在项目开发期间对问题的理解会发生变化,这些变化也会反映到需求中,从而导致需求变更。

在大型软件系统的开发中,系统拥有不同类型的用户,每类用户可能会有不同的需求和优先次序。这些需求可能是冲突的或矛盾的,最后的系统需求是它们之间的一个折中。而这种折中的程度在项目进行过程中有可能发生改变,从而导致系统需求的改变。另外,在大型系统中,系统客户和系统最终用户很少是同一个人,系统客户可能因为机构原因或预算原因对系统提出一些需求,而这些需求可能与最终用户的需求不一致,从而导致需求变更。

5.4.3 管理需求变更的请求

变更管理需要由专门的项目管理成员负责,需求变更的一切裁决都由其完成。需求变更管理的过程分为变更描述、变更分析和变更实现三个阶段,如图5.4所示。

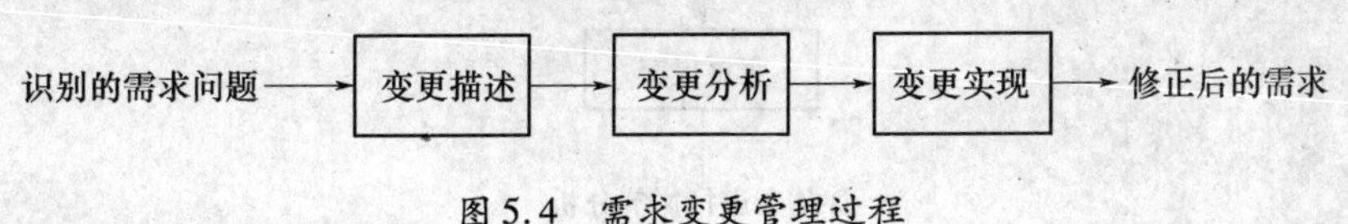

图5.4 需求变更管理过程

1. 变更描述

变更描述阶段始于一个被识别的需求问题或是一份明确的变更提议。在这个阶段,要对问题或变更提议进行分析,以检查它的有效性,进而产生一个更明确的需求变更提议。变更提议中应包括变更说明和变更的必要性分析等内容。

2. 变更分析

变更分析阶段要对被提议变更产生的影响进行评估。变更成本的计算不仅要估计对需求文档的修改,在适当的时候还要估计系统设计和实现的成本。一旦分析完成,就有了对此变更是否接受的决策意见。

3. 变更实现

如果经过变更分析,接受变更,则变更实现阶段就开始了。实现变更时,需求文档及系统设计和实现都要进行修改,特别要注意需求文档的修改与版本控制。

5.4.4 需求变更的控制流程

需求变更的控制流程如图5.5所示,需求变更的状态转换如图5.6所示。

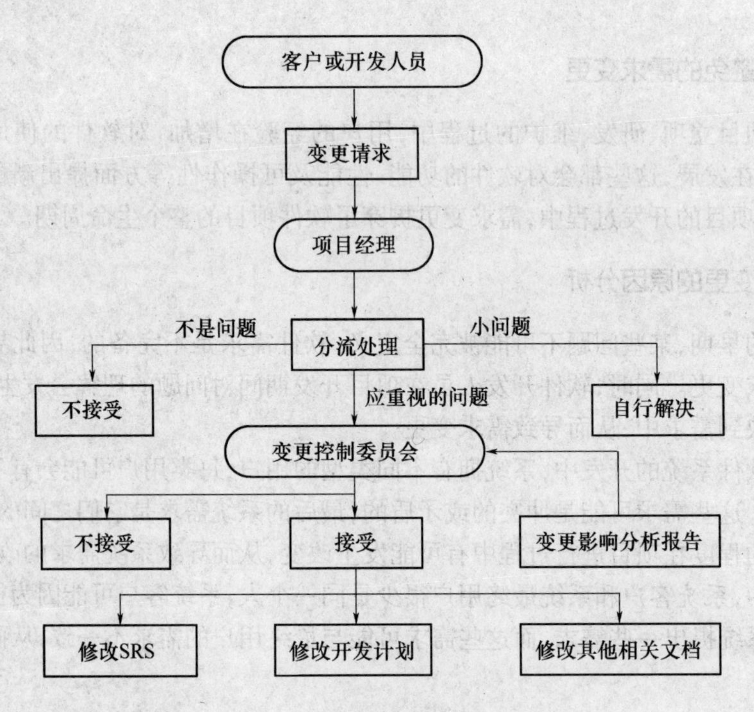

图 5.5　需求变更的控制流程

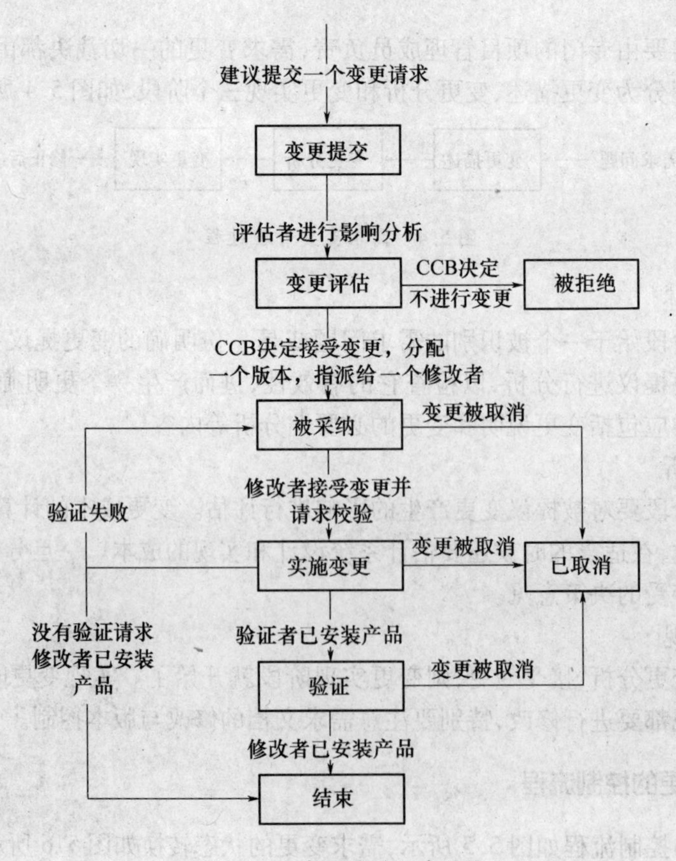

图 5.6　需求变更的状态转换

小结

应用软件项目开发过程中,最为关键的环节是对需求的控制。

需求管理处于软件项目管理开发周期的最上游;软件需求主要来源于业务分析的结果,在充分考虑用户的自身特性与要求的前提下,项目经理在用户与项目组之间达成共识,建立了需求基线;在项目开发过程中,通过需求范围认定、需求形式化记录、需求数据库建立、需求状态跟踪、需求变更分析和波动评估、需求评审控制等程序,通过使用需求管理工具等手段,实现对项目需求按基线的控制和管理。

需求管理的好坏,对产品项目的成败起决定性作用,项目经理的资质、技能要求非同一般,责任心更是保证。

习题

当地一家销售电动工具公司的董事会成员正在举行二月份的董事会会议,这家公司是一家专门制造和销售用于木工用的“黑客”牌电动工具的小型公司。会议室里在座的,有董事会主席贝斯·史密斯(Beth Smith)和两个董事会成员罗斯玛丽·奥尔森(Rosemary Olsen)、史蒂夫·安德鲁(Steve Andrews)。贝斯首先发言:“我们今年以来的销售非常好,打来的订货电话,已经要把我们的电话都要打爆了,但是,我们没有办法能继续招募到熟悉我们的电动工具,同时还了解我们销售过程的小姐。而与我们竞争的其他公司,都已经上了自动客户服务系统。所以,我们也要上这个系统,才能保住我们的市场。”

“我们必须建立一个计算机自动客户服务系统。”罗斯玛丽响应道。

史蒂夫建议:“难道我们不能把售后服务转给麦肯罗公司(公司下属的一家子公司,以服务为主)做吗?向他们要求一下,看他们是否能把电动工具的服务也接过去?”

“他们也紧张,听说明年他们甚至可能会削减一些服务项目。”贝斯回答。

“我们需要多少钱才能搞这么一个系统?”罗斯玛丽问道。

“大约10万美元,”贝斯回答,“如果我们不能在两个月后就开始启用这个系统,估计我们的订单可能回减少20%。”

“我们除了钱还需要很多东西。我们需要了解是否有更好的方案,开发这个系统需要多少时间,以及这个系统是不是真的适合我们!”史蒂夫说。

“哦,我想我们完全可以自己来做这个项目,这将是很有趣的!”罗斯玛丽兴奋地说。

“这个项目不是我们的专长,我们不可能及时完成。”贝斯说道。

罗斯玛丽回答说:“我们有几个技术人员,虽然不够,但只要再招聘一二个高手,就可以解决它,并且做好。”

“项目是我们真正需要的吗?我们上了这个项目以后,公司的销售任务就能完成了吗?”史蒂夫问道,“此外,我们正在经历一个困难时期,我们的资金并不宽余。或许我们应当考虑一下,我们怎样能用较少的资金来运作一切。例如,我们用这个系统只处理订单,而并不包括服务。这样系统是不是就会小一点,也省一点、快一点?”

罗斯玛丽插话说:“多妙的主意,我们可以先完成销售订单的处理,等这部分完成投入使用后,再开发服务部分。公司可以在改进销售功能的同时,继续开发服务功能。这样,我们就可以做得更好。”

“好了,”贝斯说,“这些都是好主意,但是我们只有有限的资金和技术人员,并且有一个增长的需求。我们现在需要做的是,确保我们在两个月后不必担心丢失订单。我想,我们都同意必须采取行动,但是不能确定我们的目标是否一致。”

阅读上述案例,回答以下问题:

(1) 项目目标是什么?

(2) 已识别的需求是什么?

(3) 如果有的话,准备开发的项目应具备什么样的假定条件?

(4) 项目牵涉到的风险是什么?

第6章　软件项目进度管理

项目进度管理是指采用科学的方法确定目标进度,编制进度计划和资源供应计划,进行进度控制,在与质量、费用目标协调的基础上,实现工期目标。软件项目进度管理,是指在软件开发过程中,对项目各个阶段的进度程度和最终完成的期限所进行的管理,其目的就是保证项目能在满足其时间约束条件的前提下实现其总体目标。软件项目进度管理是以现代科学管理原理作为其理论基础的,主要有系统原理、动态控制原理、弹性原理和封闭循环原理、信息反馈原理等。

通过进度计划控制,可以有效地保证进度计划的落实与执行,减少各单位和部门之间的相互干扰,确保施工项目工期目标以及质量、成本目标的实现。

进度管理可以从两个方面来理解:一方面是要制订一个可行而且高效率的计划;另一方面则是要将此计划坚决贯彻执行。

6.1　软件项目进度管理概述

软件项目管理是为了使软件项目能够按照预定的成本、进度、质量顺利完成,而对人员、产品、过程和项目进行分析和管理的活动。而软件项目进度管理是软件项目成功与否的关键,是软件项目管理的首要内容。

软件项目进度管理,是指在软件开发过程中,对项目各个阶段的进度程度和最终完成的期限所进行的管理,其目的就是保证项目能在满足其时间约束条件的前提下实现其总体目标。

6.1.1　项目进度管理的重要性

对于一个项目,工期、费用和质量是项目的三大目标,而工期或者说进度又是最核心的。在市场经济条件下,一个软件项目能否在预定的工期内完成交付使用,是投资方者最为关心的问题之一,也是项目管理工作的重要内容。但是,由于没有进行合理的项目计划管理,在实践中出现了诸多问题,如:对软件项目管理重视不够;软件项目的实施过程可视性差;很多软件项目往往在还没有完全搞清需求就付诸实施,并且在实施过程中一再修改,成本较大;项目往往不能按预定进度执行;项目的投资往往超预算等。因此,要想使软件项目顺利实施,必须引入并且加强项目管理技巧和方法,特别要注重进行进度计划管理。

在软件开发过程中,进度的合理控制是基本却重要的单元,软件开发过程难以控制,导致项目进度的难以控制,使得软件开发过程混乱,而在项目开发过程中,普遍存在员工工时得不到统一管理的问题,从项目创建,划分并指派任务、计划工时、任务先驱关系到员工填写工时,都是完全人为地来控制,这样在对项目计划做出修正时往往会因为一个地方的改动而导致非常大的变动,也很难让所有员工及时了解这些变动;而且各项目之间的进度是孤立的,无法进行限制,这样在同一名员工同时参与多个项目时可能会存在计划工时冲突的问题,所有这些使本来就难以控制的软件过程更加混乱,至使重复劳动量增大,大量的资源得不到充分的利用,同时又有很多员工负荷过重。在项目过大,需要很多功能点和任务时,项目负责人对整个项目的任务调配、宏观把握和进度控制上都存在着很大的难度。

6.1.2 项目进度管理的内容及原理

1. 进度管理的内容及特点

进度管理是指在项目的进展过程中,为了确保能够在规定的时间内实现项目的目标,对项目活动的日程安排及其执行情况所进行的管理过程。进度管理包括进度计划的制定和控制两部分。进度控制是指在执行计划的过程中监督项目计划的执行,及时发现实际进度与计划的偏差,分析其原因并通过采取必要的补救措施以保证软件项目进度按时完成的一种管理手段。项目计划的制定是指根据现有的软、硬件资源和项目的实际需求制定出合理、经济的项目活动的日程安排。根据二者在软件开发项目全生命周期中所处的位置不同,进度管理同时具备点和线的特征。点是指进度计划的制定发生在软件开发项目全生命周期的项目启动阶段。在项目计划制定工作完成之后,就需要开始对项目的执行过程进行监控,整个过程持续到项目的结束。因此,项目的控制过程具有线的特征,其工作内容几乎占据了软件开发项目的全部生命周期。

在本章后续小节中将对进度管理点的特征进行深入讨论,即详细介绍进度的计划阶段需要完成的工作,包括分析项目的特征、标识项目的产品和活动、估计活动工期、进度计划编制、项目里程碑计划和发布项目进度计划,它们之间的关系如图 6.1 所示。

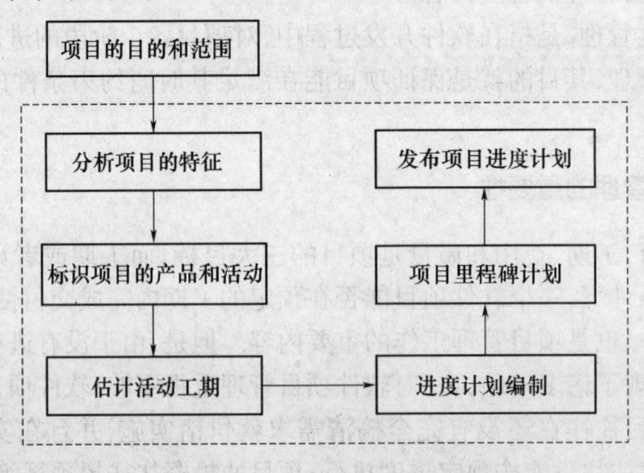

图 6.1 进度管理的内容

2. 进度管理原理

进度管理一般遵循以下原理:

(1) 动态控制原理。项目进度控制是一个不断进行的动态控制,也是一个动态进行的过程。

(2) 弹性原理。项目进度计划周期长,影响进度的原因多,其中有的已被人们掌握,根据统计经验估计出影响的程度和出现的可能性,并在确定进度目标时,进行实现目标的发现分析。

(3) 封闭循环原理。进度计划控制的全过程是计划、实施、检查、比较分析、确定调整措施和再计划的封闭循环过程。

3. 影响软件项目进度的因素

统计表明,导致软件项目不能按进度要求完成的主要因素有以下几个方面:

(1) 详细准确的项目计划。项目计划确定了项目的范围、进度、审核、验收、费用等项目管理的诸多因素,是整个软件生命周期中的重要环节,也是项目管理最重要的方面之一。项目计划是项目跟踪和管理的重要基础。许多项目失败就是由于缺乏详细准确的项目计划,导致项目进度管理失去控制。

(2) 对需求变更的有效管理。对于应用软件项目来说,影响项目进度的一个非常重要因素就是项目实施中的需求变更。需求变更管理不善将会导致开发工作不断反复,开发进度停滞不前。因此,在项目执行过程中要注意对变更的控制,特别是要确保在细化过程中尽量不要改变工作范围。有四个重要控制点,即授权、审核、评估和确认;在实施过程要进行跟踪和验证,确保变更被正确执行。

(3) 开发过程的有效控制和管理。软件开发过程中,一方面,由于开发工作缺乏有效的监督检查机制,造成软件开发各阶段的进度管理工作失去控制;另一方面,由于开发过程中的阶段性成果失去有效的版本管理,使整个开发工作陷入混乱。

(4) 技术与工具的选择。以开发为主的软件项目,技术和工具风险必须特别重视。开发平台必须适合本项目所涉及的软件开发、满足最终的需求,平台的错误选择将导致庞大的开发工作量,即便满足了用户需求,也可能造成系统效率低下、扩展性差的致命问题,软件可能会很快被淘汰。

(5) 项目团队的建设工作。项目人员技术水平、工作效率、团队适应性和沟通能力等素质,都会对开发进度产生影响。项目涉及参与该项目工作的个体和组织,或者是那些由于项目的实施或项目的成功其利益会受到正面或反面影响的个体和组织。必须识别哪些个体和组织是项目的涉及人员,确定他们的需求和期望,然后设法满足和影响这些需求、期望,以确保项目能够成功。目前,软件开发过程中存在的一个严重问题就是人员的流动问题,许多合同软件项目从开始实施到项目完成人员流动频繁。造成这种现象的原因固然有许多,但一个根本的原因就是在项目实施中忽略了团队建设,造成整个项目团队没有凝聚力。

6.1.3 项目进度管理的阶段划分

在软件开发过程中,无论采用什么样的开发模型,软件开发都要经过“启动—需求—设计—编码—测试—验收”等多个工作阶段。为了深入分析研究各阶段中影响项目进度的主要因素,根据各阶段进度管理的特点,将软件项目进度管理工作划分为计划阶段、需求阶段、实施阶段、收尾阶段。这四个阶段与软件工程各阶段的关系如图 6.2 所示。按阶段划分进度管理重点是从软件项目整体进度管理的要求出发,对项目实施中影响进度的全局因素进行分析,制定项目实施的总体工作计划;需求阶段是开发过程中项目双方协作最为密切的一个工作阶段,进度管理工作涉及对项目双方工作进度的管理和控制;实施阶段的特点是全部工作由项目开发方承担并完成，进度管理工作的重点主要是对开发方的工作进度和产品质量进行管理；收尾阶段的工作重点是如何做好项目的验收工作，进度管理工作主要是项目验收的准备和验收工作的实施。

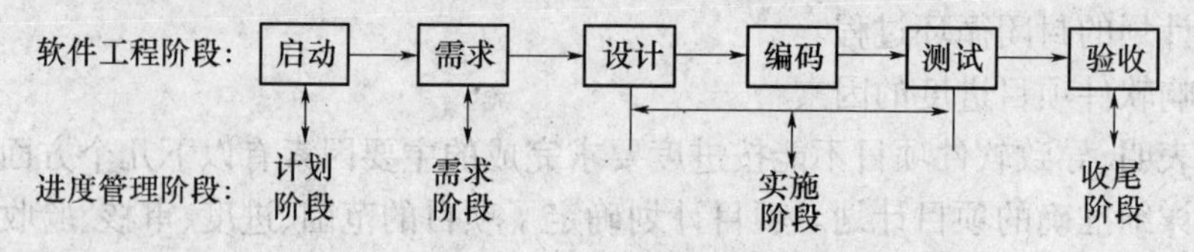

图 6.2　进度管理各阶段与软件工程各阶段对应关系

1. 计划阶段的进度管理

在软件项目启动阶段，需要根据项目的合同条款及总体工作的目标要求，制定整个项目的总体工作计划，即要对项目实施中的各项活动做出周密的安排。计划阶段与进度管理有关的因素主要有以下三个方面：

（1）项目进度计划在项目的初期，项目负责人首先应该根据项目的合同要求，明确项目的工作范围；然后依据工作内容，对资源、成本及工作进度做出合理估算。进度计划应明确项目开始日期及完成日期，项目各工作阶段的工作内容及开始时间和完成时间等。由于项目进度计划是整个项目计划工作的基础，项目的进度计划必须详细、准确、合理。项目的进度计划将是进行项目进度跟踪和控制的重要依据。

（2）里程碑设置为了便于对进度计划的执行情况进行跟踪和控制，需要对项目进度计划中某些重要的时间点进行设置，即将这些时间点设置为里程碑。里程碑描述了每一开发阶段项目应达到的状态。每当项目进行到每一个里程碑时间点时，要进行本阶段进度完成情况的工作检查。里程碑确定了软件开发各工作阶段的最后完成时间及需要交付的阶段性工作成果。

（3）需求的变更控制对软件项目进度影响最大的因素是需求变更。所以不论是 ISO9000 认证，还是 CMM 认证都是十分强调对需求的变更控制。对软件项目的变更控制管理工作必须从项目计划阶段开始，确定需求变更的工作流程。这有助于将需求变更带来的不利影响减到最小程度。由于软件项目实施中存在许多不确定因素，所以项目实施过程中要允许对项目计划进行调整，但是对计划的修改工作都必须在有效的控制下进行。

2. 需求阶段的进度管理

需求分析阶段的工作目标是要获取详细、准确地用户需求，分析工作要想按计划完成，需要项目双方共同努力才可以实现。本阶段进度管理工作的因素如图 6.3 所示，主要有技术因素、管理因素及沟通因素。

（1）快速原型技术及需求复用技术。快速原型技术和需求复用技术是开发方快速、准确获得用户需求的主要技术手段。通过原型技术可有效解决软件产品可见性差的问题，用户通过对原型系统实物的使用，有助于提高对未来系统的认识能力。利用需求复用技术可以复用其他相似系统的需求分析结果，有助于加快整个需求分析的工作进度。

（2）进行需求的管理。需求阶段的工作，一方面是进行需求的获取；另一方面需要对已获取的需求进行管理。通过需求管理，一方面可以有效遏制需求分析阶段的需求变更，确保需求分析的工作进度；另一方面通过良好的需求管理工作，可以提高需求分析结果的

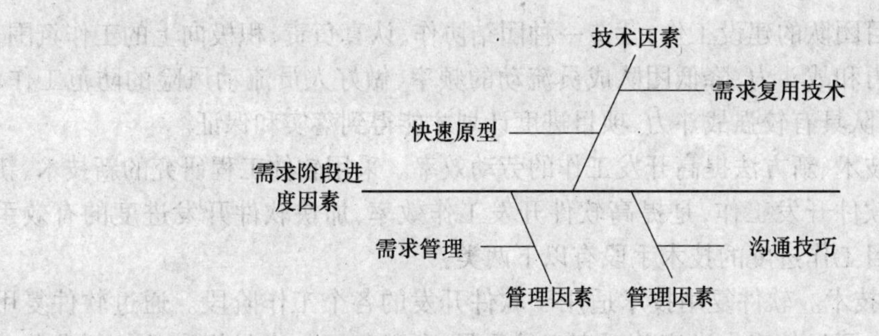

图 6.3　需求阶段影响项目进度的主要因素

可复用性。

(3) 与用户进行有效的沟通。分析人员要快速、准确地获得用户的实际需求,除了具有优秀的需求分析经验和技能外,很重要的一点是必须与用户进行良好的沟通。通过有效的沟通工作,分析人员一方面可以准确、全面地了解用户的真实想法,提高需求分析的工作进度和质量;另一方面也容易赢得用户的信任和尊重,在需求分析工作中得到用户更多的支持和配合。

3. 实施阶段的进度管理

项目实施阶段包括设计、编码、测试几个软件开发工作阶段。开发工作在本阶段进入以开发方为主的项目实施阶段。本阶段影响项目进度的主要因素如图 6.4 所示,有以下两个方面:

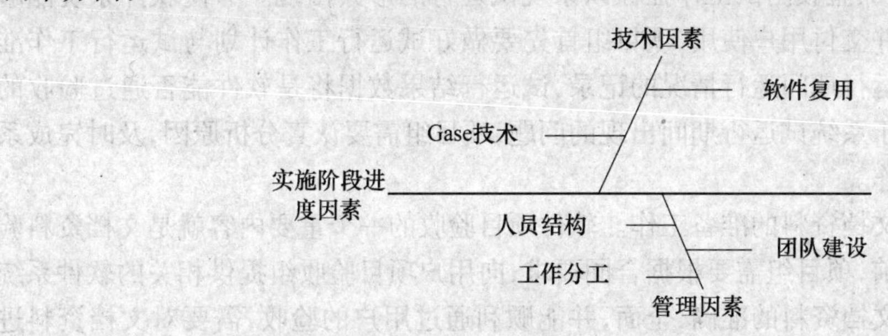

图 6.4　实施阶段影响项目进度的主要因素

(1) 组建结构合理的项目团队,提高团队战斗力。

① 组建结构合理的项目团队。实施阶段的项目团队需要由具有不同技能的技术人员组成。在组建团队时,项目负责人必须根据工作内容,分析项目实施过程中涉及的技术因素,确定项目团队的人员构成,在项目实施中遇到相应技术问题时,团队中都有熟悉该领域的人员能够予以解决。所以结构合理的项目团队是各阶段工作进度按计划进行的关键。

② 职责明确、分工合理。在各阶段项目实施的过程中,要求项目组各成员的工作分工和责任明确,防止团队成员挑肥拣瘦、推诿扯皮、不负责任现象的发生,使开发工作从制度上得到保证。

③ 加强团队建设,降低人员风险。团队开发的最大问题就是团队管理。一个人心涣散、人员流动频繁的开发团队,很难做到按计划、高质量地完成软件开发任务。所以项目

负责人要加强项目团队的建设工作,营造一种团结协作、认真负责、积极向上的工作氛围,增强团队的凝聚力和战斗力,降低团队成员流动的频率,做好人员流动风险的防范工作。只有团队稳定,团队具有较强战斗力,项目进度计划才能得到落实和保证。

(2) 采用新技术、新方法提高开发工作的劳动效率。采用软件工程研究的新技术、新方法支持各阶段软件开发工作,是提高软件开发工作效率,加快软件开发进度的有效手段。提高软件项目工作进度的技术手段有以下两类:

① 软件复用技术。软件复用技术适用于软件开发的各个工作阶段。通过软件复用可以大大加快软件开发的工作进度并提高产品质量,所以复用技术是提高软件开发劳动生产率的重要手段。要在项目团队甚至整个软件企业实现更大范围的软件复用,做好知识管理工作是实现软件复用的根本。对于软件开发中的知识管理来说,目前还是一个薄弱的环节,制约了在更大范围内进行软件复用的能力。

② Case 技术。Case 技术是提高软件开发工作效率的另一个主要的手段。通过用于辅助软件开发、运行、维护和管理的工具支持,能够加快软件开发速度,降低开发成本。

4. 收尾阶段的进度管理

收尾阶段是整个软件项目实施的最后阶段,本阶段进度管理的目标是做好项目验收的准备工作,使软件顺利通过用户验收并交付使用。本阶段进度管理工作的重点体现在以下两个方面:

(1) 做好验收测试工作。在软件项目验收之前需要接受用户的验收测试。对于合同软件项目来说,用户的验收测试工作往往以系统试运行的形式出现。为使软件系统能够顺利通过验收测试并交付用户使用,项目组首先要做好试运行工作计划与试运行工作准备;其次,要做好试运行期间运行情况的记录,试运行结果数据将是软件能否通过验收的重要依据;再次,对于系统试运行期间出现的问题,项目组需要认真分析原因,及时完成系统的修改和完善工作。

(2) 做好验收文档资料的准备工作。软件项目验收的一个重要内容就是文档资料验收。在项目验收之前,项目组需要根据合同要求,向用户项目验收组提供相关的软件系统文档资料。为保证文档资料的准确、全面,并能顺利通过用户的验收,需要对文档资料进行认真准备和审核,防止将不合格的文档资料提交给用户,造成工作上的返工。

6.2 项目的进度计划

软件项目进度计划是软件项目计划中的一个重要组成部分,它影响到软件项目能否顺利进行,资源能否被合理使用,直接关系到项目的成败。为做好项目进度管理工作,必须根据项目实施的进度管理目标要求,制订出项目实施的进度计划系统。软件项目进度计划是表达项目中各项工作、工序的开展顺序、开始及完成时间及其相互衔接关系的计划。它可分为项目总体进度计划、分项进度计划和年度进度计划等。

6.2.1 项目的进度计划概述

根据需要,项目的计划系统一般包括:项目总进度计划,单位工程进度计划,分部、分项工程进度计划和季、月、旬等作业计划。这些计划的编制对象由大到小,内容由粗到细,将进度管理目标逐层分解,保证了计划控制目标的落实。

软件项目进度管理主要包括进度计划和进度控制。软件项目管理的进度机制实际上是一个闭环控制系统,如图6.5所示。

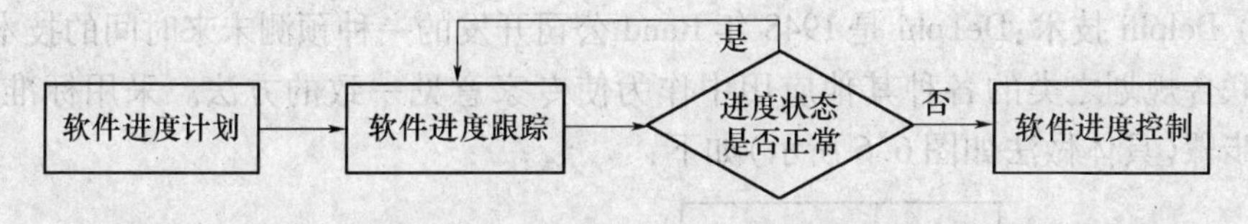

图6.5　软件进度管理机制示意图

软件项目管理主要集中反映在项目的成本、质量和进度三个方面,这反映了软件项目管理的实质,这三个方面通常称为软件项目管理的三要素。进度是三要素之一,它与成本、质量二要素有着辩证的有机联系。软件项目进度计划是软件项目计划中的一个重要组成部分,它影响到软件项目能否顺利进行,资源能否被合理使用,直接关系到项目的成败。它包括以下方面的内容:

(1) 项目活动排序,或者说确定工作包的逻辑关系。活动依赖关系确认的正确与否,将会自接影响到项目的进度安排、资源调配和费用的开支。项目活动的安排主要是用网络图法、关键路径法和里程碑制度。

(2) 项目历时估算。历时估算包括一项活动所消耗的实际工作时间加上工作间歇时间。历时估算方法主要有:类比法,通过相同类别的项目比较,确定不同的项目工作所需要的时间;专家法,依靠专家过去的知识、经验进行估算;参数模型法,通过依据历史数据,用计算机回归分析来确定一种数学模型的方法。

(3) 制定进度计划。制定进度计划就是决定项目活动的开始和完成的日期。根据对项目内容进行的分解,找出项目工作的先后顺序,估计出工作完成时间之后,就要安排好工作的时间进度。

6.2.2　项目进度计划方法

1. 软件项目估算

进度计划是决定项目开发成功与否的关键因素,而估算是任何软件项目进度计划中不可或缺的重要内容,是确保软件项目进度计划制定的基础。

软件项目估算包括工作量估算和成本估算两个方面。由于两者在一定条件下可以相互转换,所以这里不刻意区分。软件项目中工作量的单位通常是人月。

一般说来,有专家判定、类比、功能点估计法三种估算方法。

1) 专家判定

专家判定就是与一位或多位专家商讨,专家根据自己的经验和对项目的理解及项目的成本做出估算。由于单独一位专家可能会产生偏颇,因此最好由多位专家进行估算。对于由多个专家得到的多个估算值,需要采取某种方法将其合成一个最终的估算值。可采取的方式有:

(1) 求中值或平均值:这种方法非常简便,但易于受到极端估算值的影响而产生偏差。

(2) 召开小组会议:组织专家们召开小组会议进行讨论,以使他们统一于或者同意某一估算值。该方法能去掉一些极为偏颇无知的估算,但易于受权威人士或能言善辩人士的影响。

(3) Delphi 技术:Delphi 是 1948 年 Rand 公司开发的一种预测未来时间的技术,随后在诸如联合规划之类的各种其他应用中作为使专家意见一致的方法。采用标准 Delphi 技术的步骤(具体做法如图 6.6 所示)如下:

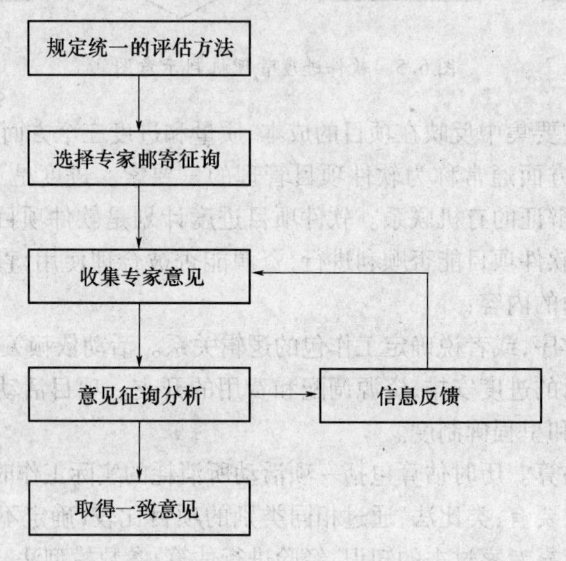

图 6.6　Delphi 发示意图

① 协调员给每位专家一份软件规格说明书和一张记录估算值的表格。

② 专家无记名填写表格,可以向协调员提问,但相互之间不能讨论。

③ 协调员对专家填在表上的估算进行小结,据此给出估算迭代表,要求专家进行下一轮估算。迭代表上只标明专家自己的估计,其他估计匿名。

④ 专家重新无记名填写表格。该步骤要适当的重复多次,在整个过程中,不得进行小组讨论。

2) 类比

类比法就是把当前项目和以前做过的类似软件项目比较,通过比较获得其工作量的估算值。该方法适合评估一些与历史项目在应用领域、环境和复杂度方面相似的项目,通过新项目与历史项目的比较得到规模估计。类比法估计结果的精确度取决于历史项目数据的完整性和准确度,因此,用好类比法的前提条件之一是组织建立起较好的项目后评价与分析机制,对历史项目的数据分析是可信赖的。其基本步骤是:

① 整理出项目功能列表和实现每个功能的代码行。

② 标识出每个功能列表与历史项目的相同点和不同点。

③ 注意历史项目做得不够的地方。

④ 通过步骤①和②得出各个功能的估计值。

⑤ 产生规模估计。

软件项目中用类比法,往往还要解决可重用代码的估算问题。估计可重用代码量的最好办法是，由程序员或系统分析员详细地考查已存在的代码，估算出新项目可重用的代码中需重新设计的代码百分比、需重新编码或修改的代码百分比以及需重新测试的代码百分比。根据这三个百分比，可用下面的计算公式计算等价新代码行：

等价代码行 = [（重新设计% + 重新编码% + 重新测试%）/3] × 已有代码行

比如，有 10000 行代码，假设 30% 需要重新设计，50% 需要重新编码，70% 需要重新测试，那么其等价的代码行可以计算为：

[（30% + 50% + 70%）/3] × 1000 = 5000 等价代码行

也就是说，重用这 10000 代码相当于 5000 代码行的工作量。

3）功能点估计法

功能点测量是在需求分析阶段基于系统功能的一种规模估计方法。通过研究初始应用需求来确定各种输入/输出、计算和数据库需求的数量和特性。通常的步骤是：

（1）计算输入/输出、查询、主控文件和接口需求的数目。

（2）将这些数据进行加权乘。

（3）估计者根据对复杂度的判断，总数可以用 +25%、0 或 -25% 调整。

2. 工作分解结构

软件项目进度计划管理的另一个重要环节是进行有效的工作结构分解。工作分解结构（Work Breakdown Structure，WBS）是对工作的分级描述。它可以将项目中的工作分解为更小的、易于管理的组成部分，直至最后分解成具体的工作的系统方法。它是项目规划的基础，是项目管理的主要技术之一。

WBS 的基本要素主要有层次结构、编码设计和报告设计。

1）层次结构

WBS 结构的总体设计对于一个有效的工作系统来说是个关键。结构应以等级状或"树状"来构成，使底层代表详细的信息，而且其范围很大，逐层向上。即 WBS 结构底层是管理项目所需的最低层次的信息，在这一层次上，能够满足用户对交流或监控的需要，这是项目经理、工程和建设人员管理项目所要求的最低水平；结构上的第二个层次将比第一层次要窄，而且提供信息给另一层次的用户，以后依此类推。

结构设计的原则是必须有效和分等级，但不必在结构内建太多的层次，因为层次太多了不易进行有效的管理。对一个大项目来说，4 个 ~6 个层次就足够了。在设计结构的每一层中，必须考虑信息如何向上流入第二层次。原则是从一个层次到另一个层次的转移应当以自然状态发生。此外，还应考虑到使结构具有能够增加的灵活性，并从一开始就注意使结构被译成代码时对于用户来说是易于理解的。图 6.7 展示了成本软件管理项目中的一种工作分解结构。

2）编码设计

工作分解结构中的每一项工作（或称单元）都要编上号码，用来唯一确定项目工作分解结构的每一个单元，这些号码的全体称为编码系统。编码系统同项目工作分解结构本身一样重要，在项目规划和以后的各个阶段，项目各基本单元的查找、变更、费用计算、时间安排、资源安排、质量要求等各个方面都要参照这个编码系统。若编码系统不完整或编排不合适，会引起很多麻烦。

在 WBS 编码中，任何等级的一个工作单元，是次一级工作单元的总和。如第二个数

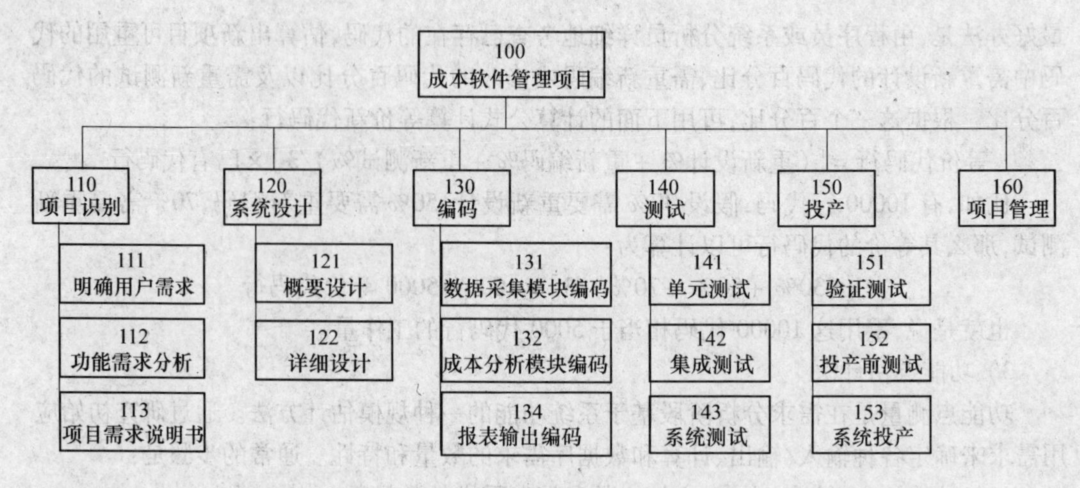

图 6.7　成本软件管理项目的 WBS 结构

字代表子工作单元(或子项目),也就是把原项目分解为更小的部分。于是,整个项目就是子项目的总和。所有子项目的编码的第一位数字相同,而代表子项目的数字不同,再下一级的工作单元的编码依次类推,如图 6.7 所示。

3) 报告设计

报告设计的基本要求是以项目活动为基础产生所需的实用管理信息,而不是为职能部门产生其所需的职能管理信息或组织的职能报告。即报告的目的是要反映项目到目前为止的进展情况,通过这个报告,管理部门将能够去判断和评价项目各个方面是否偏离目标,偏离多少。

建立项目工作的 WBS 包括四个步骤:

(1) 明确项目目标,目标必须符合 SMART(Specific, Measurable, Attainable, Relevant, Time - based)原则,即目标是具体的、可衡量的、可达到的、相关的和有时间限定的。

(2) 识别项目最终需要提供的产品、服务或可交付成果。

(3) 识别项目中的工作区域,它们是中间产品或用于补充可交付成果。

(4) 将步骤(2)和步骤(3)的每一项产品逐级按逻辑细分,直到每个元素的复杂程度和工作成为在计划和控制上可管理的单位。

软件开发项目 WBS 是进行项目管理的关键和基础,如果这部分工作做得好,其他接下来的工作就会轻松容易些。

6.2.3 项目进度计划的工具

1. 甘特图

甘特图又称线形图或横道图,是在 20 世纪初由亨利·甘特(Henry Gantt)发明的,它是一种历史悠久、应用较为广泛的进度计划编制工具,许多项目管理软件如 Microsoft Project 都可以根据项目活动的信息自动产生甘特图。在项目工作分解、工期估算以及活动的先后顺序确定之后,甘特图用横线表示每项活动的持续时间,甘特图的时间维度决定项目计划的粗略程度,根据项目计划的需要,可以选择小时、天、周、月等作为项目度量的时间单位。线段的起点和终点分别表示项目活动的开始和结束时间,如图 6.8 所示。

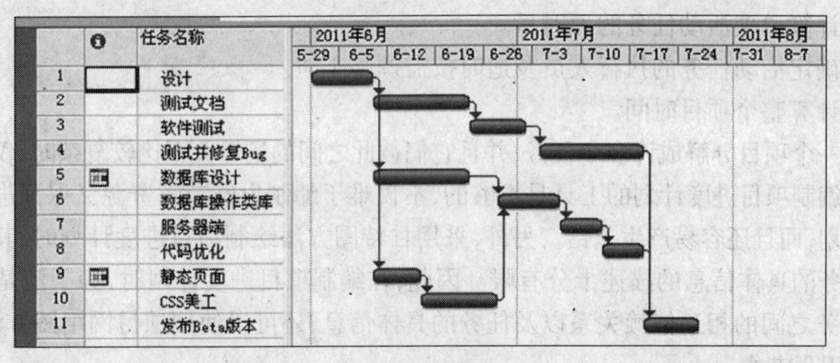

图 6.8 甘特图

图 6.8 描述了某软件开发项目的进度安排:所有工作都在左边的栏目中给出,水平横线表示出各个活动的工期和起止时间。当存在多个横线出现在同一时间段时,代表工作之间存在并发,即若干工作同时进行。甘特图能够形象地描述项目任务的分解情况,以及每个子任务的开始时间和结束时间,能够动态地反映软件开发的进展情况,具有直观和易用的优点,因此是进度编制和管理的有效工具。一些项目管理工具如 Microsoft Project,还可以为任务分配资源并根据资源、优先级等制约因素对任务计划进行自动化调度。例如,在图 6.8 中,任务 4 和任务 8 实际上存在资源冲突,并设定任务 4 的优先级高于任务 8,通过启用 Project 的资源调配功能,从而产生了一个新的甘特图。在新的甘特图中,任务 8 被推迟到了任务 4 结束之后才开始执行,如图 6.9 所示。

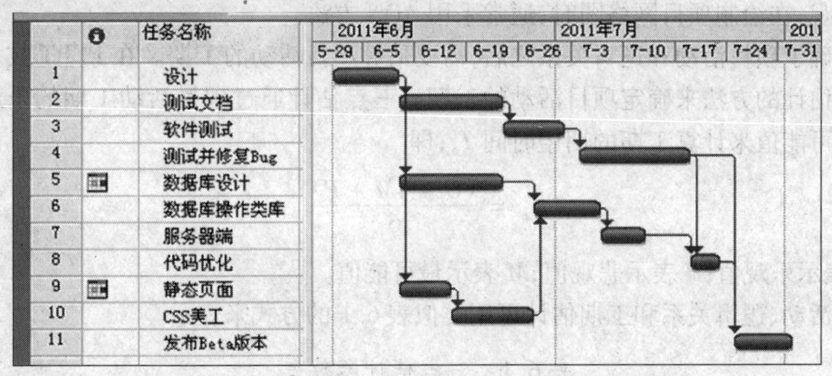

图 6.9 资源调配后的甘特图

甘特图具有简单、醒目和便于编制等特点,在软件项目管理工作中被广泛应用。甘特图按照反映的内容不同,可分为计划图表、负荷图表、机器闲置图表、人员闲置图表和进度表五种形式。绘制甘特图的步骤如下:

(1) 明确项目牵涉到的各项活动、项目。内容包括项目名称(包括顺序)、开始时间、工期,任务类型(依物决定性)和依赖于哪一项任务。

(2) 创建甘特图草图。将所有的项目按照开始时间、工期标注到甘特图上。

(3) 确定项目活动依赖关系及时序进度。使用草图,按照项目的类型将项目联系起来。此步骤将保证在未来计划有所调整的情况下,各项活动仍然能够按照正确的时序进行。也就是,确保所有依赖性活动能并且只能在决定性活动完成之后按计划展开,同时避免关键性路径过长。

（4）计算单项活动任务的工时量。

（5）确定活动任务的执行人员及适时按需调整工时。

（6）计算整个项目时间。

当把一个项目分解成许多个任务，并且它们彼此之间的逻辑关系比较复杂时，仅仅用甘特图作为编制项目进度计划的工具是不够的，不仅难于编制出既节省资源又保证进度按期完成的计划，而且还容易产生差错。另外，采用甘特图方法绘制项目进度计划时，其对项目中各个任务的具体信息的描述十分有限。因此，在编制项目进度计划时，为了清楚地表达项目各任务之间的相互依赖关系以及任务的具体信息，还可以使用项目网络图方法。

2. PERT 技术

项目网络图是由一组结点和箭线组成的图表，例如，程序评估和评审技术（Program Evaluation and Review Technique，PERT）。在绘制项目网络图之前，需要确定项目的事件和活动。事件用来表示一个项目活动的开始或结束，因此，事件可以进一步分为开始事件和结束事件。项目活动是指具体需要完成的工作，其执行过程需要消耗时间、资源并增加成本。相对的，事件代表的是时间点，并不消耗时间和资源。项目活动前置事件的发生是表明项目活动能够顺利完成的必要条件。在绘制项目网络图时，根据项目活动表现形式的差异，存在两种不同的绘制方法：一种是结点表示法（Activity on Node，AoN），用结点表示活动，而箭线表示活动的逻辑关系；另一种是箭线表示法（Activity on Arrow，AoA），箭线表示项目活动，而结点表示项目活动的开始或结束事件。由于 AON 相对于 AOA 更加简单和直观，在绘制项目网络图时，通常采用 AON 方法。

在明确了项目活动和逻辑关系之后，需要估算项目活动的工期。在 PERT 技术中，采用了三点估计的方法来确定项目活动的工期。三点估计通过项目活动工期的乐观值、悲观值和最可能值来计算工期的期望时间 T_e，即

$$T_e = \frac{(O + 4M + P)}{6}$$

式中：O 表示乐观值；P 表示悲观值；M 表示最可能值。

任务活动、逻辑关系和工期估计可用类似表 6.1 的方式来表示。

表 6.1　三点估计参数表

活 动	紧后活动	乐观值	最可能值	悲观值	期望工期
设计（A）	B，E，J	10	12	14	12
测试文档（B）	C	8	10	12	10
软件测试（C）	D	18	20	22	20
测试并修复 Bug（D）	I	18	20	22	20
数据库设计（E）	F	7	10	13	10
数据库操作类库（F）	G	8	10	12	10
服务器端（G）	H	12	15	18	15
代码优化（H）	I	5	10	15	10
发布 Beta 版本（I）	—	5	10	15	10
静态页面（J）	K	6	8	10	8
CSS 美工（K）	G	2	4	6	4

根据表中的数据,可以采用网络图绘制工具来生成项目网络图。图 6.10 是使用 Microsoft Project 绘制的 PERT 图。

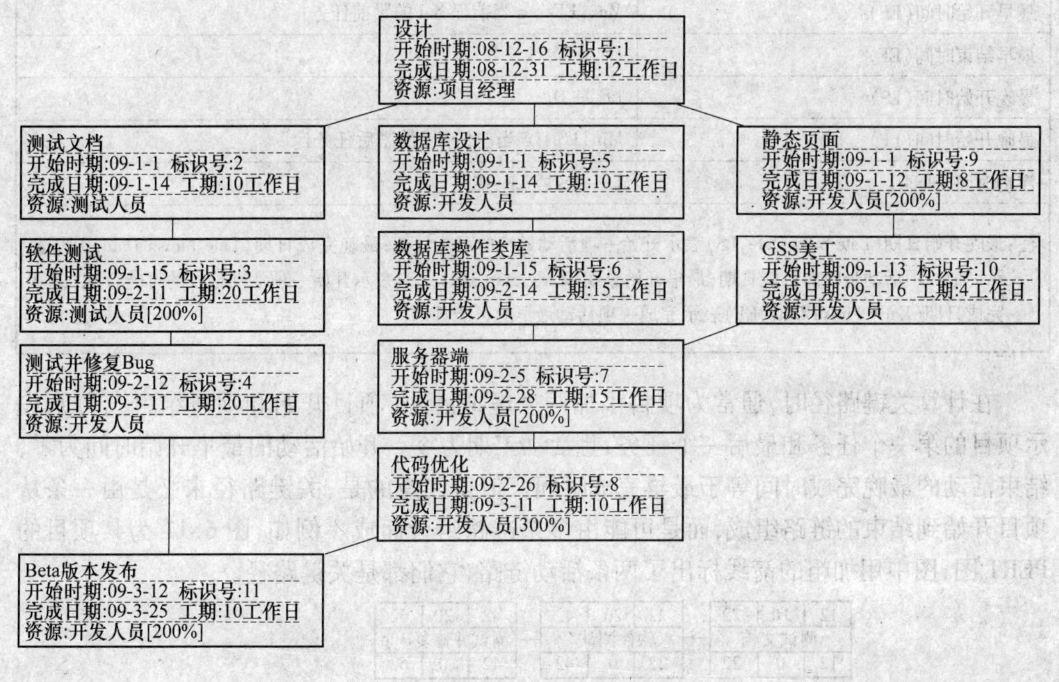

图 6.10　PERT 图

PERT 图不仅可以清晰地表示项目活动之间的逻辑关系,由于各个活动使用方框而不是横条来表示,通过扩展方框的内容,PERT 图显示更多的信息。这些信息包括活动名称、活动工期、最早/晚开始时间(ES/LS)、最早/晚完成时间(EF/LF)、浮动时间等。对这些信息进行简单的分析之后,就可以求出项目计划的关键路径。

3. 关键路径

关键路径(Critical Path Method,CPM)法是 20 世纪 50 年代由美国海军开发的一种确定项目起始和结束时间的方法。该方法的结果是找出项目中的一条关键路径,即从项目开始到结束由若干项活动组成的一条不间断的活动链。在关键路径上,任何活动的延迟或提前完成都会影响到整个项目的工期。项目的管理人员应该密切注视关键活动的进展情况,如果关键活动的开始时间比预计的时间晚,则会拖累整个项目的工期;相反,如果希望缩短项目的工期,只有增加关键活动所需要的资源才能见效。表 6.2 描述了关键路径中涉及的术语及其计算公式。具体计算步骤:

(1) 从项目开始到结束(由左至右)依次求取各个活动的最早开始和结束时间;

(2) 从项目结束到开始(由右至左)倒推各个活动的最晚开始和结束时间;

(3) 计算各个活动的浮动(Slack)时间;

(4) 所有浮动时间为零的活动即为关键路径上的任务。

表 6.2 关键路径法标识符号及公式

术 语	计算公式
持续时间(Duration)	期望的工期
最早开始时间(ES)	Max{ EF_j | $j\in$ 当前任务 i 的紧前任务}
最早结束时间(EF)	$ES_i + D_i$
最晚开始时间(LS)	$LF_i - D_i$
最晚开始时间(LF)	Min{ LS_j | $j\in$ 当前任务 i 的紧后任务}
浮动时间(Slack)	LS—ES 或 LF—EF
注:最晚开始日期(Late Start Date,LS)表示开始一项活动最晚的可能日期;最晚完成日期(Late Finish Date, LF)表示完成一项活动最晚的可能日期;最早开始日期(Early Start Date,ES)表示开始一项活动最早的可能日期;最早完成日期(Early Finish Date,EF)表示完成一项活动最早的可能日期	

在计算关键路径时,通常为项目添加两个虚拟活动(项目开始和项目结束),分别表示项目的第一个任务和最后一个任务,且活动工期为零。开始活动的最早开始时间为零,结束活动的最晚完成时间等于最早完成时间。值得注意的是,关键路径未必是由一条从项目开始到结束的链路组成,而是可能由多条链路组合而成。例如,图 6.11 为某项目的 PERT 图,图中用加粗的箭线标出了两条活动链路,它们都是关键路径。

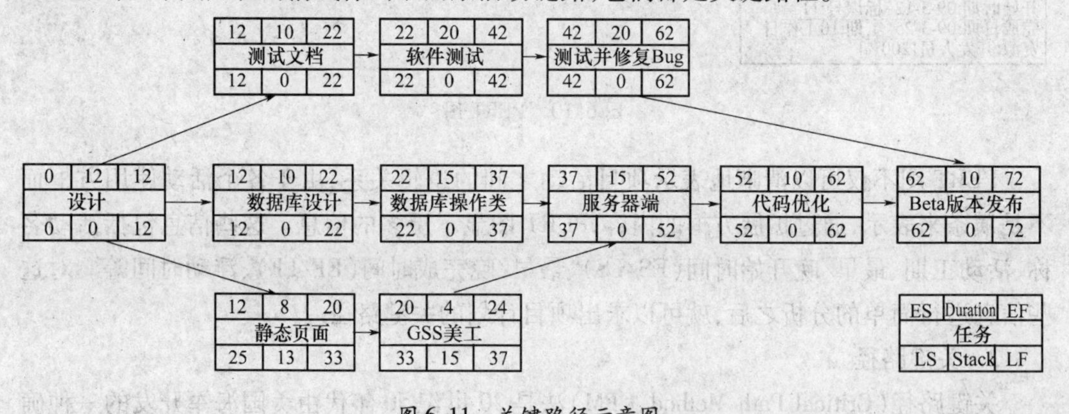

图 6.11 关键路径示意图

4. 里程碑法

里程碑法也称可交付成果法,是在横道法上或网络图上标示出一些关键事项。这些事项能够被明显地确认,一般是反映进度计划执行中各个阶段的目标。这些关键事项在一定时间内的完成情况可反映项目进度计划的进展情况,因而这些关键事项被称为“里程碑”。

5. 项目管理软件

项目管理软件是进行项目计划编制的一个很有用的工具,项目管理软件一般具有成本预算和控制、制定计划、资源管理及排定任务日程、监督和跟踪项目、报表生成、处理多个项目和子项目、排序和筛选、假设分析等功能。

目前,由 Microsfot 公司出品的 Microsoft Project 系列软件是在全世界范围内应用最为广泛的以进度计划为核心的项目管理软件,它将可用性、功能性和灵活性完美地融合在一起,使项目管理者可以对所有信息了如指掌,控制项目的工时、日程和财务,与项目工作组保持密切合作,同时提高工作效率,已经成为软件项目管理者的得力助手。

6.3 项目的进度控制

从目前国内外的软件企业来看,“软件危机”的阴影仍然存在,软件行业的项目实施情况一直很不乐观。研究表明,软件项目失败的原因主要有两个:一是应用项目的复杂性;二是缺乏合格的软件项目管理人才。实践证明,缺乏有效的项目计划与控制,是导致软件项目失控的直接原因。

软件项目中,项目进度控制和监督的目的是增强项目进度的透明度,以便当项目进展与项目计划出现严重偏差时可以采取适当的纠正或预防措施。已经归档和发布的项目计划,是项目控制和监督中活动、沟通、采取纠正和预防措施的基础。软件开发项目实施中进度控制是项目管理的关键,若某个分项或阶段实施的进度没有把握好,则会影响整个项目的进度。因此,应当尽可能地排除或减少上述干扰因素对进度的影响,确保项目实施的进度。

6.3.1 项目进度控制的概念

软件项目计划是基于对产品规模和任务时间的估计,随着项目的进展,有些估计能够较好地与实际相符,有些则可能出现偏差。为保证项目按计划如期完成,管理者需要对计划进行调整和监控。项目进度控制是指在项目按计划执行过程中,项目管理者根据项目的最新信息对比原计划,在找出偏差原因的基础上实施纠偏措施的全过程。在软件项目开发过程中,必须不时对进度进行监督,以保证进度计划的顺利实施;同时掌握好计划的具体实施状况,将实施状况与进度计划进行对比分析,如不相符时采取合适的对策,使项目按预定的进度目标进行,避免工期的拖延。项目进度控制流程图如图 6.12 所示。

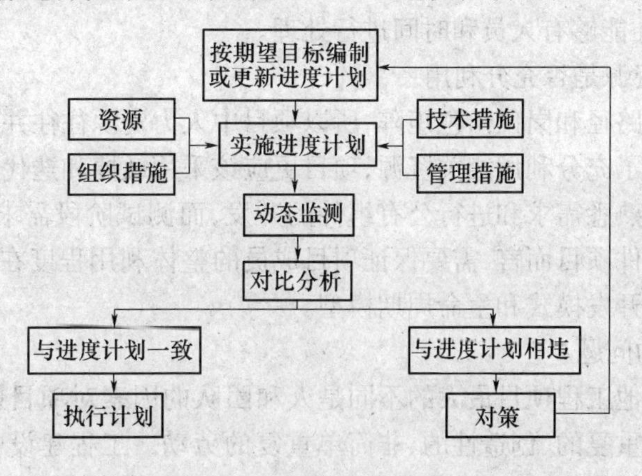

图 6.12 项目进度控制流程图

从项目进度控制的阶段上看,软件开发项目进度控制主要有项目准备阶段进度控制、需求分析和设计阶段进度控制、实施阶段进度控制等几部分。

(1) 准备阶段进度控制任务是向业主提供有关项目信息,协助业主确定工期总目标、编制阶段计划和项目总进度计划、控制该计划的执行；

(2) 需求分析和设计阶段控制的任务是编制与用户的沟通计划、需求分析工作进度计划、设计工作进度计划及控制相关计划的执行等；

(3) 实施阶段进度控制的任务是编制实施总进度计划并控制其执行、编制实施计划并控制其执行等。由甲乙双方协调进度计划的编制、调整并采取措施确保进度目标的实施。

为了及时地发现和处理计划执行中发生的各种问题，就必须加强项目的协同工作。协同工作是组织项目计划实现的重要环节。它要为项目计划顺利执行创造各种必要的条件以适应项目实施情况的变化。

6.3.2 项目进度控制的主要影响因素

软件项目的进度受许多因素影响，包括人的因素、技术因素、设备采购的因素、工具因素、资金的因素等。这些因素主要来自于以下几个方面：

1. 项目进度安排是否合理

1) 项目估算是否准确

对软件项目估算是否准确是对项目进度计划安排影响最大的一个因素。估算不准确的原因很多，主要是缺少有经验的专家和缺少历史数据的收集两个方面，对于这两点，只有通过多个项目的积累才可能得以改善。另外，估算过程中还需要考虑一些特殊因素的影响，例如，项目新进了几名新员工，可能会降低项目的平均生产率；项目过程中需要采用某种新技术，而需要投入额外的预研时间等。

2) 关键资源和关键路径的安排是否合理

在进度计划安排中是否优先保证了项目关键路径上的资源，是否通过人员技能矩阵对项目关键资源进行分析和安排。在任务安排过程中尽量减少关键资源上非关键任务的安排。另外，在进度计划上应该安排适当的余量，这样在项目遇到突发事件或项目风险转变为实际问题时，才能够有人员和时间进行处理。

3) 项目中的资源是否充分利用

由于存在关键路径和岗位角色矩阵，所以项目中人力资源往往并不能充分利用起来。在中小型项目中为了充分利用相关资源，项目更应该采用敏捷和迭代的开发方法，需求阶段开发人员可以先熟悉需求和进行公有组件的开发，而测试阶段需求人员也可以介入测试。所以对一个软件项目而言，需要保证项目成员的整体利用程度在70%以上；否则，就应该考虑采用新的开发模式和生命周期模型。

2. 团队和人的问题

软件项目与其他工程项目最大的不同是人和团队的因素对项目影响很大，软件项目中的编码人员也是重复的、创造性的、非简单重复的劳动。工程建设中走了一个泥水工，可能马上就能找到替代人手，而软件项目中人员流失后即使很快找到了新成员，也需要花费相当长的培训和学习时间，新成员才可能真正达到项目要求的生产率。这方面影响因素主要如下：

1) 人员技能未达到要求

在项目开始之初，假设项目成员都能够达到组织的要求，但往往并不是每个成员都能够达到要求。而且项目中每个成员的生产率差异可能很大,也给项目进度安排造成影响。在项目开始之初,应该对项目成员的技能进行一次总体的评估,对于大家都欠缺的技能应该安排统一的培训,后续还需要对培训的效果进行跟踪;对于个别人员欠缺的技能应该单独预留自我学习时间或通过以师带徒的方式进行培养,使其技能能够尽快达到要求。

2)项目成员责任心不强

态度决定一切,细节决定成败。对于项目过程中的各项任务,经常出现由于项目成员责任心不强、敷衍了事,导致产出的工件质量较差,引起大量返工的情况。在这种情况下更应该加强项目规范的建设,项目经理应加强同这些成员的单独沟通,加强项目的团队建设和集体荣誉感。

3)项目人员流失

项目人员特别是项目关键成员在项目进行过程中的流失对项目影响很大,对于这种情况应该在项目开始之初中就作为专门的风险进行跟踪,并考虑具体的应对措施。

3. 质量因素的制约

时间和质量是项目中两个重要因素,在保证项目进度的情况下往往会牺牲项目的质量。而由于软件项目中测试环节的引入,项目的最终产出又需要保证最终产品满足一定的质量规范。所有项目中经常出现项目后期测试问题太多,Bug 修改和回归测试等花费了大量的时间而导致项目的延迟。对于项目质量因素的制约主要分析:由于项目本身进度紧张,往往在项目进行过程中忽略了对项目各阶段产出物的质量的评审。导致到项目后期测试时问题全部暴露出来,而这时如果是由于需求而引起的缺陷,则往往会耗费到前期评审的 5 倍 ~20 倍的工作量来进行弥补。所以在软件项目中应该注重项目各阶段的评审工作,提早发现问题并解决问题,避免项目后期大量返工。

4. 系统架构的原因

对于大中型系统,总体设计和架构设计更为重要。架构设计要考虑满足业务的功能性需求而进行子系统、接口、组件等的设计和划分;架构设计考虑满足系统的可扩展性、安全性、可维护性等非功能性需求。架构人员应该通过架构设计屏蔽整个系统的复杂性,而向模块设计和开发人员提供一套简单、高效的开发规程和模式,这样才能够真正提高后续设计开发的效率和质量。

5. 外界环境因素

资源、预算变更对进度的影响。软件项目最主要的还是人力资源,人力资源是项目能否顺利执行的保证。还有一个很重要的资源是信息资源,如果不能按时得到,就会影响需求分析、设计或编码的工作。其他资源,如开发设备或软件没有到货,也会对进度造成影响。

预算也是一种资源,它的变更会影响某些资源的变更,从而对进度造成影响。

6.3.3 项目进度控制的常用方法

1. 项目进度控制的前提

项目进度控制的前提是制定准确的项目计划和充分掌握第一手实际信息,在此前提下,通过项目实际情况与计划值进行比较,检查、分析、评价项目进度。通过沟通、奖励、惩罚等多种手段,对项目进度进行监督控制,实现整个项目进度控制的闭环管理。

在进行项目进度控制时,必须明确本项目开发团队人员的具体的控制任务和管理职责,同时要制定进度控制的方法,要选择适用的进度预测分析和进度统计技术或工具,要明确项目进度信息的报告、沟通、反馈以及信息管理制度。

2. 项目进度控制主要方法

根据软件项目管理的原理和相关方法,由项目经理制定本软件项目全过程的项目计划,按设计、开发、实施及上线测试四个阶段里程碑节点进行 WBS 工作分解,与项目团队各节点负责人讨论细化后形成各阶段项目工作计划,并作为进度控制的基准和依据进行监控。如果实际情况存在成果提前或延后完成,项目经理应提前申请并做好开发计划的变更并进行变更分析,确定纠正偏差的措施、对策,在确定的期限内消除项目进度与项目计划之间的偏差。项目计划应根据项目的实际进展情况进行调整,以保证其实时性、有效性。

目前,PERT 技术和 CPM 法是两种比较常用的项目进度安排方法。两种方法都生成描述项目进展状态的任务网络图。网络图中按一定的次序列出所有的子任务和任务进展的里程碑,它表示各子任务之间的依赖关系。网络图也是作业分解结构的发展。PERT 和 CPM 法为软件规划人员提供了定量描述工具,包括:

(1) 关键路径,完成关键路径上所有任务时间的总和,就是项目开发所需要的最短时间;

(2) 用统计模型估算开发每个子任务需要的工作量和时间;

(3) 计算各子任务的最早启动时间和最迟启动时间,即确定启动子任务的时间窗口边界。

某个子任务的最早启动时间定义为该子任务的所有前导任务完成的最早时间;反之,某个子任务的最迟启动时间定义为在保证项目按时完成的前提下,最迟启动该子任务的时间。与最早启动时间和最迟启动时间对应的概念是最早结束时间和最迟结束时间。它们分别是最早启动时间和最迟启动时间与完成该子任务所需要时间的和。在任务进度安排过程中,应先寻求关键路径并在关键路径上安排一定的机动时间和节假日,以便应付意想不到的困难和问题。采用这些工具可以大大减轻软件项目管理人员在制定软件项目进度表方面的工作量,并可提高工作质量。

6.3.4 项目进度计划的调整

进度调整是针对出现的进度偏差,寻求最佳解决方案的过程。项目实施过程中出现进度偏差是在所难免的,实施进度控制就是要求能对偏差能进行有效的控制,提出相应的解决方案,使之有利于项目的进展。通常,可以采取的措施有增加资源、加班赶工、快速跟进、改进工作方法、调整进度计划,压缩后继的关键活动的工期等。这些措施各自都有适用的条件和对项目可能产生的负面影响,可以根据项目实际情况综合考虑,有时需要结合其他方式一起使用。

项目在第一次出现进度偏差时,项目管理人员需要的就是及时介入问题,查找问题根源而不是简单地关注成员反馈的下一个可能完成的时间点。只有这样才可能在进度小偏差时就立即查找根源并控制,而不是在进度大偏差时进行应急。

进度落后的情况下,通常有几种措施来弥补,如增加开发人员、加班、物质激励等。但从软件项目管理的实际情况来看,在某些项目进度延迟的情况下增加人员,反而有可能会使项目的进度更加延后。因为对于新加入本项目的员工来说,对项目相关背景、需求、设计的培训,对项目环境的熟悉和项目团队成员之间的沟通路径的增加,可能会使项目的工作效率急剧下降。而加班造成的疲劳会再次使工作效率降低。增加物质激励不仅会造成工作成本不断地向上攀升,而且往往导致实施团队内部管理混乱。这些措施并不是不能采用,而是项目经理需要考虑适度原则。最佳的处理方法是,项目经理带领整个实施团队与业主方代表一起通过全面、透彻的分析项目进度延迟的原因,来确定所采用的应对措施。如果确实是业主方提出的不合理的项目要求,就应当通过沟通变更为合理的要求,以免因为一些不合理的要求造成对软件质量或团队成员心理上的负面影响,最终导致项目最终的失败;否则,应从软件开发技术、团队成员心态、环境等方面查找原因,找到提高效率、加快进度的方法。

小　结

本章首先提出了软件项目进度管理的重要性,介绍了项目进度管理的内容和原理,然后分别从项目进度计划和项目进度控制两方面阐释了软件项目进度管理的方法。在项目进度计划方面,本章重点讨论了项目进度计划的方法和工具;在项目进度控制方面,本章重点讨论了影响软件进度控制的因素以及项目进度控制的常用方法。

习　题

1. 软件项目进度管理有哪些内容?

2. 软件项目计划有哪些要点?主要内容包括什么?

3. 什么是软件项目估算,什么是软件项目进度管理,两者之间的联系和区别是什么?它们对于软件开发有什么意义?

4. 根据如下项目描述,制定项目方案和进度计划:现在是春暖花开的季节,你们年级准备组织学生春游,目的地为野三坡。学生以自愿的方式报名,可以携带朋友(仅限1人)参加。春游期间,需要安排各种娱乐活动(可酌情考虑诸如表演、游戏、晚会、集体活动或分散活动等),计划出游不超过3天。

假设你是春游活动的项目经理,请查找有关资料,编写项目的进度计划,要求考虑路线行程、活动组织与安排、住宿与交通等各方面。

第 7 章　软件项目成本管理

软件成本超支是软件项目中经常遇到的问题，很多软件项目经理都曾经历过这样的情况，由于开发成本的超支，软件项目做完之后，不仅不能得到上级领导的表扬，甚至连项目奖金都拿不到，而这一切都来源于当初对项目成本估算的不准。

项目成本管理是项目管理的一个重要组成部分，它是指在项目的实施过程中，为了保证完成项目所花费的实际成本不超过其预算成本而展开的项目成本估算、项目预算编制和项目成本控制等方面的管理活动。它包括批准的预算内完成项目所需要的诸过程，主要有：

(1) 成本估算：编制一个为完成项目各活动所需要的资源成本的近似估算。

(2) 成本预算：将总的成本估算分配到各项活动或工作包上，来建立一个成本的基线。

(3) 成本控制：控制项目预算的变更。

虽然这里各个过程是作为彼此独立、相互间有明确界面的组成部分，但在实践中，它们可能会交叉重叠，互相影响，同时与其他知识领域的过程也相互作用。

项目成本管理应该考虑项目干系人的信息需求，不同的项目干系人会在不同的时间以不同的方式检查项目成本。例如，采购物品的成本可能在决策结束、订购、发货、收货或会计记账时检查。

为保证项目能够完成预定的目标，必须要加强对项目实际成本的控制，一旦项目成本失控，就很难在预算内完成项目，不良的成本控制常常会使项目处于超出预算的危险境地。可是在项目的实际实施过程中，项目超预算的现象还是屡见不鲜，这种成本失控的情况通常是由下列原因造成的：

(1) 成本估算工作和成本预算工作不够准确细致。

(2) 许多项目在进行成本估算和成本预算及制定项目成本控制方法上并没有统一的标准和规范可行。

(3) 思想认识上存在误区，认为项目具有创新性，因此自然导致项目实施过程中将有太多变量及变数太大，实际成本超出预算成本也在所难免，理所当然。

随着软件开发技术的发展，软件成本在计算机系统总成本中影响越来越大，它直接影响到投资者的决策和软件项目的开发。没有合理而准确的软件成本估算，就无法很好地进行软件项目的管理。

实际上，尽管项目在实施过程中会遇到很大的不确定性，但是只要在项目成本管理工作方面树立正确的思想，采取适当的方法，遵循一定的程序，严格按照项目管理的要求做好估算、预算和成本控制工作，将项目的实际成本控制在预算成本以内是完全可能的。

当项目成本被用做奖励和表彰体系的因素时，为了确保奖励反映实际绩效，可控的和不可控的成本应该分别估算和预算。在某些项目上，特别是小型项目，成本估算和成本预算彼此之间联系极为紧密，从而被视为一个过程（例如，它们可以由单独一人在短时间内完成）。但是，由于其中每一个过程所使用的工具和技术的不同，在这里仍按不同的过程进行介绍。在项目早期阶段，对于项目的影响是最明显的，正是由于这个原因，早期的范围定义是非常关键的，应该尽可能地明确所有需求和形成合理的项目管理计划。

7.1 概　述

项目成本管理首先关心的是完成项目活动所需资源的成本，但也应该考虑项目决策对使用项目产品成本的影响。例如，利用限制设计审查次数可以降低项目成本，减少设计方案的次数可减少产品的成本，但可能增加顾客的运营成本。项目成本管理的这种广义观点常称为全生命周期成本计算。狭义的项目成本，是指因为项目而发生的各种资源耗费的货币体现。项目成本管理是指为保障项目实际发生的成本不超过项目预算，使项目在批准的预算内按时、按质、经济高效地完成既定目标而开展的成本管理活动。成本管理包括项目成本估算、项目成本预算、项目成本控制等过程。在许多应用领域，对项目产品的财务经营状况的预测和分析是在项目之外进行的。但在某些领域（如资金筹措项目），项目成本管理也包括这一工作，这种情况下，项目成本管理将包括一些附加的过程和管理技术，如投资回报、折算现金流、投资回收分析等。

7.1.1　软件项目成本的分类

1. 从软件生命周期构成对软件项目成本的分类

从软件生命周期构成的两阶段即开发阶段和维护阶段看，软件的成本由开发成本和维护成本构成。其中，开发成本由软件开发成本、硬件成本和其他成本组成，包括系统软件的分析/设计费用（包含系统调研、需求分析、系统设计）、实施费用（包含编程/测试、硬件购买与安装、系统软件购置、数据收集、人员培训）及系统切换等方面的费用；维护成本由运行费用（包含人工费、材料费、固定资产折旧费、专有技术及技术资料购置费）、管理费（包含审计费、系统服务费、行政管理费）及维护费（包含纠错性维护费用及适应性维护费用）。

2. 从财务角度对软件项目成本分类

（1）硬件购置费：例如，计算机及相关设备的购置，不间断电源（UPS）、空调等的购置费。

（2）软件购置费：操作系统软件、数据库系统软件和其他软件的购置费。

（3）人工费：主要是开发人员、操作人员、管理人员的工资福利费等。

（4）培训费。

（5）通信费：购置网络设备、通信线路器材、租用公用通信线路等的费用。

（6）基本建设费：新建、扩建机房，购置计算机机台、机柜等的费用。

（7）财务费用。

（8）管理费用：办公费、差旅费、会议费、交通费。

（9）材料费：打印纸、包带、磁盘等的购置费。

（10）水、电、气费。

（11）专有技术购置费。

(12) 其他费用:如资料费、固定资产折旧费及咨询费。

7.1.2 软件项目成本的影响因素

1. 项目质量对成本的影响

一个项目的实现过程就是项目质量的形成过程。在这一过程中,为达到质量要求需要开展两个方面的工作:一是质量的检验与保障工作;二是质量失败的补救工作。这两项工作都要消耗资源,从而都会产生项目的质量成本。

2. 工期对成本的影响

项目的工期是整个项目或项目某个阶段或某项具体活动所需要或实际花费的工作时间周期。工期和费用的关系如图 7.1 所示。

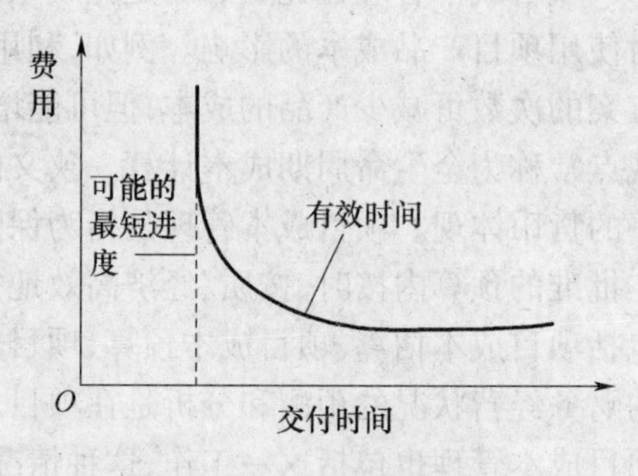

图 7.1 工期和费用的关系

3. 管理水平对成本的影响

(1) 项目成本预算和估算的准确度差。由于客户的需求不断变化,使得工作内容和工作量不断变化。一旦发生变化,项目经理就追加项目预算,预算频频变更,等到项目结束时,实际成本和初始计划偏离很大。此外,项目预算往往会走过粗和过细两个极端。预算过粗会使项目费用的随意性较大,准确度降低;预算过细,会使项目控制的内容过多、弹性差、变化不灵活、管理成本加大。

(2) 缺乏对软件成本事先估计的有效控制。在开发初期,对成本不够关心,忽略对成本的控制,只有在项目进行到后期,实际远离计划出现偏差时,才进行成本控制,这样往往导致项目超出预算。

(3) 缺乏成本绩效的分析和跟踪。传统的项目成本管理中,将预算和实际进行数值对比,但很少将预算、实际成本和工作量进度联系起来,考虑实际成本和工作量是否匹配的问题。

4. 人力资源对成本的影响

人力资源素质也是影响成本的重要因素。对高技术能力、高技术素质的人才,本身的人力资源成本是比较高的,但可以产生高的工作效率、高质量的产品、较短的工期等间接效果,从而总体上会降低成本;而对于一般人员,还需要技术培训,对项目的理解及工作效率相对低下,工期会延长,需要雇佣更多的人员,造成成本的增加。因此,人力资源也是重要的影响因素。

5. 价格对成本的影响

中间产品和服务及硬件、软件的价格也对成本产生直接的影响,价格对项目预算的估计影响很大。

7.2 成本估算

项目成本估算是指根据项目资源需求和计划,以及各种资源的市场价格或预期价格等信息,估算和确定出项目各种活动的成本和整个项目全部成本这样一种项目成本管理工作。项目成本估算最主要的任务是确定用于项目所需人、设备等成本和费用的概算。

7.2.1 软件开发项目成本估算过程

软件项目成本估计根据历史项目的数据、新软件的特征、所选硬件的特征、用户环境的特征分别从软件开发、维护和财务角度进行分析，具体过程如图 7.2 所示。

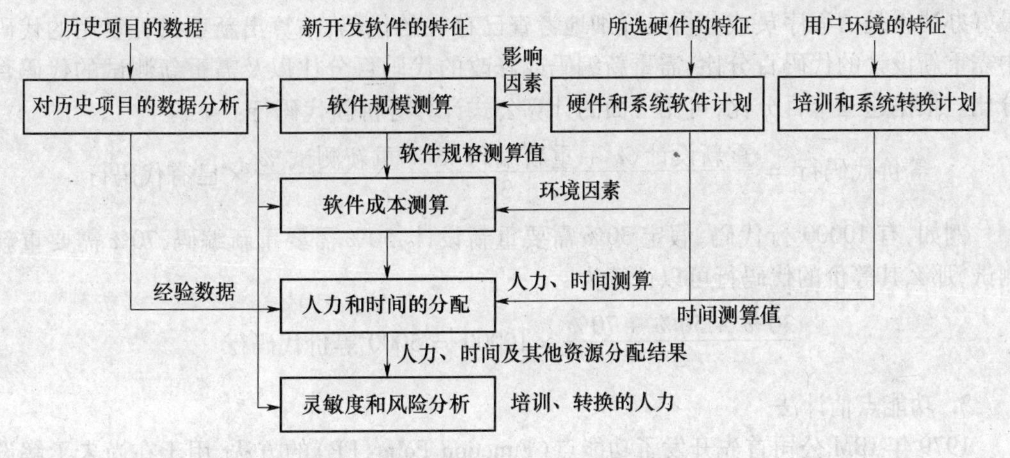

图 7.2　软件开发项目成本估算过程

软件开发成本是指软件开发过程中所花费的工作量及相应的代价。在成本估算过程中，对软件成本的估算是最困难和最关键的。代码行(Line of Code，LOC)是衡量软件项目规模最常用的概念，指所有可执行的源代码行数，包括可交付的工作控制语言语句、数据定义、数据类型声明、等价声明、输入/输出格式声明等。一代码行的价值和人月平均代码行数可以体现一个软件生产组织的生产能力。组织可以根据对历史项目的审计来核算组织的单行代码价值。

例如，某软件公司统计发现该公司每一万行 C 语言源代码形成的源文件(.c 和.h 文件)约为 250KB。某项目的源文件大小为 3.75MB，则可估计该项目源代码大约为 15 万行，该项目累计投入工作量为 240 人月，每人月费用为 10000 元(包括人均工资、福利、办公费用分摊等)，则该项目中 1LOC 的价值：$(240\times10000)/150000=16$(元/行)。

在实际软件项目管理过程中，除了按 LOC 进行成本估算外，通常还使用人天进行成本估算，即完成某项工作，大约需要多少人在多少天完成，每人天按固定价格计算。使用人天进行成本估算，被广泛地用在软件项目报价和项目进程管理中。

7.2.2 软件项目成本估算方法

1. 专家判断

影响成本估算的变量众多，如人工费率、材料成本、通货膨胀、风险因素和其他因素。通过借鉴历史信息，专家判断能对项目环境进行有价值的分析，并提供以往类似项目的相关信息。专家判断也可用来决定是否联合使用多种估算方法，以及如何协调这些方法之间的差异。

2. 类推估算法

(1)整理出项目功能列表和实现每个功能的代码行；

(2)标识出每个功能列表与历史项目的相同点和不同点，特别要注意历史项目做得不够的地方；

(3)通过步骤(1)和(2)得出各个功能的估计值；

(4)产生规模估计。

软件项目中用类推法，往往还要解决可复用代码的估算问题。估计可复用代码量的最好办法就是由程序员或分析员详细地考查已存在的代码，估算出新项目可复用的代码中需重新设计的代码百分比、需重新编码或修改的代码百分比以及需重新测试的代码百分比。根据这三个百分比，可用下面的计算公式计算等价新代码行：

$$\text{等价代码行} = \frac{\text{重新设计}\% + \text{重新编码}\% + \text{重新测试}\%}{3} \times \text{已有代码行}$$

例如，有 10000 行代码，假定 30% 需要重新设计，50% 需要重新编码，70% 需要重新测试，那么其等价的代码行可以计算为

$$\frac{30\% + 50\% + 70\%}{3} \times 10000 = 5000 \text{ 等价代码行}$$

3. 功能点估计法

1979 年 IBM 公司首先开发了功能点(Function Point，FP)的方法，用于在尚未了解设计时评估项目的规模。功能点表示法是一种按照统一方式测定应用功能的方法，最后的结果是一个数。这个结果数可以用来估计代码行数、成本和项目周期。不过要正确、一致地应用这种方法还需要大量的实践。

功能点是用系统的功能数量来测量其规模，它以一个标准的单位来度量软件产品的功能，与实现产品所使用的语言和技术没有关系。该方法包括两个评估，即评估产品所需要的内部基本功能和外部功能。然后根据技术复杂度因子对它们进行量化，产生产品规模的最终结果。

4. 类比估算

成本类比估算是指以过去类似项目的参数值(如范围、成本、预算和持续时间等)或规模指标(如尺寸、重量和复杂性等)为基础，来估算当前项目的同类参数或指标。在估算成本时，这项技术以过去类似项目的实际成本为依据，来估算当前项目的成本。这是一种粗略的估算方法，有时需根据项目复杂性方面的已知差异进行调整。

在项目详细信息不足时，例如，在项目的早期阶段，就经常使用这种技术来估算成本参数。该方法综合利用历史信息和专家判断。相对于其他估算技术，类比估算通常成本较低、耗时较少，但准确性也较低。可以针对整个项目或项目中的某个部分，进行类比估算。类比估算可以与其他估算方法联合使用。如果以往活动是本质上而不只是表面上类似，并且从事估算的项目团队成员具备必要的专业知识，那么类比估算就最为可靠。

5. 自下而上估算

自下而上估算是对工作组成部分进行估算的一种方法。首先对单个工作包或活动的成本进行最具体、细致的估算；然后把这些细节性成本向上汇总或“滚动”到更高层次，用于后续报告和跟踪。自下而上估算的准确性及其本身所需的成本，通常取决于单个活动或工作包的规模和复杂程度。

6. 三点估计

通过考虑估算中的不确定性与风险,可以提高活动成本估算的准确性。这个概念起源于计划评审技术(PERT)。PERT 使用三种估算值来界定活动成本的近似区间:

(1) 最可能成本:对所需进行的工作和相关费用进行比较现实的估算,所得到的活动成本。

(2) 最乐观成本:基于活动的最好情况,所得到的活动成本。

(3) 最悲观成本:基于活动的最差情况,所得到的活动成本。

PERT 分析方法对以上三个估算进行加权平均:

活动成本 =(最乐观成本 +4 × 最可能成本 + 最悲观成本)/6

用以上公式(甚至用该三个估算的简单平均公式)计算出来的成本估算可能更加准确。这三个估算能表明成本估算的变化范围。

7. 储备分析

为应对成本的不确定性,成本估算中可以包括应急储备(有时称为应急补贴)。应急储备可以是成本估算值的某个百分比、某个固定值,或者通过定量分析来确定。随着项目信息越来越明确,可以动用、减少或取消应急储备。应该在项目成本文件中清楚地列出应急储备。应急储备是资金需求的一部分。

8. 项目管理估算软件

项目管理估算软件(如成本估算应用软件、电子表格软件、模拟和统计软件等)对辅助成本估算的作用,正在得到越来越广泛的认可。这些工具能简化某些成本估算技术的使用,使人们能快速地考虑多种成本估算方案。

9. 卖方投标分析

在成本估算过程中,可能需要根据合格卖方的投标情况,来分析项目成本。在用竞争性招标选择卖方的项目中,项目团队就需要开展额外的成本估算工作,以便审查各项可交付成果的价格,并计算出作为项目最终总成本的组成部分的各分项成本。

7.2.3 经验成本估算模型

1. SLIM 模型

1979 年前后,Putnam 在美国计算机系统指挥中心资助下,对 50 个较大规模的软件系统花费估算进行研究,并提出 SLIM 商业化的成本估算模型,SLIM 基本估算方程(又称动态变量模型)式为

$$L = C_K K^{\frac{1}{3}} t_d^{\frac{4}{3}}$$

式中:L 和 t_d 分别表示可交付的源指令数和开发时间(单位为年);K 是整个生命周期内人的工作量(单位为人年),可从总的开发工作量 $E_D = 0.4K$ 求得;C_K 是根据经验数据而确定的常数,表示开发技术的先进性级别。如果软件开发环境较差(没有一定的开发方法,缺少文档,评审或批处理方式),取 $C_K = 6500$;正常的开发环境(有适当的开发方法,较好的文档和评审,以及交互式的执行方式),$C_K = 10000$;如果是一个较好的开发环境(自动工具和技术),则取 $C_K = 12500$。

变换上式,可得开发工作量方程为

$$K = \frac{L^3}{C_K^3 t_d^4}$$

SLIM 除了提供开发时间和成本估算外,还提供可行性、估算 CUP 时间需求及项目计划中其他有关信息。

2. COCOMO 模型

基本 COCOMO 模型是一个静态单变量模型,它用一个以已估算出来的源代码行数(LOC)为自变量的函数来计算软件开发工作量。中级 COCOMO 模型则在用 LOC 为自变量的函数计算软件开发工作量的基础上,再用涉及产品、硬件、人员、项目等方面属性的影响因素来调整工作量的估算。高级 COCOMO 模型包括中级 COCOMO 模型的所有特性,但用上述各种影响因素调整工作量估算时,还要考虑对项目过程中分析、设计等各步骤的影响。

高级 COCOMO 模型允许将项目分解为一系列的子系统或子模型,这样可以在一组子模型的基础上更加精确地调整一个模型的属性。当成本和进度的估算过程转换到开发的详细阶段时,就可以使用这一机制。高级的 COCOMO 对于生命周期的各个阶段使用不同的工作量系数。

7.3 成本预算

项目成本预算是一项制订项目成本控制基线或项目总成本控制基线的项目成本管理工作。这主要是根据项目的成本估算为项目各项具体活动或工作分配和确定其费用预算,以及确定整个项目总预算这两项工作。项目成本预算的关键是合理、科学地确定出项目的成本控制基准(项目总预算)。

7.3.1 软件成本预算的特性和原则

1. 项目预算的特性

项目预算具有计划性、约束性和控制性三大特性。

计划性指在项目计划中,根据工作分解结构项目被分解为多个工作包,形成一种系统结构,项目成本预算就是将成本估算总费用尽量精确地分配到 WBS 的每一个组成部分,从而形成与 WBS 相同的系统结构。因此,预算是另一种形式的项目计划。

约束性是因为项目高级管理人员在制定预算的时候均希望能够尽可能“正确”地为相关活动确定预算,既不过分慷慨,以避免浪费和管理松散,也不过于吝啬,以免项目任务无法完成或质量低下。故项目成本预算是一种分配资源的计划,预算分配的结果可能并不能满足所涉及的管理人员的利益要求,而表现为一种约束,所涉及人员只能在这种约束的范围内行动。

控制性是指项目预算的实质就是一种控制机制。

2. 编制项目成本预算的原则

为了使成本预算能够发挥其积极作用,在编制成本预算时应掌握以下一些原则:

(1) 项目成本预算要与项目目标(包括项目质量目标、进度目标相联系)。成本与质量、进度之间关系密切,三者之间既统一又对立,所以,在进行成本预算确定成本控制目标时,必须同时考虑到项目质量目标和进度目标。项目质量目标要求越高,成本预算越高;

项目进度越快,项目成本越高。

(2) 项目成本预算要以项目需求为基础。项目成本预算同项目需求直接相关,项目需求是项目成本预算的基石。如果以非常模糊的项目需求为基础进行预算,则成本预算不具有现实性,容易发生成本的超支。

(3) 项目成本预算要切实可行。编制成本预算过低,经过努力也难达到,实际费用很低,预算过高,便失去作为成本控制基准的意义。故编制项目成本预算,要根据有关的财经法律、方针政策,从项目的实际情况出发,充分挖掘项目组织的内部潜力,使成本指标既积极可靠,又切实可行。

(4) 项目成本预算应具有一定的弹性。

7.3.2 软件项目成本预算方法

无论采用何种方法和技术来编制项目的成本预算,都必须要经过以下几个步骤:

(1) 分摊项目总成本到项目工作分解结构的各个工作包中,为每一个工作包建立总预算成本,在将所有工作包的预算成本额加总时,结果不能超过项目的总预算成本。

(2) 将每个工作包分配得到的成本再二次分配到工作包所包含的各项活动中。

(3) 确定各项成本预算支出的时间计划以及每一时间点对应的累计预算成本(截止到该时间点的每期预算成本额的加总),制定出项目成本预算计划。

使用的方法包括:

1. 分摊总预算成本

依据 WBS 工作包将成本预算总计。工作包成本预算接着被综合到 WBS 中更高一级的机构,直至整个项目。例如图 7.3 所示,将软件需求分析的总体成本 1.2 万元分摊到需求分析的各个环节。

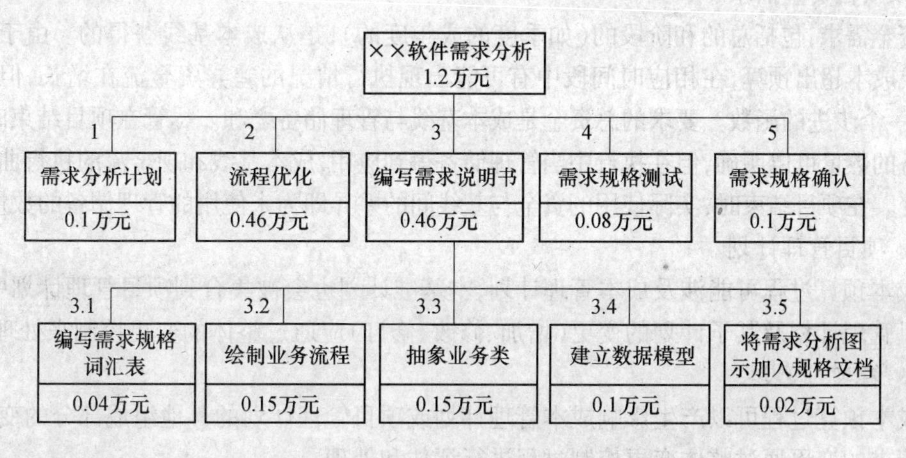

图 7.3 软件需求分析预算分摊

2. 管理储备

管理储备是为应对未计划但是可能需要的范围和成本的潜在变更而预留的预算。它们是"未知的",项目经理在使用之前必须得到批准。管理储备不是项目成本基线的一部分,但包含在项目的预算中。它们未作为预算进行分配,因而不是挣值计算的一部分。

3. 参数模型

建立参数模型指在数学模型中运用项目特点(参数)来预测项目成本。所建模型既可以是简单模型(民房施工每平方英尺居住面积成本相当于某个金额),也可以是复合模型(某软件开发成本模型采用13个独立的调整因数,其中每个因数又有5个~7个点。)

参数模型无论在成本上还是在准确性上,彼此相差都很悬殊。在下述情况下,参数模型有可能比较可靠:

(1) 用以建立参数模型的历史资料准确。

(2) 模型中使用的参数容易量化。

(3) 模型具有可缩放性(它既适用于规模甚大的项目,也适用于规模很小的项目)。

4. 支出的合理化原则

对于组织运营而言,资金周期性开销中的巨大变化是不愿被看到的。因此,项目资金的支付需要调整到比较平滑或对开销进行管制。这可以通过给一些工作包或结构加以日期限制来达到。由于这将影响资源分配,除非资金被用做限制性资源,否则进度开发过程不必用此新日期限制来重复。这些迭代的最终产物就是成本基线。

7.3.3 成本预算的结果

1. 成本基准计划及成本绩效基准

成本基线是用来量度与监测项目成本绩效的按时间分段预算。将按时段估算的成本加在一起,即可得出成本基准,通常以S曲线形式显示。S曲线也表明了项目的预期资金。项目经理在开销之前如能提供必要的信息去支持资金要求,以确保资金流可用,其意义非常重大。许多项目,特别是大项目,可能有多个成本基准,以便度量项目成本绩效的各个方面。例如,开支计划或现金流预测就是度量支出的成本基准。

2. 项目资金需求

资金需求,包括总的和阶段的(如季度的或年度的),是从成本基线获得的。由于进度提前或成本超出预算,在相应时间段中有可能出现执行情况的差异资金流在增长,但不连续,是一个步进的函数。要求的总资金是成本基线与管理储备之和。尽管在项目结束时,管理储备的数量可以明确,但在执行中当管理储备得到应用,成本基线和现金流的执行曲线将会改变。在项目结束时,实际使用的资金与基线间的差异即为未使用的管理储备的数量。

3. 项目管理计划

成本预算过程可能涉及成本管理计划,本基准计划也会被集合到项目管理计划中去。对项目管理计划及其子计划的变更(增加、修改、修订)应通过整体的变更控制来处理。

4. 请求的变更

成本预算过程可以产生影响成本管理计划或项目管理计划的其他组成部分的变更请求。请求的变更通过整体变更控制过程进行评估和处理。

7.4 成本控制

7.4.1 软件项目成本控制内容

项目成本控制是指项目组织为保证在变化的条件下实现其预算成本,按照事先拟订的计划和标准,通过采用各种方法,对项目实施过程中发生的各种实际成本与计划成本进行对比、检查、监督、引导和纠正，尽量使项目的实际成本控制在计划和预算范围内的管理过程。随着项目的进展，根据项目实际发生的成本额，不断修正原先的成本估算和预算安排，并对项目的最终成本进行预测的工作也属于项目成本控制的范畴。项目成本控制工作的主要内容包括：

(1) 识别可能引起项目成本基准计划发生变动的因素，并对这些因素施加影响，以保证变化朝着有利的方向发展。

(2) 以工作包为单位，监督成本的实施情况，发现实际成本与预算成本之间的偏差，查找出产生偏差的原因，做好实际成本的分析评估工作。

(3) 对发生成本偏差的工作包实施管理，有针对性地采取纠正措施，必要时可以根据实际情况对项目成本基准计划进行适当的调整和修改；同时，要确保所有的相关变更都准确地记录在成本基准计划中。

(4) 将核准的成本变更和调整后的成本基准计划通知项目的相关人员。

(5) 防止不正确的、不合适的或未授权的项目变动所发生的费用被列入项目成本预算。

(6) 在进行成本控制的同时，应该与项目范围变更、进度计划变更、质量控制等紧密结合，防止因单纯控制成本而引起项目范围、进度和质量方面的问题，甚至出现无法接受的风险。

有效成本控制的关键是经常及时地分析成本绩效，尽早发现成本差异和成本执行的无效率，以便在情况变坏之前能够及时采取纠正措施。一旦项目成本失控；要在预算内完成项目是非常困难的，如果项目没有额外的资金支持，那么成本超支的后果就是要么推迟项目工期，要么降低项目的质量标准，要么缩小项目的工作范围，这三种情况都是我们所不愿意看到的。

7.4.2 软件项目成本控制方法

1. 成本变更控制系统

这是一种项目成本控制的程序性方法，主要通过建立项目成本变更控制体系，对项目本进行控制。该系统主要包括成本变更申请、批准成本变更申请和变更项目成本预算三个部分。提出成本变更申请的人可以是项目业主/客户、项目管理者、项目经理等项目的一切项目干系人。所提出的项目成本变更申请呈交到项目经理或项目其他成本管理人员，然后这些成本管理者根据严格的项目成本变更控制流程，对这些变更申请进行一系列的评估，以确定该项变更所导致的成本代价和时间代价，再将变更申请的分析结果报告给项目业主/客户，由他们最终判断是否接受这些代价，核准变更申请。变更申请被批准后，需要对相关工作的成本预算进行调整，同时对成本基准计划进行相应的修改，注意成本变更控制系统应该与其他变更控制系统相协调，成本变更的结果应该与其他变更结果相协调。

2. 挣值管理

挣值管理是一种常用的绩效测量方法，可采用多种形式。它综合考虑项目范围、成本与进度指标，帮助项目管理团队评估与测量项目绩效和进展。挣值测量是一种基于综合基准的项目管理技术，以便依据该综合基准来测量项目期间的绩效。挣值管理的原理适

用于任何行业的任何项目。它针对每个工作包和控制账户,计算并监测以下三 个关键指标:

(1) 计划价值(PV):是为某活动或工作分解结构组成部分的预定工作进度而分配且经批准的预算。计划价值应该与经批准的特定工作内容相对应,是项目生命周期中按时段分配的这部分工作的预算。PV 的总和有时称为绩效测量基准(PMB)。项目的总计划价值又称为完工预算(BAC)。

(2) 挣值(EV):是项目活动或工作分解结构组成部分的已完成工作的价值,用分配给该工作的预算来表示。挣值应该与已完成的工作内容相对应,是该部分已完成工作的经批准的预算。EV 的计算必须与 PV 基准(PMB)相对应,且所得的 EV 值不得大于相应活动或 WBS 组成部分的 PV 预算值。EV 常用来描述项目的完工百分比。应该为每个 WBS 组成部分制定进展测量准则,用于考核正在实施的工作。项目经理既要监测 EV 的增量,以判断当前的状态,又要监测 EV 的累计值,以判断长期的绩效趋势。

(3) 实际成本(AC):是为完成活动或工作分解结构组成部分的工作,而实际发生并记录在案的总成本。它是为完成与 EV 相对应的工作而发生的总成本。AC 的计算口径必须与 PV 和 EV 的计算口径保持一致(例如,都只计算直接小时数、直接成本或包含间接成本在内的全部成本)。AC 没有上限,为实现 EV 所花费的任何成本都要计算进去。

实际绩效与基准之间的偏差也应监测:

进度偏差(SV)是项目进度绩效的一种指标。它等于挣值(EV)减去计划价值(PV)。EVM 进度偏差可用来表明项目是否落后于基准进度,因此是一种有用的指标。由于当项目完工时,全部的计划价值都将实现(即成为挣值),所以 EVM 进度偏差最终将等于零。最好把进度偏差与关键路径法(CPM)和风险管理一起使用。公式为

$$SV = EV - PV$$

成本偏差(CV)是项目成本绩效的一种指标。它等于挣值(EV)减去实际成本(AC)。项目结束时的成本偏差,就是完工预算(BAC)与实际总成本之间的差值。由于 EVM 成本偏差指明了实际绩效与成本支出之间的关系,所以非常重要。负的成本偏差一般都是不可弥补的。公式为

$$CV = EV - AC$$

还可以把 SV 和 CV 转化为效率指标,以便把项目的成本和进度绩效与任何其他项目做比较,或在同一项目组合内的各项目之间进行比较。偏差和指数都能说明项目的状态,并为预测项目成本与进度结果提供依据。

进度绩效指数(SPI)是比较项目已完成进度与计划进度的一种指标。有时与成本绩效指数(CPI)一起使用,以预测最终的完工估算。当 $SPI < 1.0$ 时,说明已完成的工作量未达到计划要求;当 $SPI > 1.0$ 时,则说明已完成的工作量超过计划。由于 SPI 测量的是项目总工作量,所以还需要对关键路径上的绩效进行单独分析,以确认项目是否将比计划完成日期提早或延迟完工。SPI 等于 EV 与 PV 的比值,即

$$SPI = EV/PV$$

成本绩效指数是比较已完成工作的价值与实际成本的一种指标。它考核已完成工作的成本效率,是 EVM 最重要的指标。当 $CPI < 1.0$ 时,说明已完成工作的成本超支;当

CPI >1.0 时,则说明到目前为止成本有结余。CPI 等于 EV 与 AC 的比值,即

$$CPI = EV/AC$$

对计划价值、挣值和实际成本等参数,既可以分阶段(通常以周或月为单位)进行监测和报告,也可以针对累计值进行监测和报告。

3. 预测技术

完工估算(EAC)是根据项目绩效和风险量化对项目总成本的预测。最常用的预测技术就是下述方法的不同形式:

EAC = 截至目前的实际成本(AC) + 所有剩余工作的新估算(ETC)

这种方法通常用于两种情况:一是过去的实施情况表明原来所做的估算假定彻底过时了;二是由于条件的变化原来的估算已不再适合。

EAC = 截至目前的实际成本(AC) + 剩余的预算(BAC - EV)

在目前的偏差被视为一种特例,并且项目团队认为将来不会发生类似的偏差情况下,常采用这种方法。

EAC = 截至目前的实际成本(AC) + 经实际成本绩效指数修改的剩余项目的预算(BAC - EV)/CPI 这种方法通常在把目前的偏差视为将来偏差的典型形式来使用。

4. 项目绩效评估

项目组需要召开绩效评估会议来估计项目活动的情况和进度。通常有以下绩效报告技术可以使用:

(1) 偏差分析:包括对比实际的项目完成结果和计划预期的结果。成本和计划表变化是最常用来分析的,但是来自计划内的范围、资源、质量、风险的变化通常是同样或者更加重要的。

(2) 趋势分析:指随时检查项目结果以确定绩效是改进了还是恶化了。

(3) 挣值分析:将计划结果与实际绩效结果和实际成本进行比较。

小　结

本章介绍了项目成本管理的基本概念、软件项目成本构成及影响成本的因素;简要介绍了项目资源计划制定的依据和步骤;详细介绍了软件项目成本估算的方法,即类推估算法、功能点法、经验成本估算模型和基于代码行的成本估算方法,以及成本预算的原则、依据、方法、步骤;最后介绍了项目成本控制的内容和进行成本控制的主要方法。

习　题

1. 简述影响软件项目的成本有哪些?
2. 软件开发项目成本估计过程中,通常会用到哪些方法?
3. 软件成本预算的特征和原则是什么?
4. 软件项目管理成本控制包含哪些内容?
5. 软件项目成本控制过程中,通常采用哪些方法?

第8章　软件项目质量管理

"开发出高质量的软件"是软件工程的一个重要目标,由于软件开发是一种智力创作性活动,不像传统工业那样通过执行严格的操作规范来保证软件产品的质量。无论生产什么产品,质量都是极其重要的,软件产品开发周期长,耗费巨大的人力和物力,更必须特别注意保证质量。但软件的高质量并不是"管理"出来的,而是"设计"出来的,质量的管理只是一种预防和认证的手段而已。开发人员需要了解软件质量的特性,包括正确性、易用性、灵活性、可复用性、可理解性等,才能在系统设计和程序设计的过程中溶入高质量的内涵。

质量管理是为了实现质量目标而进行的所有管理性质的活动。在质量方面的指挥和控制活动,通常包括制定质量方针和质量目标以及质量策划、质量控制、质量保证和质量改进。软件项目的质量管理,不仅确保项目最终交付的产品满足质量要求,而且还要保证项目实施过程中阶段性成果的质量,即保证软件需求说明、设计和代码的质量,包括各种项目文档的质量。本章从软件质量的基本概念、软件质量管理的发展过程及其实施、软件质量管理的内容进行叙述。

8.1　软件质量的基本概念

8.1.1　质量的含义与属性

1. 质量的含义

一般来讲,质量有"好"与"劣"的区别,但不是物理学上的质量概念,而是"质量"的另一层含义,即是与客户满意程度所关联的内涵,是衡量产品或工作的好与坏。

ISO8492 标准将质量定义如下:

产品或服务满足明确或隐含需求能力的特性和特征的集合。在合同环境下,需求是明确的;在其他环境下,隐含的需求需要识别和定义。

质量指的是那些可以度量的特征,即可以和已知标准进行比较的东西,如长度、颜色、电流等。质量分为设计质量和符合质量两种不同的类型。其中,设计质量是指设计者为一件产品规定的特征,如材料等级、耐久性和性能规格等;符合质量是指在制造过程中符合设计规格的程度。

IEEE 在《软件工程标准术语表》中指出质量是系统、部件或过程满足客户和用户明确需要或期望的不同程度。

在统一过程模型(Rational Unified Process,RUP)中,质量定义为:

(1) 满足或超出认定的一组需求;

(2) 使用经过认可的评测方法和标准来评估;

(3) 使用认定的流程来生产。

2. 质量的属性

质量具有客户属性、成本属性、社会属性、可测性和可预见性。

1) 客户属性

质量是相对客户而存在的,也是质量相对性的一种体现。组织的客户和其他相关方可能对同一产品的功能提出不同需求,也可能对同一产品的同一功能提出不同需求;需求不同,质量要求也就不同,只有满足需求的产品才是质量好的产品。

2) 成本属性

质量的成本属性也称为质量的经济性,主要体现在两个方面:一方面,从生产过程看,对质量要求越高,所投入的研发成本就越高;另一方面,质量越好的产品,带给社会的损失就越小,带来的经济效益就越高,而质量差的产品或服务,带给社会的损失就大,消耗的企业成本就越大。

3) 社会属性

质量与社会的价值观有直接的关系,体现的是一种理念,社会是不断发展、变化的,这种社会属性决定质量具有一定的时效性,即客户对产品或服务的需求和期望是不断变化的。

4) 可测性

产品的质量好坏也取决于对相应特征的衡量,可测性决定了质量的可控特性。

5) 可预见性

在了解客户需求的基础上,对质量目标可以预先定义,而后预测质量在设计、生产、销售、维护等不同过程中的结果。

8.1.2 软件质量的含义和特性

1. 软件质量的含义

软件质量是用户满足程度的描述和各种特性的复杂组合,随着应用的不同而不同,随着用户提出的要求不同而不同。概括地说,软件质量就是“软件与明确的和隐含定义的需求相一致的程度”。具体讲,软件质量是软件符合明确叙述的功能和性能需求、文档中明确描述的开发标准以及所有专业开发的软件都应具有的隐含特征的程度。

上述定义主要强调了以下三个方面:

(1) 软件需求是度量软件质量的基础,不符合需求就是质量不高。

(2) 规范化的标准定义了一些开发准则,用来指导软件人员进行软件开发,如果不遵照这些准则,则极有可能导致质量不高。

(3) 往往会有一些隐含的需求没有明确地提出来,如软件的可维护性等。如果软件只满足明确描述的或定义了的需求,但忽略了隐含的需求,软件的质量仍然是值得怀疑的,软件的质量也难以保证。

2. 软件的质量特性

软件产品的质量是软件工程的开发工作的关键问题,也是软件工程生产中的核心问题。软件的质量特性反映了软件的本质,通常用软件质量模型描述影响软件质量的特性。在著名的 McCall 模型中,软件质量被描述为正确性、可靠性、效率、完整性、可用性、可维护性、灵活性、可测试性、可移植性、复用性、互操作性 11 种特性,其质量模型如图 8.1 所示。

这些特性分别面向软件产品的运行、修订和变迁三个方面,通过定量化地度量软件属性便可以得知软件质量的水平。

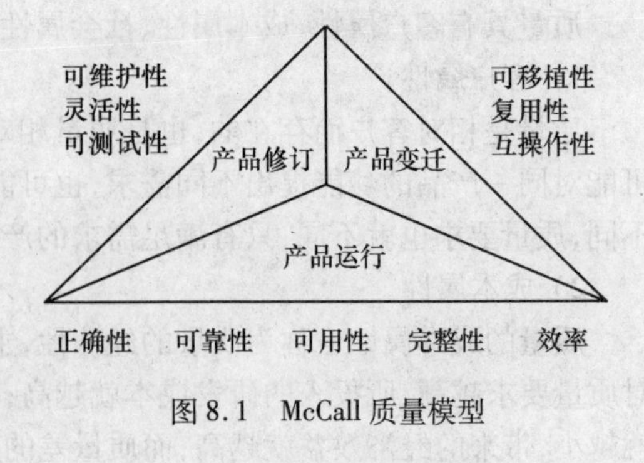

图 8.1 McCall 质量模型

1）正确性

正确性是一个十分重要的软件质量因素,它是系统满足规格说明和用户目标的程度,即在预定环境下能正确完成预期功能的程度。如果软件运行不正确或者不精确,就会给用户造成不便甚至损失。即使一个软件能 100% 地按照需求规格说明执行,但是如果需求分析有误,对客户而言这个软件也存在错误。即使需求分析完全符合客户的要求,但是如果软件没有 100% 地按需求规格说明执行,这个软件也存在错误。

2）可靠性

可靠性是指在一定的环境下,给定的时间内系统不发生故障的概率。可靠性原本是硬件领域的术语,如某个电子设备一开始工作很正常,但由于工作中发生了一些物理性质的变化(如发热),就会导致系统失常。所以一个设计完全正确的硬件系统,在工作中未必就是可靠的。软件在运行时不会发生物理性质的变化,人们会以为软件的某个功能是正确的,那么软件都是正确的。可是我们无法对软件进行彻底的测试,难以根除软件中潜在的错误。因此,在软件领域引入可靠性是十分有意义的。

3）效率

效率是指为了完成预定的功能,系统需要的计算机资源的多少。用户希望软件的运行速度高一些,占用资源少一些。程序员可以通过优化算法、数据结构和代码组织来提高软件系统的性能与效率。

4）完整性

对未授权人员访问软件或数据的可控制程度。

5）可用性

可用性是系统在完成预定应该完成的功能时令人满意的程度。完成软件的可用性要让用户来评价。导致软件可用性差的根本原因是,开发人员认为只要自己用起来方便,用户就一定会满意。

6）可维护性

可维护性是指诊断和改正在运行现场发现的错误所需要的工作量大小,即定位和修复程序中的一个错误所需的工作量。

7）灵活性

灵活性是指修改或改进一个已投入运行的系统需要的工作量的多少。

8）可测试性

可测试性是指软件容易测试的程度,是测试软件以确保其能够执行预定功能所需的工作量。

9）可移植性

可移植性是指把程序从一种硬件配置和软件系统环境转移到另一种配置和环境时，需要的工作量多少。有一种定量度量的方法是:程序设计和调试的成本与完成移植的费用之比。

10）复用性

复用性又称可再用性,一个软件(或部件)在其他应用中可以被再次使用的程度或范围。

11）互操作性

互操作性是指连接一个系统和另一个系统所需要的工作量多少。

8.1.3 影响软件质量的因素

影响软件质量的因素很多,例如,直接度量的因素,如单位时间内千行代码中产生的错误数;间接度量的因素,如可用性或可维护性。影响软件产品质量的因素对软件质量影响的程度、深度也不一样,如正确性和精确性就应该排在第一位,因为软件运行首先是正常运行;否则,软件产品就没有价值,更谈不上性能、可靠性等。在考虑影响软件质量的因素时,要根据客户的需要来判断因素之间的优先级,才能做好质量和成本之间的平衡。软件产品质量体现在软件产品运行、软件产品修订、软件产品变迁三个方面。

1. 影响软件产品运行质量的因素

(1) 处理流程:功能的每一步操作是否已实现,操作是否合乎逻辑。

(2) 算法:是否选用正确的或优化过的数值算法,计算精度是否满足要求。

(3) 界面:界面是否清晰,并且是否易于用户理解、操作。

(4) 资源使用:运行时占用的内存和时间是多少,资源使用后是否已释放。

(5) 异常和错误:系统是否能够判断出错信息,并重新初始化或者弹出提示信息。

2. 影响软件产品修订质量的因素

(1) 程序可读性:程序命名是否符合规范,注释是否充分,代码风格是否一致。

(2) 可理解性:程序中设计的每个对象、组件是否合理,而且是否容易理解。

(3) 可解释性:所有的文档是否都已经具备。

(4) 模块的耦合性:每个模块是否比较独立,模块之间的关系是否既简单又清楚。

(5) 自定义性:功能的设置是否可以通过外部数据库、配置文件实现,是否有死代码。

(6) 可预见性:预先是否知道每个功能达到的预期结果。

3. 影响软件产品变迁质量的因素

(1) 操作系统的独立性:产品是否可以不修改或者很少修改就可以在不同的操作系统上运行。

(2) 硬件的独立性:产品是否通过虚拟端口、驱动程序区实现和硬件集成。

(3) 数据的独立性:数据是否和程序进行有效分离。

(4) 系统的裁剪性:是否可以根据需要抽取系统的若干部分组成一个新的系统。

8.2 软件质量管理的发展过程及其实施

8.2.1 软件质量管理的发展过程

软件的质量是软件开发各阶段质量的综合反映，每个阶段都可能带来产品的质量问题，因此软件的质量管理贯穿了整个开发周期。软件质量管理是一个全组织、多角色共同参与的、复杂的系统过程，好的软件质量是各级软件管理人员孜孜追求的最高梦想。软件质量管理的发展过程大致经历了质量检验阶段、统计质量控制阶段、全面质量管理阶段。

1. 质量检验阶段

20 世纪前，产品质量属于“操作者的质量管理”，主要依靠操作者的技术水平和经验来保证，20 世纪初，随着以 F. W. 泰勒为代表的科学管理理论的产生，促使了产品的质量检验从加工制造中分离出来，随着企业生产规模的扩大和产品复杂程度的提高，产品有了一定的技术标准，公差制度也日趋完善，各种检验工具和检验技术也随之发展，大多数企业开始设置检验部门，有的直属于厂长领导，这是“检验员的质量管理”。

2. 统计质量控制阶段

1924 年，美国数理统计学家 W. A. 休哈特提出控制和预防缺陷的概念。运用数理统计的原理，提出了在生产过程中控制产品质量的“6σ”法，绘制出第一张控制图并建立了一套统计卡片。与此同时，美国贝尔研究所提出关于抽样检验的概念及其实施方案，成为运用数理统计理论解决质量问题的先驱，但当时并未被普遍接受。

3. 全面质量管理阶段

20 世纪 50 年代以来，随着生产力的迅速发展和科学技术的日新月异，人们对产品的质量从注重产品的一般性能发展为注重产品的耐用性、可靠性、安全性、维护性和经济性等。在生产技术和企业管理中要求运用系统的观点来研究质量问题。在管理理论上突出重视人的因素，强调依靠企业全体员工的努力来保证质量。此外，还有“保护消费者利益”运动的兴起，企业之间市场竞争越来越激烈。在这种情况下，60 年代初，美国的 A. V. 费根鲍姆给出了全面质量管理的概念，提出了全面质量管理是“为了能够在最经济的水平上并考虑到充分满足顾客要求的条件下进行生产和提供服务，并把企业各部门在研制质量、维持质量和提高质量方面的活动构成为一体的一种有效体系”。我国从 1978 年开始推行全面质量管理，并取得了一定的成效。

8.2.2 软件质量管理的实施

软件质量管理在项目实施中主要围绕着技术评审、过程检查、软件测试三方面进行质量管理。由于很多项目实施中没有专门的质量人员，项目经理应该更多地去组织技术评审和安排人员进行过程检查，同时让软件测试人员承担一些质量保证工作，以下进行具体介绍。

1. 项目实施中的技术评审

技术评审可以把一些软件缺陷消灭在代码开发之前，尤其是一些架构方面的缺陷。在项目实施中，应该优先对项目计划、软件架构设计、数据库逻辑设计、系统概要设计等一些重要环节进行技术评审,主要有项目计划、软件架构设计、数据库逻辑设计、系统概要设计等环节。如果时间和资源允许,可以适当增加评审内容。项目实施中技术评审内容见表8.1所列。

表8.1 项目实施中技术评审

评审内容	评审重点	评审方式
项目计划	评审进度安排是否合理,否则进度安排将失去意义	整个团队相关人员共同进行讨论、确认
软件架构设计	架构决定了系统的技术选型、部署方式、系统支撑开发用户数量等诸多方面,这些都是评审重点	邀请客户代表、领域专家进行较正式的评审
数据库逻辑设计	数据库的逻辑设计不仅影响程序设计,也影响未来数据库的性能表现	进行非正式评审,在数据库设计完成后,可以把结果发给相关技术人员,进行“头脑风暴”方式的评审
系统概要设计	重点是系统接口的设计。接口设计得合理,可以大大节省时间,尽量避免返工	设计完成后,相关技术人员一起开会讨论

很多软件项目由于性能等诸多原因最后导致失败,实际上都是由于设计阶段技术评审做的不够。为了节省时间,关键工作仅由某部分人员执行,以及整个项目的成败依赖于某些“个人英雄”等做法都是错误的,重要的技术评审工作是不能忽略的。

2. 项目实施中的过程检查

项目实施中的过程检查主要是进行“进度检查”。在项目执行过程中,应不断地检查项目计划与实际进度是否存在偏差,如果存在偏差就立即找出问题的根源,然后消除引起问题的因素,从而避免问题不断放大。

版本检查在项目实施中也是需要关注的,尤其在进行测试时,版本混乱会带来很大麻烦。此外,项目实施也应该注意文档检查,尤其是一些关键文档的质量,如用户手册等。

3. 项目实施中的软件测试

在项目实施过程中,软件测试的工作量所占比重最大。软件测试应该做好测试用例设计、功能测试、性能测试、缺陷跟踪与管理等工作。

(1) 测试用例设计:项目实施中设计测试用例应该根据进度安排,优先设计核心应用模块或核心业务相关的测试用例。

(2) 功能测试:软件首先应该从功能上满足用户需求,功能测试是质量管理工作中的重点。而且在产品试运行前,功能测试一定要开展好,否则将会发生“让用户来执行测试”的情况,后果非常严重。

(3) 性能测试:在实施项目过程中,应该充分考虑软件的性能。性能测试可以根据用户对软件的性能需求来开展,通常系统软件和银行、电信等特殊行业应用软件对性能要求较高,应该尽早进行,这样更易于尽早解决问题。

(4) 缺陷跟踪与管理:此项工作也经常被忽略,测试人员在项目实施中应采用一些工具进行缺陷管理与跟踪,保证任何缺陷都得到妥善的处理。

此外，对于一些项目，除了测试人员进行测试外，也可以考虑让开发人员互相进行测试，这样也可以发现很多缺陷。

项目实施中的质量管理工作存在很多不可控制的因素，是非常复杂的。例如，没有质量管理人员及测试环境不具备等。因此，项目实施中的质量管理原则应该是"最大限度地去提高质量"。只有这样，才能更好地利用现有资源尽可能地提高质量。

8.2.3 软件质量管理的原则

在软件项目实施过程中，由于进度和成本的影响，质量管理与产品开发存在很大的差别。因此，在项目实施中做好质量管理工作应该遵循管理的原则。

1. 从用户角度出发，以顾客为中心

质量管理是实现用户需求的质量的管理。这需要把质量管理和用户的关系，以及把用户的需求和整个团队（开发组、测试组、产品组、项目组等）进行沟通管理。在开发软件项目过程中，应以用户为中心，明确用户当前的或未来的需求，并能够达到用户的需求，甚至超出用户的期望，这是整个软件工程的重点。

2. 领导作用

"领导者需要建立一个团结的、统一的、有明确方向的团队。这个团队可以创造并维护一种良好的内部气氛，这种氛围可以使所有人都能够参与进来，从而达到整个团队的目标。"为此，在整个软件开发过程中，需要有一个有前瞻性的领导，能为整个团队创建一种相互信任的环境，并创建一种策略来达到这些目标。

3. 团队成员的主动参与性

"软件项目开发的团队成员有不同的分工和职责，只有所有的团队成员都参与进来，整个项目或是整个软件的各个部分、各个方面才会得到完美的发挥。"为此，让团队成员有主人翁精神，觉得自己是工作或任务的所有者，是能否让所有成员主动参与的关键。还需要让每个被参与者都要从关注用户的角度出发，并且帮助和支持团队成员，为他们营造一个比较满意的工作环境。

4. 流程方法

"运用一个非常有效率的流程或方法，把所有的资源和日常工作活动整合在一起，形成一种生产线式的生产模式"，为此，需要定义一个合适的流程。这个流程需要有确定整个日常生产活动的输入、输出及其功能。风险管理、分配责任以及管理外部和内部的用户。

5. 管理的系统方法

"确定，理解，并管理一个系统相关的流程，使得整个团队能够有效、快速地自我改善。"为此，定义一个高效、有效的系统的组织架构，而且需要了解到团队的需求及一些可能会发生的限制，这样才能更有效地管理整个团队系统。

6. 持续的改进

"持续的改进是一个团队需要给自己设定的永久目标"，为此，工作效率上的改进是整个改进的重点。工作效率在很大程度上取决于工作流程的改进，流程改进是需要长期不断的去努力、去改进。一般来说，要达到这一目标，可以使用"计划——执行——检查——总结"这样的循环过程进行。

7. 基于事实的决策方法

“只有基于对实际数据和信息的分析后，才能制定出有效的决策和行动”，为此，需要我们注意日常数据和信息的收集，并且需要精确地测量采集到的数据和信息，这样才能在进行决策和行动时能基于正确的数据。

8. 互惠互利

“一个团队中的各个部门或各个子团队虽然在功能上是独立的，但是，一个互惠互利的局面可以增强整个团队或公司的整体能力并创建更大的价值。”为此，我们需要一个健康的团队。好的沟通只能让团队获益一时，而建立一个长期互惠互利关系或局面，才是长期。

8.3 软件质量管理的内容

8.3.1 软件项目的质量计划

质量计划是进行项目质量管理、实现项目质量方针和目标的具体规划。它是项目管理规划的重要组成部分，也是项目质量方针和质量目标的分解和具体体现。质量计划是一次性实施的，项目结束时，质量计划的有效性就结束。在每个项目开始之前，都需要有一个详细的质量计划，一般质量计划包含如下内容：

(1) 计划的目的和范围；

(2) 该质量计划参考的文件列表；

(3) 质量目标，包括总体目标和分阶段或分项的质量目标；

(4) 质量的任务，即在项目质量计划中要完成的任务，包括组织流程说明会、流程实施指导、关键成果（需求说明、设计和代码等）的评审等；

(5) 参与质量管理的相关人员及其责任，如在软件开发的不同阶段，项目经理、开发小组、测试小组、QA 等负有什么样的责任；

(6) 为项目的一些关键文档（如程序员手册、测试计划、配置管理计划）提出要求；

(7) 重申适合项目的相关标准，如文档模板标准、逻辑结构标准、代码编写标准等；

(8) 评审的流程和标准，如明确地区分技术评审和文档评审的不同点等；

(9) 配置管理要求，如代码版本控制、需求变更控制等；

(10) 问题报告和处理系统，确保所有的软件问题都被记录、分析和解决，并被归入到特定的范畴和文档化，为将来的项目服务；

(11) 采用的质量控制工具、技术和方法等。

制定质量计划的主要方法有利益/成本分析、基准、流程图、试验设计。质量计划必须综合考虑利益/成本的交换，满足质量需求的主要利益体现在减少重复性工作，避免返工，从而达到高产出、低支出以及增加投资者的满意程度；基准主要是通过与其他同类项目的质量计划制定和实施过程的比较，为改进项目实施过程提供思路和可参考的标准；流程图可以帮助项目组提出解决所遇质量问题的相关方法；试验设计对于分析和识别对整个项目输出结果最具影响的因素是有效的。

制定质量计划的要求如下：

（1）项目应达到的质量目标和所有特性的要求；

（2）确定项目中的质量活动和质量控制程序；

（3）项目不同阶段中，职责、权限、交流方式以及资源分配；

（4）确定项目采用的控制手段，合适的验证手段和方法；

（5）确定和准备质量记录。

制定质量计划的步骤如下：

（1）了解项目的目标、用户需求和项目的实施范围等基本情况，收集项目的相关资料；

（2）确定项目的总体质量目标，而后根据总体目标和用户需求建立各个具体的质量目标；

（3）围绕质量目标，确定要进行的具体活动和工作任务；

（4）根据项目的规模、特点、进度计划和具体质量目标，建立项目的质量管理组织机构；

（5）最后制定项目的质量控制程序，进行项目质量计划的评审。

8.3.2 软件项目的质量保证

质量保证是质量管理的一部分，是为保证产品和服务充分满足消费者要求的质量，进行的有计划有组织的活动，致力于提供对满足质量要求的信任。质量要求包括产品、过程和体系的要求，必须完全反映顾客的需求，才能帮助顾客建立对产品的信任。“帮助建立对质量的信任”是质量保证的核心，可以分为内部质量保证和外部质量保证两种。内部质量保证是组织为自己的管理者建立信任，外部质量保证是组织为外部客户或其他方建立信任。

软件质量保证（Software Quality Assurance，SQA）是建立一套有计划、有系统的方法，来向管理层保证，拟订出的标准、步骤、实践和方法能够正确地被所有项目所采用。软件的质量保证是向用户及社会提供满意的高质量产品。其目的是，使软件过程对于管理人员来说是可见的。它通过对软件产品和活动进行评审及审计来验证软件是否合乎标准。软件质量保证组在项目开始时就一起参与建立计划、标准和过程，这些将使软件项目满足机构方针的要求。

它包括的主要功能如下：

（1）制定和展开质量方针；

（2）制定质量保证方针和质量保证标准；

（3）建立和管理质量保证体系；

（4）明确各阶段的质量保证业务；

（5）坚持各阶段的质量评审；

（6）确保设计质量；

（7）提出与分析重要的质量问题；

（8）总结实现阶段的质量保证活动；

（9）整理面向用户的文档、说明书等；

（10）鉴定产品质量，鉴定质量保证体系；

(11) 收集、分析和整理质量信息。

软件质量保证流程通常有以下两种标准：

(1) 产品标准：通常套用在软件产品上，包括文件标准、文件制作标准，以及如何使用程序语言的程序撰写标准；

(2) 流程标准：定义了在软件开发期间应该遵循的流程，包括规格定义、设计与确认流程，以及这些流程所撰写的文件描述。

软件质量保证的措施主要包括基于非执行的测试、基于执行的测试和程序正确性证明。基于非执行的测试也称复审，主要用来保证在编码之前各阶段产生的文档的质量；基于执行的测试需要在程序编写出来之后进行，它是保证软件质量的最后一道防线；程序正确性证明使用数学方法来严格验证程序是否与对它的说明完全一致。

参加软件质量保证过程的活动形式主要有：

(1) 建立软件质量保证活动的实体；

(2) 制定软件质量保证计划；

(3) 坚持各阶段的评审和审计，跟踪其结果并做出处理；

(4) 监控软件产品的质量；

(5) 采集软件质量保证活动的数据；

(6) 对采集到的数据进行分析、评估。

软件项目的质量保证包括对项目进行评价、推测能否达到质量指标、建立对项目的信心等内容，是项目中的一项重要工作。其工作步骤包括软件质量保证规划、软件质量保证执行、软件质量保证结果与追踪。质量管理体系的建立和运行是质量保证的基础和前提，质量管理体系将所有的技术、管理和人员方面等影响质量的因素，采取有效的方法进行控制，因而具有减少、消除、预防不合格的机制。

8.3.3 软件项目的质量控制

质量控制(Quality Control,QC)是质量管理的一部分，是项目管理组的人员采取有效措施监督项目的具体实施结果，判断它们是否符合有关的项目质量标准，并确定消除会产生不良结果的因素，即进行质量控制是确保项目质量得以圆满实现的过程。质量控制是一个设定标准、测量结果，判定是否达到了预期要求，对质量问题采取措施进行补救并防止再发生的过程，但质量控制不是检验。质量控制适用于对组织任何质量的控制，不仅用于生产领域，还适用于产品的设计、生产原料的采购、服务的提供、市场营销、人力资源的配置，它涉及组织内几乎所有活动。其目的是保证质量，满足要求。质量控制的主要结果包括接受决策、返工、流程调整。

软件质量控制可通过审查、浏览、检验、审核的方法完成。

(1) 审查：主要通过会议找出软件潜在的错误，以确保软件的质量。

(2) 浏览：针对需求规格文件、设计文件、程序代码、测试计划的进行内部非正式的快速审查；此方法可在早期侦测出可能的潜在错误并及时修正，但可能产生不同的意见结果，而且不能减少再犯错误的机会。

(3) 检验：主要由有经验的专家进行检验，并且按照特定的步骤进行，实施过程分别为规划、简报、会议前的准备、进行、返工与催促。

(4) 审核:为保证软件能够符合软件质量规划书中的质量规格与标准,定期实施审核工作,以尽早发现软件的缺陷,并找出发生问题的原因。

项目质量控制活动一般保证由内部或外部机构进行监测管理的一致性,发现与质量标准的差异,消除产品或服务过程中性能不能被满足的原因,审查质量标准以决定可以达到的目标及考察成本—效率问题,需要时还可以修订项目的质量标准或项目的具体目标。总之,软件项目的质量控制主要是针对项目的关键交付物是否达到要求的项目质量标准的控制过程,是一个确保生产出来的产品满足用户需求的过程,包括检查工作结果、按照标准跟踪检查、确定措施消灭质量问题。

小 结

本章首先介绍了质量的含义与属性,软件质量的含义和特性,影响软件质量的因素;然后介绍软件质量管理的发展过程及其实施过程中的具体评审内容;最后从软件项目的质量计划、软件项目的质量保证、软件项目的质量控制方面分析了软件质量管理的内容。

习 题

1. 什么叫质量?什么叫软件质量?
2. 通过一个具体的软件项目实例,分析软件质量特性的具体表现。
3. 如何看待软件质量的地位?
4. 影响软件质量的主要因素有哪些?分析保证软件项目质量的具体措施有哪些?
5. 简述软件质量计划包括哪些内容?
6. 软件质量控制和软件质量保证之间有何区别?

第9章　软件项目风险管理

风险管理能力是项目经理重要的技能之一。项目是在复杂的自然和社会环境中进行的,受众多因素的影响。对于这些内外因素,从事项目活动的主体往往认识不足或者没有足够的力量加以控制。项目的过程和结果常常出乎人们的意料,有时不但未达到项目主体预期的目的,反而使其蒙受各种各样的损失;而有时又会给他们带来很好的机会。项目同其他经济活动一样带有风险。要避免和减少损失,将威胁化为机会,项目主体就必须了解和掌握项目风险的来源、性质和发生规律,进而施行有效的管理。

对项目风险进行管理,国际上已经成为项目管理的重要方面。例如,世界银行对每一个贷款项目都进行风险分析,制定风险管理计划,写在有关的文件之中,并付诸行动。在项目所处的自然、经济、社会和政治环境中,每一个项目都有风险。完全避开或消除风险,或者只享受权益而不承担风险,是不可能的。另一方面,对项目风险进行认真的分析、科学的管理,是能够避开不利条件、少受损失、取得预期的结果并实现项目目标的。在世界许多地方,风险管理已经成为管理科学的重要内容。本章将介绍如何将风险管理这门科学应用于项目管理之中。

9.1　概　述

9.1.1　风险与风险管理

虽然不能说项目的失败都是由于风险造成的,但成功的项目必然有效地进行了风险管理。任何项目都有风险,这是由于项目中总是有这样那样的不确定因素,所以无论项目进行到什么阶段,无论项目的进展多么顺利,随时都会出现风险,进而产生问题。风险管理就是要争取避免风险的发生或尽全力减小风险发生后的影响。那么什么是风险呢?

英语的“风险”一词“risk”起源于意大利语“risicare”一词,意思是“敢于”。卡内基·梅隆大学的软件工程研究所(CMU/SEI)将风险定义为损失的不确定性。损失的不确定性是指实际结果与预期结果的变动程度而言,变动程度越大,风险就越大;反之,风险就越小。风险具有发生的客观性和损失的不确定性。这表示风险具有可能性和损失两大属性。可能性是指风险发生的概率;损失是指预期与后果之间的差异。一般用可能性和损失的乘积来记录风险损失。

研究风险产生的原因,可以发现风险常和这样一些词紧紧相联:“目标”、“损失”和“或然”等。

1. 目标

如果没有任何目标,人们不必考虑任何风险,更不必研究风险。因为无论一项活动进行怎样都无所谓,任何状况和可能的后果都是人们愿意坦然接受的。然而,无论是一项活动或安排等，在初期人们总是有一个或者一些目标和期望，例如希望挑战太空成功，或定要办好奥运会等。因此，有明确的目标是出现风险的一个必要条件。

2. 损失

未知事物发展的最终结果可能是收益、机会，也可能是损失或伤害。人们通常认为不利的才是风险，对预期的收益、机会等大多不认为是风险。如果没有潜在的损失，就没有风险，因此风险是潜在的损失或损害等不好的结果或机会的丧失。由此可见，造成损失是风险的一个最本质的特征。

3. 或然

由于没有人可以准确地预知未来，所以人们不知道在向目标前进的过程中会出现哪些情况，甚至不知道目标是否会实现。在追求目标的过程中，不确定性或者是未知的因素很多，如自然环境及人为因素等。受诸多因素的综合影响，也许会出现有利事件，也许会出现不利事件。什么时间发生、什么条件下发生大都难以把握，因此或然性是风险的一个显著特征。

风险管理是指经济单位通过风险识别、风险估测、风险评价，对风险实施有效的控制并妥善处理风险所致的损失，从而达到以最小的成本获得最大安全保障的管理活动或行为。

风险管理是一种涉及社会科学、工程技术、系统科学和管理科学的综合性多学科管理手段，它是涵盖了风险识别、分析、计划、监督与控制等活动的系统过程，也是一项实现项目目标机会最大化与损失最小化的过程。风险管理开始时，通常并不知道风险是什么。风险管理过程就是从一堆模糊不清的问题、担心和未知开始，逐步将这些不确定因素加以辨识、分析，并进而风险管理。它是一个持续不断的过程，贯穿于项目周期的始终。

风险事件造成的损失或减少的收益以及为防止发生风险事件采取预防措施而支付的费用，都构成了风险成本。

风险成本包括风险损失的有形成本、风险损失的无形成本以及风险预防与控制的费用。

1. 风险损失的有形成本

风险损失的有形成本包括风险事件造成的直接损失和间接损失。直接损失指财产损毁和人员伤亡的价值，如压缩空气机房在施工过程中失火，直接损失包括空压机的重置成本，以及受伤人员的医疗费、休养费、工资等。间接损失指直接损失以外的它物损失、责任损失，以及因此而造成的收益的减少，包括因灭火扑救、停工等发生的费用。

2. 风险损失的无形成本

风险损失的无形成本指由于风险所具有的不确定性而使项目主体在风险事件发生之前或之后付出的代价。主要表现在：风险损失减少了机会；风险阻碍了生产率的提高；风险造成资源分配不当。

3. 风险预防与控制的费用

为了预防和控制风险损失，必然要采取各种措施。如向保险公司投保、向有关方面咨询、配备必要的人员、购置用于预防和减拨的设备、对相关人员进行必要的教育或训练，以及人员和设备的维持和维护费用等，这些费用既有直接的，也有间接的。一般来讲，只有当风险事件的不利后果超过为项目风险管理而付出的代价时，才有必要进行风险管理。

风险成本不仅由项目主体来负担，在许多情况下，与项目活动有关的其他方面，客观上也要负担一部分风险成本。项目主体负担的那部分为个体负担成本，其他有关方面负担的部分为社会负担成本。

9.1.2 软件项目风险

软件风险是有关软件项目、软件开发过程和软件产品损失的可能性。由于软件生产的特殊性，软件风险包括软件项目风险、技术风险和商业风险。

软件项目风险指潜在的预算、进度、人力、资源、客户和需求等方面的问题以及它们对软件项目的影响。软件项目风险威胁项目计划，如果风险变成现实，有可能会拖延项目的进度，增加项目的成本。软件项目风险的因素还包括项目的复杂性、规模及结构的不确定性。

技术风险是指潜在的设计、实现、验证和维护等方面的问题。此外，规约的二义性、陈旧技术缺乏竞争力、先进技术带有的不确定性以及技术人员的流动性也都是风险因素。技术风险威胁软件的质量和交付时间，如果技术风险变成现实，则开发工作可能变得很困难或者走向失败。

商业风险威胁到要开发软件的生存能力。主要的商业风险，如市场降温、公司运营战略转变及资金链断裂等都会危害项目或产品研发。

项目风险是一种不确定的事件或条件，一旦发生将会对项目目标产生某种正面或负面的影响。风险有其成因，同时，如果风险发生，也导致某种后果。举例来说，风险成因可能是需要获取某种许可，或是项目的人力资源受到限制。风险事件本身则是获取许可所花费的时间可能比计划要长，或许没有充足的人员来完成项目工作。以上任何一种不确定事件一旦发生，都会给项目的成本、进度计划或质量带来某种后果。风险条件可能包括组织环境中导致项目风险的某些因素，如不良的项目管理或对不能控制的外部参与方的依赖。

项目风险既包括对项目目标的威胁，也包括促进项目目标的机会。风险源于所有项目之中的不确定因素。虽然项目经理可以依据以往类似项目的经验识别和分析的风险。对于已知风险，进行相应计划是可能的。虽然项目经理可以依据以往类似项目的经验，采取一般的应急措施处理未知风险，但未知风险是无法管理的。

组织对风险予以关注，是因为风险与项目的威胁相关联。对项目构成威胁的某些风险，如果与所冒风险的回报相平衡，可能会被接受。例如，对于可能延期的进度采用"快速跟进"，冒此风险是为了达到工期提前的目的。

项目不同阶段会有不同的风险，风险大多数随着项目的进展而变化，不确定性会随之逐渐减少。最大的不确定性存在于项目的早期。项目各种风险中，进度拖延往往是费用超支、现金流出以及其他损失的主要原因。为减少损失而在早期阶段主动付出必要的代价要比拖到后期阶段迫不得已采取措施好得多。

9.1.3 软件项目风险管理

如图 9.1 所示，软件项目风险管理几乎贯穿了软件项目中的全过程，作为项目经理，必须评估项目中的风险，制定风险应对策略，有针对性地分配资源，制订计划，保证项目顺利的进行。

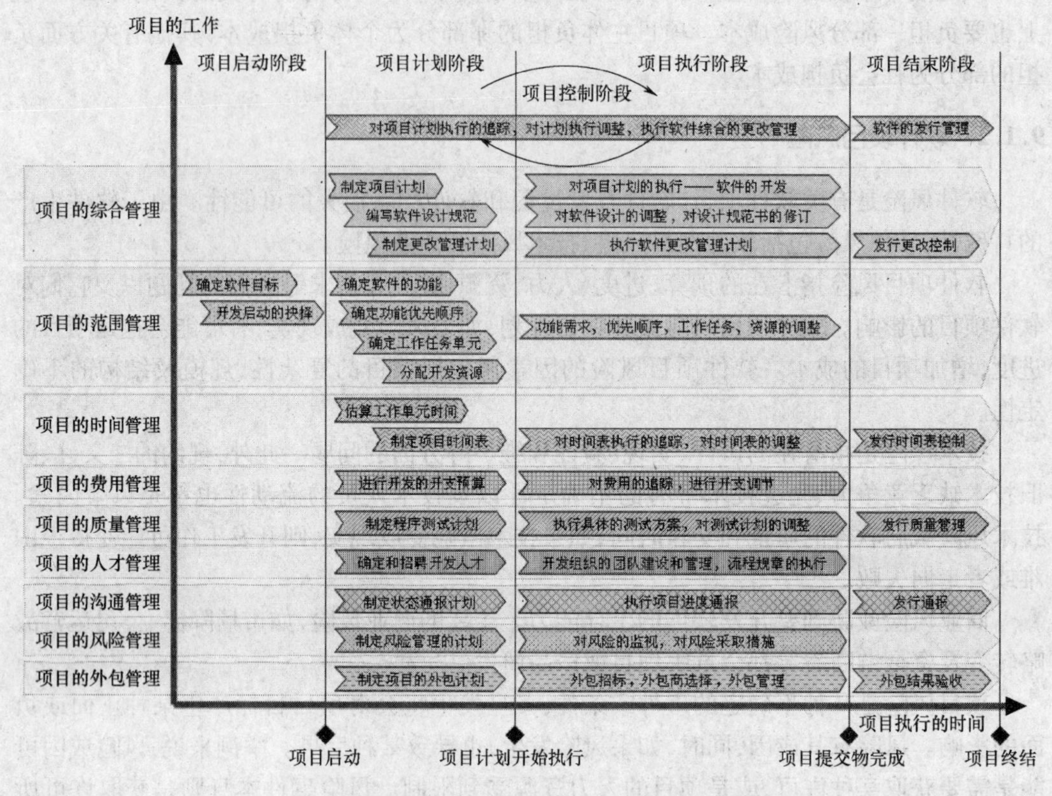

图 9.1　项目管理领域知识在软件开发项目生命周期中的应用

软件项目风险管理主要包括以下过程：

(1) 风险管理计划编制。决定了如何动手处理,规划和实施项目的风险管理活动。

(2) 风险识别。识别风险和风险来源,决定了哪些风险会对项目造成影响,并记录这些风险的属性。

(3) 风险分析。对项目的风险进行优先级排序;估计风险的可能性与后果;评估测量风险出现的概率和严重程度;策划如何解决风险;制定风险解决方案,并为选择的方法定义行动计划;建立起点,帮助决定何时执行风险行动计划。

(4) 风险应对。制定风险计划,按计划对风险做出反应,执行风险行动计划,报告风险应对措施的结果,直到风险降低的可接受范围。

(5) 风险监控。监控计划的起点和风险的状态;比较起点和状态以决定变化;识别新的风险。

(6) 风险管理验证。保证项目实施无偏差地执行项目风险管理计划。需要制定评审标准,设定恰当的期望值。评审的目的是理解风险管理计划的活动、行为人和典型产物,为符合审计做准备。

上述过程不仅彼此相互作用,而且还与其他知识领域中的过程相互作用。基于项目的具体需要,每个过程都可能需要一人或多人的努力。每个过程在每个项目中至少进行一次,并可在项目的一个或多个阶段(如果项目被划分为多个阶段)中进行。虽然在本章中,各过程以界限分明、相互独立的形式出现,但在实践中它们可能以本章未详述的方式相互交叠、相互作用。

项目需要以有限的成本,在有限的时间内达到项目目标,而风险会影响这一点。风险管理的目的就是最小化风险对项目目标的负面影响,抓住风险带来的机会,增加项目干系人的收益。项目风险管理是项目管理的一部分,目的是保证项目总目标的实现。风险管理与项目管理其他过程的关系如下:

(1) 从项目的成本、时间和质量目标来看,风险管理与项目管理目标一致。项目风险管理把风险导致的各种不利后果减少到最低程度,正符合各项目有关方在时间和质量方面的要求。

(2) 从项目范围管理上来看,项目范围管理主要内容之一是审查项目和项目变更的必要性。一个项目之所以启动、被批准并付诸实施,无非是社会和市场对项目的产品和服务有需求。风险管理通过风险分析,对这种需求进行预测,指出社会和市场需求的可能变动范围,并计算出需求变动时项目的盈亏大小。这就为项目的财务可行性研究提供了重要依据。项目在进行过程中,各种各样的变更是不可避免的。变更之后,会带来某些新的不确定性。风险管理正是通过风险分析来识别、估计和评价这些不确定性,向项目范围管理提出任务。

(3) 从项目管理的计划职能来看,风险管理为项目计划的制订提供了依据。项目计划考虑的是未来,而未来充满着不确定因素,项目风险管理的职能之一恰恰是减少项目整个过程中的不确定性。这一工作显然对提高项目计划的准确性和可行性有极大的帮助。

(4) 从项目的成本管理职能来看,项目风险管理通过风险分析,指出有哪些可能的意外费用,并预计出意外费用的多少。对于不能避免但是能够接受的损失也计算出数量,列为一项成本。这就为在项目预算中列入必要的应急费用提供了必要依据,从而增强了项目成本预算的准确性和现实性,能够避免因项目超支而造成项目各有关方的不安,有利于坚定人们对项目的信心。因此,风险管理是项目成本管理的一部分。没有风险管理,项目成本管理则不完整。

(5) 从项目的实施过程来看,许多风险都在项目实施过程中由潜在变成现实。无论是机会还是威胁,都在实施中见分晓。风险管理就是在认真地分析风险的基础上,拟订出各种具体的风险应对措施,以备风险事件发生时采用。项目风险管理的另一内容是对风险实行有效的控制。

项目可支配的所有资源中,人是最重要的。项目人力资源管理通过科学的方法激励项目团队,调动项目有关各方全体人员的积极性,推动项目的顺利进展。另外,项目风险管理通过风险分析,指出某些风险与人有关,项目团队成员身心状态的哪些变化会影响到项目的实施。

9.2 风险管理计划编制

凡事预则立,不预则废。制订风险管理计划是风险管理的开始环节,也是风险管理的关键环节。后续的风险识别、风险分析、风险跟踪都需要建立在风险管理计划的基础上。在风险管理计划中需要定义风险管理活动、风险级别、类型等内容。一般在项目计划早期就要考虑项目中的风险管理计划。

风险管理计划非常重要，它可以确保风险管理的程度、类型和可见度与风险以及项目对组织的重要性相匹配。风险管理计划的重要性还在于为风险管理活动安排充足的资源和时间，并为评估风险奠定一个共同认可的基础。风险管理计划在项目构思阶段就应开始，并在项目规划阶段的早期完成。

9.2.1 风险管理计划编制的依据

风险管理计划的依据包括：

(1) 项目范围说明书。项目范围说明书能让人们清楚地了解与项目及其可交付成果有关的各种可能性，并建立一个框架，以便人们了解最终可能需要多大程度的风险管理。

(2) 项目成本管理计划。项目成本管理计划定义了应该如何核定和报告风险预算、应急储备和管理储备。

(3) 进度管理计划。进度管理计划定义了应该如何核定和报告进度应急储备。

(4) 沟通管理计划。沟通管理计划定义了项目中的各种互动关系，并明确由谁在何时何地来共享关于各种风险及其应对措施的信息。

(5) 事业环境因素。可能影响风险管理过程的事业环境因素包括组织对风险的态度和承受力，它们代表组织愿意和能够承受的风险程度。

9.2.2 风险管理计划编制的方法

项目团队需要举行规划会议来制定风险管理计划。参会者包括：项目经理、相关项目团队成员和干系人、组织中负责管理风险规划和应对活动的人员，以及其他相关人员。会议确定实施风险管理活动的总体计划；确定用于风险管理的成本种类和进度活动，并将其分别纳入项目的预算和进度计划中；建立或评审风险应急储备的使用方法；分配风险管理职责；根据具体项目的需要，“剪裁”组织中有关风险类别和术语定义等的通用模板，如风险级别、不同风险的概率、对不同目标的影响，以及概率影响矩阵。如果组织中缺乏可供风险管理其他步骤使用的模板，会议也可能要制定这些模板。这些活动的输出将汇总在风险管理计划中。

9.2.3 风险管理计划内容

风险管理计划包括以下内容：

(1) 方法论。确定项目风险管理将使用的方法、工具及数据来源。

(2) 角色与职责。确定风险管理计划中每项活动的领导者和支持者，以及风险管理团队的成员，并明确其职责。

(3) 预算。分配资源，估算风险管理所需的资金，将其纳入成本绩效基准，并建立应急储备的使用方案。

(4) 时间安排。确定在项目生命周期中实施风险管理过程的时间和频率，建立进度应急储备的使用方案，确定应纳入项目进度计划的风险管理活动。

(5) 风险类别。风险类别提供了一个框架，确保在同一细节水平上全面、系统地识别各种风险，并提高识别风险过程的效果和质量。组织可使用预先准备好的分类框架，它可能是一个简易分类清单或风险分解结构(RBS)。RBS 是按风险类别和子类别来排列已识别的项目风险的一种层级结构,用来显示潜在风险的所属领域和产生原因。

(6) 风险概率和影响的定义。需要对风险的概率和影响划分层次,来确保实施定性风险分析过程的质量和可信度。在规划风险管理过程中,应该根据具体项目的需要来“剪裁”通用的风险概率和影响定义,供实施定性风险分析过程使用。

(7) 风险评判标准。应该根据风险可能对项目目标产生的影响,对风险进行优先排序。将风险划分成高、中、低级别,以便进行相应的风险应对规划。

(8) 修订的干系人承受力。在规划风险管理过程中,对干系人的承受力进行修订,以适应具体项目的情况。

(9) 报告格式。包括风险登记册的内容和格式,以及所需的其他风险报告的内容和格式。用于规定将如何对风险管理过程的结果进行记录、分析和沟通。

(10) 跟踪。规定将如何记录风险活动。这些记录可用于本项目或未来项目,也可用于总结经验教训,还要规定是否需要以及应该如何对风险管理过程进行审计。

9.3 风险识别

风险识别是寻找可能影响项目的风险以及确认风险特征的过程,确定何种风险可能会对项目产生影响,并将这些风险的特征形成文档。一般而言,风险识别的参与者尽可能包括项目团队、风险管理小组、来自公司其他项目的专业人员、客户、最终用户、其他项目经理,项目干系人和公司外部的专家等。

由于在项目的进展中很可能再发现新的风险,所以风险识别是一个不断重复的过程。重复的频率及参与者将随着项目的不同而有所变化。项目小组成员将参与此过程;这样他们就会对风险以及风险响应计划有一种责任感。组外成员提供其他客观信息。风险识别过程会导致定性的风险分析过程。当项目由经验的风险管理者来指导时,也能直接进入这一过程。有时,在风险识别过程中可以对如何应对风险提供一些简单的建议,可以先把这些建议记录下来,以便用在将来的风险响应计划过程中。

9.3.1 风险识别的依据

风险识别的依据包括包含如下几个方面:

(1) 项目计划。项目计划包括项目的各种资源及要求、项目目标、计划和资源能力方面的匹配关系等方面,这些是软件风险项目风险预估的基础。

(2) 历史经验。其他类似项目的信息对于风险识别尤其是陌生项目来说,具有不可或缺的参考价值。这些信息可以从以往项目的相关文档中获得,也可以从相关项目组成员处获得。

(3) 外部制度约束。如国家或部门相关制度或法律环境的变化,劳动力问题。对于那些国际项目,还要考虑到项目实施所处的具体环境,项目产品销售区域的相关行业标准、试用环境等。

(4) 项目内部的不确定性。项目中存在的一切不确定性因素都可能是项目风险的来源,例如,需求的不确定性,项目组成员的流动性。

9.3.2 常见的软件风险

软件项目有其特殊性，因此与其他项目相比有自己独特的风险，常见的软件项目风险如下：

1. 需求风险

需求已经成为项目基准，但需求还在继续变化；需求定义欠佳，而进一步的定义会扩展项目范畴；添加额外的需求；产品定义含混的部分比预期需要更多的时间；在进行需求分析时客户参与不够；缺少有效的需求变化管理过程。

2. 计划编制风险

计划、资源和产品定义全凭客户或上层领导口头指令，并且不完全一致；计划是优化的，是“最佳状态”，但计划不现实，只能算是“期望状态”；计划基于使用特定的小组成员，而那个特定的小组成员其实指望不上；产品规模(代码行数、功能点、与前一产品规模的百分比)比估计的要大；完成目标日期提前，但没有相应地调整产品范围或可用资源；涉足不熟悉的产品领域，花费在设计和实现上的时间比预期的要多。

3. 管理风险

仅由管理层或市场人员进行技术决策，导致计划进度缓慢，计划时间延长；低效的项目组结构降低生产率；管理层审查决策的周期比预期的时间长；预算削减，打乱项目计划；管理层作出了打击项目组织积极性的决定；缺乏必要的规范，导致工作失误与重复工作；非技术的第三方的工作(预算批准、设备采购批准、法律方面的审查、安全保证等)时间比预期的延长。

4. 人力资源风险

作为先决条件的任务(如培训及其他项目)不能按时完成；开发人员和管理层之间关系不佳，导致决策缓慢，影响全局；缺乏激励措施，士气低下，降低了生产能力；某些人员需要更多的时间适应还不熟悉的软件工具和环境；项目后期加入新的开发人员，需进行培训并逐渐与现有成员沟通，从而使现有成员的工作效率降低；由于项目组成员之间发生冲突，导致沟通不畅、设计欠佳、接口出现错误和额外的重复工作；不适应工作的成员没有调离项目组，影响了项目组其他成员的积极性；没有找到项目急需的具有特定技能的人。

5. 开发环境风险

设施未及时到位；设施虽到位，但不配套，如没有电话、网线、办公用品等；设施拥挤、杂乱或者破损；开发工具未及时到位；开发工具不如期望的那样有效，开发人员需要时间创建工作环境或者切换新的工具；新工具的学习周期比预期长。

6. 客户风险

客户对于最后交付的产品不满意，要求重新设计和重做；客户的意见未被采纳，造成产品最终无法满足用户要求，因而必须重做；客户对规划、原型和规格的审核决策周期比预期的要长；客户没有或不能参与规划、原型和规格阶段的审核，导致需求不稳定和产品生产周期的变更；客户答复的时间(如回答或澄清与需求相关问题的时间)比预期的要长；客户提供的组件质量欠佳，导致额外的测试、设计和集成工作，以及额外的客户关系管理工作。

7. 产品风险

矫正质量低下的不可接受的产品，需要比预期更多的测试、设计和实现工作；开发额外的不需要的功能(镀金)，延长了计划进度；严格要求与现有系统兼容，需要进行比预期更多的测试、设计和实现工作；要求与其他系统或不受本项目组控制的系统相连，导致无法预料的设计、实现和测试工作；在不熟悉或未经检验的软件和硬件环境中运行所产生的未预料到的问题；开发一种全新的模块将比预期花费更长的时间；依赖正在开发中的技术，将延长计划进度。

8. 设计和实现风险

设计质量低下，导致重复设计；一些必要的功能无法使用现有的代码和库实现，开发人员必须使用新的库或者自行开发新的功能；代码和库质量低下，导致需要进行额外的测试，修正错误，或重新制作；过高估计了增强型工具对计划进度的节省量；分别开发的模块无法有效集成，需要重新设计或制作。

9. 开发过程风险

大量的纸面工作导致进程比预期慢；前期的质量保证行为不真实，导致后期的重复工作；太不正规(缺乏对软件开发策略和标准的遵循)，导致沟通不足，质量欠佳，甚至需重新开发；过于正规(教条地坚持软件开发策略和标准)，导致过多耗时于无用的工作；向管理层撰写进程报告占用开发人员的时间比预期的多；风险管理粗心，导致未能发现重大的项目风险。

9.3.3 风险识别的过程

项目风险识别是项目风险管理中的首要工作，项目风险识别要解决的主要问题，或者说项目风险识别的主要内容包括以下几个方面：

1. 识别并确定项目有哪些潜在的风险

这是项目风险识别的第一目标。因为只有首先确定项目可能会涉及哪些风险，才能够进一步分析这些风险的性质和后果。所以在项目风险识别工作中，首先要全面分析项目的各种影响因素，从而找出项目可能存在的各种风险，并整理汇总成项目风险的清单。

2. 识别引起这些风险的主要因素

这是项目风险识别的第二项工作目标。因为只有识别清楚各个项目风险的主要影响因素，才能够把握项目风险发展变化的规律，才能够评估项目风险的可能性与后果的大小，从而才有可能对项目风险进行应对和控制。所以在项目风险识别活动中，要根据项目风险清单，全面分析各个项目风险的主要影响因素，这些因素对项目风险的发生和发展的影响方式、影响方向、影响力度等一系列问题，并运用各种方式将这些项目风险的主要因素同项目风险的相互关系描述清楚。可以用图表，也可以用文字或公式予以描述。

3. 风险定义及分类

在进行具体的软件项目风险识别时，可以根据实际情况对风险分类。在具体分类的过程中，既要参考国际通用的软件项目风险分类标准，又要考虑项目的具体情况。软件项目的通用分类方法参见 9.3.4 节。

4. 识别项目风险可能引起的后果

这是项目风险识别的第四项任务和目标。在识别出项目风险和项目风险的主要影响因素后,还必须全面分析项目风险可能带来的后果和这种后果的严重程度。项目风险识别的根本目的是,缩小和消除项目风险可能带来的不利后果,争取和扩大项目风险可能带来的有利后果。项目风险识别还必须识别和界定项目风险可能带来的各种后果。当然,在这一阶段对于项目风险的识别和分析主要是定性的分析。

5. 将风险编写成文档

说明风险时,最简便的办法是使用主观的措辞写一项风险陈述,包括风险问题的概述、可能性和结果。

9.3.4 风险识别的方法

风险识别有很多行之有效的方法,主要有核对清单法、头脑风暴法、德尔菲法、访谈法、SWOT 分析法。

1. 核对清单法

将可能出现的问题列出清单,然后对照检查潜在的风险。在实际应用中,风险核对清单是一种最常用的工具,它建立在以前项目中曾遇到的风险的基础上。该工具的优点是简单快捷,缺点是容易限制使用者的思路。

国际上比较著名的识别软件项目风险有两种分类方法,即 SEI 软件风险分类系统和美国空军软件项目风险管理手册中的风险识别方法。

SEI 软件风险分类系统是卡内基·梅隆软件工程所(CMU/SEI)推荐的软件风险分类系统,它是一个结构化的核对清单,它将软件开发的风险按照通用的种类和具体属性组织起来,将风险分为产品工程、开发环境、项目约束三类。

美国空军软件项目风险管理手册中指出的如何识别软件风险。这种识别方法要求项目管理者根据项目实际情况标识影响软件风险因素的风险驱动因子,这些因素包括以下几个方面。

(1)性能风险:产品能够满足需求和符合使用目的的不确定程度。

(2)成本风险:项目预算能够被维持的不确定程度。

(3)支持风险:软件易于纠错、适应及增强的不确定程度。

(4)进度风险:项目进度能够被维持且产品能按时交付的不确定程度。

每一个风险驱动因子对风险因素的影响均可分为四个影响类别,即可忽略的、轻微的、严重的及灾难性的。

参考以上两种软件风险识别方法,可以将软件的常规风险简要概括为 8 类风险,共 48 个风险因素,见表 9.1。

表 9.1 软件项目风险核对清单

类型	风险因素	类型	风险因素
需求风险	① 项目的需求不明确,很难界定; ② 系统需求不正确; ③ 对系统需求识别得不够充分,有遗漏; ④ 相关人员对系统需求定义存在分歧; ⑤ 系统需求变动	计划和控制风险	① 缺少大量的历史数据作为参考; ② 对项目进度估算不够充分; ③ 对项目资源估计不够充分; ④ 没有完善、全面的项目计划; ⑤ 缺少严格的变更控制和版本控制; ⑥ 对项目执行过程监控不足

（续）

类型	风险因素	类型	风险因素
技术风险	① 项目中需要购买未使用过的设备； ② 项目采用的是以前未曾使用过的新技术； ③使用不成熟的技术； ④ 对单个开发工具过度依赖； ⑤项目需要开发大量的接口以连接到其他系统； ⑥ 项目采用的开发方法（如螺旋模型、瀑布模型）不合适	用户风险	① 用户不重视项目管理； ② 用户中部分人员对该项目比较抵触； ③ 缺乏用户参与； ④ 用户对该项目的目标和需求不清晰
团队风险	① 团队内部人员的频繁流动； ② 关键人员的离职； ③ 开发人员缺乏所需专业技能； ④ 开发人员不熟悉自己的任务； ⑤ 团队内部人员难以沟通； ⑥团队士气低落，工作效率低下	外部风险	① 与顾客缺乏直接沟通； ② 与合作方缺乏有效沟通； ③ 双方缺乏信任； ④ 外部供应商延迟交货； ⑤ 与合作方在进度上的冲突； ⑥ 合作方的产品不符合要求； ⑦ 合作方中途终止合约； ⑧ 在某个关键领域依靠外部供应商； ⑨ 双方的企业文化的差异
组织风险	① 公司资源对项目产生了限制； ② 缺乏对项目成功标准的定义； ③ 缺乏高层管理的支持； ④ 项目经理缺乏经验，能力不足； ⑤ 实施该项目需要大幅度改变组织结构； ⑥ 实施该项目需要较大地改变业务流程或彻底改变部分流程； ⑦ 该项目与企业的发展战略或政策不一致	合同风险	① 合同类型不合适； ② 合同条款内容不严谨； ③ 合同条款不全面； ④ 存在法律上的漏洞

2. 头脑风暴法

头脑风暴法是最常见的风险识别手段。其目标是获取一份全面的风险列表，以便在将来的风险定性和定量分析过程中进一步加以明确。尽管由各种学科的专家组成的专家团也可以执行头脑风暴法，不过一般是由项目团队承担这项任务。在一位协调员的领导下，这些人员产生对项目风险的想法，他们在一个广泛的范围内进行风险来源的识别，并在会议上公布这些风险来源，让大家一起参与检查，然后根据风险类别进行风险分类，这样风险定义就进一步清晰化了。

3. 德尔菲法

德尔菲法是专家们就某一主题，如项目风险，达成一致意见的一种方法。该方法要确定项目风险专家，但是他们匿名参加会议。协调员使用问卷征求重要项目风险方面的意见，然后将意见结果反馈给每一位专家，以便进行进一步讨论。这个过程经过几个回合，就可以在主要的项目风险上达成一致意见。德尔菲法有助于减少数据方面的偏见，并避免了个人因素对结果产生的不适当影响。

4. 访谈法

可以通过访谈资深项目经理或相关领域的专家进行风险识别。负责风险识别的人员选择合适的人选，事先向他们做有关项目的简要指点，并提供必要的信息。这些访谈对象，依据他们的经验、项目的信息，以及所发现的其他有用信息，对项目风险进行识别。

5. SWOT 分析法

SWOT(Strengths, Weakness, Opportunities, Threats)分析法是分析项目内部的优势、劣势、项目外部机会以及威胁等方面的代名词。该方法作为一种系统分析工具，其主要目的是从每一个方面对项目进行分析，扩大考虑风险的范围。

9.4 风险分析

风险分析是在风险识别的基础上估计风险的可能性和后果，并在所有已识别的风险中评估这些风险的价值。这个过程的目的就是将风险按优先级别进行等级划分，以便制定风险管理计划，因为不同级别的风险要区别对待，以使风险管理的效益最大化。它有助于确定哪些风险需要应对，哪些风险可以接受以及哪些风险可以忽略。利用风险分析工具，可以加深对风险的认识与理解，使风险事件、症状及环境清晰化，从而为有效地管理风险提供基础。

9.4.1 风险分析过程

根据风险分析的内容，可将风险分析过程细分以下活动：制定风险度量准则，预测风险的影响，估计风险发生的损失，计算风险值，风险评价，风险排序，设定阈值。通常，项目计划人员与管理人员、技术人员一起进行风险分析，它是一个不断重复的过程，在整个生命周期都要有计划、有规律地进行风险分析，分析流程如图 9.2 所示。

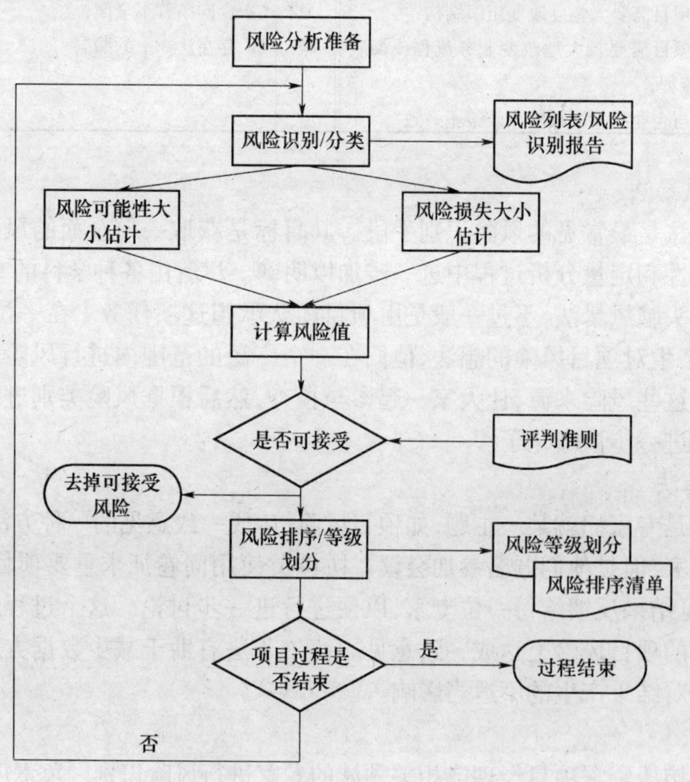

图 9.2 项目风险管理分析过程

1. 制定风险度量准则

评估准则是事先确定的一个基准,作为风险估计的参照依据。准则有定性和定量两种,定性估计即将风险分成等级,如很大、大、中、小、很小 5 个等级,一般以不超过 9 级为宜。定量估计则是给出一个具体的数值,如 0.7 表示风险发生的可能性为 70%,当然,定量估计还是有其他方法,用模糊数表示风险的可能性就是一种常用的方法。表 9.2 和表 9.3 给出了一个评估准则的例子。

表 9.2 可能性的评估准则

可能性	说明	等级
>80%(0.8)	非常有可能性,几乎肯定	很大
60% ~80%(0.6 ~0.8)	很有可能性,比较确信	大
40% ~60%(0.4 ~0.6)	有时发生	中
20% ~40%(0.2 ~0.4)	不易发生,但有理由可预期能发生	小
1% ~20%(0.01 ~0.2)	几乎不可能,但有可能发生	很小

表 9.3 风险损失的评估准则

损失	说明			等级
	成本	进度	性能	
>0.8	成本增加 >20%	延迟 >20%	性能不能满足用户要求	很大
0.4 ~0.8	成本增加 10% ~20%	延迟 10% ~20%	性能有较严重的缺陷	大
0.2 ~0.8	成本增加 5% ~10%	延迟 5% ~10%	主要方面的性能不足	中
0.1 ~0.2	成本增加 1% ~5%	项目延迟 1% ~5%	性能有缺陷,但基本满足用户的要求	小
<0.1	成本增加 <1%	项目延迟 <1%	性能有不明显的缺陷	很小

2. 预测风险的影响

根据评估准则对每个风险发生的可能性进行预测,预测的值应该是多人预测的综合结果。

3. 估计风险发生的损失

风险对项目的影响是多方面的,因此损失的估计也应从多方面分别进行估计,通常对进度、成本、性能三个方面进行估计。

4. 计算风险值

根据估计出来的风险的可能性和损失,计算风险值 $R=f(p,c)$,其中,p 是风险事件发生的可能性,c 是风险事件发生的损失。评估者可根据自身的情况选择相应的风险计算方法计算风险值。表 9.4 是风险评估的例子。

表 9.4 风险影响值的评估准则

风险	可能性	对进度的影响	对成本的影响	对性能的影响	风险影响值
需求不明确	0.5	0.3	0.3	0.4	0.5
需求变动	0.9	0.5	0.4	0.2	0.99
关键人员的离职	0.2	0.4	0.2	0.3	0.18

(续)

风险	可能性	对进度的影响	对成本的影响	对性能的影响	风险影响值
公司资源对项目产生了限制	0.6	0.4	0.2	0.3	0.54
缺少严格的变更控制和版本的控制	0.2	0.5	0.3	0.3	0.22
注:风险影响值=可能性×(对进度的影响+对成本的影响+对性能的影响)					

对项目风险进行分析是处置风险的前提,是制定和实施风险计划的科学根据,因此,一定要对风险发生的可能性及其后果做出尽量准确的估计。但在软件项目中,要准确地估计却不是件易事,主要有以下几个原因:

(1) 依赖主观估计。由于软件项目的历史资料通常不完整,因此,都是根据经验进行估计。而且主观估计常常存在着相互矛盾的问题,例如,某专家对一个特定风险发生的概率估计为0.6,然而,当问及不发生的概率时,回答可能性是0.5。因此,许多学者将模糊数学理论引入到风险预测中,以解决预测的可能性和准确性问题。

(2) 人们认知的局限。由于人类自身认知客观事物的能力有限,所以不能准确地预知未来事物的发展变化,这也是导致风险估计主观性的主要原因。

(3) 项目环境多变。项目的一次性特征使其不确定性比其他经济活动大,因此,其预测的难度也较其他经济活动大。也正是这个原因,风险管理应该贯穿整个项目周期。

5. 风险评价

风险评价是根据给定的风险评判标准(也称风险评价基准),判断项目是继续执行还是终止(出的问题太大)。对于继续执行的项目,要进一步给出各个风险的优先排序,确定哪些是必须控制的风险。

那么,要判断风险的高低,就需要一个标准,只有统一标准,才具有可比性,所以在风险评价时,评判标准的设定应依据前面所确定的风险的可能性和损失的评估准则,不能自成一体。表9.5是依据表9.2~表9.4得到的风险评判标准。

表9.5 风险评判标准

风险值	等级	对应策略
>0.9	很高	重点控制
[0.5,0.9]	高	应对
[0.2,0.5]	中	应对
[0.1,0.2]	低	视成本、损失严重程度等因素,决定是否应对
<0.1	很低	接受

6. 风险排序

依据评估标准确定风险排序,可保证高风险影响和短行动时间框架的风险能被先处理。对风险进行排序,以有效集中项目资源,并考虑时间框架以得到一个最终的按优先顺序排列的风险评估单。

7. 设定阈值

风险事件并不一定会发生,有些风险可能始终都不会发生。正因为此,如果没有明确定义的风险示警触发机制,一些风险或重要问题在项目风险跟踪中很容易被遗忘或忽略,直至出现无法补救的后果。要做到尽早警告,可使用定量目标和阈值为基础的风险触发机制。

量化目标是指用数量化方式表示目标。它定义了由度量基准和度量规格确定的最佳目标。每个阶段的衡量或评估都应有与项目计划对应的最佳结果值,即量化目标。可接受的最低结果值定义了项目的风险警告,把它称为风险阈值。

阈值根据量化目标设定,用于定义风险的开始。阈值还可以根据与量化目标的差异大小分级定义,如警告、严重警告等,从而确定当前风险的严重程度。

9.4.2 风险分析技巧

风险分析的方法和工具有很多,通常可分为定性风险分析和定量风险分析。

1. 定性风险分析

定性风险分析包括对已识别风险进行优先级排序,以便采取进一步措施,如进行风险量化分析或风险应对。组织可以重点关注高优先级的风险,从而可以有效地提高项目的绩效。定性风险分析是通过对风险的发生概率以及影响程度的综合评估来确定优先级的。

通过对风险的概率和影响程度进行级别划分,同时借助专家评审,可以对该过程中经常出现的偏差进行纠正。如果某些风险处理措施是和时间紧密相关的,那么可能会放大风险的重要程度。通过对当前项目风险中的可用信息质量的评估,可以帮助我们理解项目风险的重要性。

定性风险分析是建立风险响应计划优先级的快速有效的方法,如果还需要定量分析,这也为以后奠定了基础。

风险定性分析包括以下内容:

1)风险可能性与影响分析

由于在进行风险定性分析时,没有量化的标准,因此不可能分析风险发生的概率,但可以对风险发生的可能性进行大致的评估。可能性评估需要根据风险管理计划中的定义,确定每一个风险的发生可能性,并记录下来。除了风险发生的可能性,还应当分析风险对项目的影响。风险影响分析应当全面,需要包括对时间、成本、范围等各方面的影响。其中不仅仅包括对项目的负面影响,还应当分析风险带来的机会,这有助于项目经理更精确地把握风险。对于同一个风险,由于不同的角色和参与者会有不同的看法,因此一般采用会议的方式进行风险可能性与影响的分析。因为风险分析需要一定的经验和技巧,也需要对风险所在的领域有一定的经验,因此在分析时最好邀请相关领域的资深人士参加,以提高分析结果的准确性。例如,对于技术类风险的分析就可以邀请技术专家参与评估。

2)排定风险优先级

在确定了风险的可能性和影响后,需要进一步确定风险的优先级。风险优先级的概念与风险可能性和影响既有联系又不完全相同。例如,发生地震、火山爆发等可能会造成项目终止。这个风险的影响非常严重,直接造成项目失败,但发生的可能性非常小,因此优先级并不高。再比如,坏天气可能造成项目组成员工作效率下降,虽然这种可能性很大,每周都会出现,但造成的影响非常小,几乎可以忽略不计,因此优先级也不高。

3）确定风险类型

在进行风险定性分析时需要确定风险的类型，这一过程比较简单。根据风险管理计划中定义的风险类型列表或 RBS，可以为分析中的风险找到合适的类型。如果经过分析后发现，在现有的风险类型或 RBS 中没有合适的定义，则可以修订风险管理计划，加入这个新的风险类型。

2. 定量风险分析

相对于定性分析来说，风险定性分析更难操作。由于在分析方法不恰当或缺少相应模型的情况下，风险的定量分析并不能带来更多有价值的信息，反而会在分析过程中占用一定的人力和物力。因此，一般先进行风险的定性分析，在有了对风险相对清晰的认识后，再进行定量分析。分析风险对项目负面和正面的影响，制定相应的策略。量化分析着重于整个系统的风险情况，而不是单个风险。事实上，风险量化分析并不需要直接制定出风险应对措施，而是确定项目的预算、进度要求和风险情况，并将这些作为风险应对策略的选择依据。在风险跟踪过程中，也需要根据最新的情况对风险定量分析的结果进行更新，以保证定量分析的精确性。

在定量风险分析中普遍使用的技术包括：

1）灵敏度分析

灵敏度分析帮助判断哪些风险对项目具有最大的潜在影响。

2）期望货币价值分析（EMV）

EMV 是一种统计学上的概念，是对未来不确定性输出的统计平均。这种分析方法通常使用在决定树分析法中。建模和模拟分析法在进行成本和进度的风险分析时更加适用，因为它更强大和更贴近实际情况，胜于 EMV。

3）决策树分析

决策树分析法通常用决策树图表进行分析，它描述了每种可能的选择和这种情况发生的概率。它会综合考虑每种选择的成本及其概率。通过决策树分析，可以找出每种选择的具体情况，包括成本、预期回报等的定量分析。

4）建模和仿真

项目仿真模拟的分析方法将不确定性的影响因素细化为对项目产生影响的具体因子的模型。仿真模拟通常使用蒙特卡洛技术。一个仿真模拟的实例中，项目模型中的决定因子多次取多个可能的值（如项目成本或计划中的任务的时间进度），就可以得出最终目的结果（如总费用或完成日期）的可能性分布分析。

9.4.3 风险分析的结果

经过风险分析，可以得到一个按照优先等级排序的风险表。它表示一个详细的风险目录，其中包含了所有已识别风险的相对排序。可以依据风险影响、时间响应要求的轻重缓急等方法进行排队；也可以按对项目成本、功能、进度和质量等影响分别提出风险优先级排队列表，并加入到风险表中。

根据风险分析的结果，可以制定风险计划，设置风险阈值参数，该参数可以作为风险跟踪过程的重要依据和判定条件。

9.5 风险应对

制定风险应对计划是针对项目目标,制定提高机会、降低威胁的方案和措施的过程。制定风险应对计划在实施定性风险分析过程和实施定量风险分析过程之后进行,包括确定和分配某个人来实施已获同意和资金支持的风险应对措施。在制定风险应对计划的过程中,需要根据风险的优先级来制定应对措施,并把风险应对所需的资源和活动加进项目的预算、进度计划和项目管理计划中。拟订的风险应对措施必须与风险的重要性相匹配,能经济有效地应对挑战,在当前项目背景下现实可行,能获得全体相关方的同意,并由一名责任人具体负责。风险应对措施还必须及时。经常需要从几个备选方案中选择一项最佳的风险应对措施。

9.5.1 风险应对策略

有若干种风险应对策略可供使用,应该为每个风险选择最可能有效的策略或策略组合,利用风险分析工具选择最适当的应对策略。制定具体行动计划去实施该策略,包括主要策略和备用策略(如果必要)。制定弹回计划,以便在所选策略无效或发生已接受的风险时加以实施。应该对由应对策略导致的风险进行审查。经常要为时间或成本分配应急储备,制定应急储备时,需要说明动用应急储备的触发条件。

风险应对策略包括风险回避、风险转移、风险减轻和风险接受。

1. 风险回避

风险回避是指改变项目管理计划,以完全消除威胁。项目经理也可以把项目目标从风险的影响中分离出来,或改变受到威胁的目标,如延长进度、改变策略或缩小范围等。最极端的回避策略是取消整个项目。在项目早期出现的某些风险,可以通过澄清需求、获取信息、改善沟通或取得专有技能来加以回避。

2. 风险转移

风险转移是指把某些风险的部分或全部消极影响连同应对责任转移给第三方。转移风险是把风险管理责任简单地推给另一方,而并非消除风险。转移风险策略对处理风险的财务后果最有效。采用风险转移策略,几乎总是需要向风险承担者支付风险费用。风险转移可采用多种工具,包括(但不限于)保险、履约保函、担保书和保证书等。可以利用合同把某些具体风险转移给另一方。例如,如果买方具备卖方所不具备的某种能力,为谨慎起见,可通过合同规定把部分工作及其风险再转移给买方。在许多情况下,成本补偿合同可把成本风险转移给买方,而总价合同可把风险转移给卖方。

3. 风险减轻

风险减轻是指把不利风险事件的概率和/或影响降低到可接受的临界值范围内。提前采取行动来降低风险发生概率和/或可能给项目所造成的影响,比风险发生后再设法补救往往要有效得多。风险减轻的措施包括:采用复杂性较低的流程,进行更多的测试,或者选用比较稳定的供应商。它可能需要开发原型,以降低从实验台模型放大到实际工艺或产品过程中的风险。如果无法降低风险概率,也可以从决定风险严重性的关联点入手,针对风险影响采取减轻措施。例如,在一个系统中加入冗余部件,可以减轻主部件故障所造成的影响。

4. 风险接受

因为几乎不可能消除项目的全部威胁，所以就需要采用风险接受策略。该策略表明，项目团队已决定不为处理某些风险而变更项目管理计划，或者无法找到任何其他的合理应对策略。该策略可以是被动或主动的。被动地接受风险，只需要记录本策略，而不需要任何其他行动；待风险发生时再由项目团队进行处理。最常见的主动接受策略是建立应急储备，安排一定的时间、资金或资源来应对风险。

可以针对某些特定事件，专门设计一些应对措施。对于有些风险，项目团队可以制定应急应对策略，即只有在某些预定条件发生时才能实施的应对计划。如果确信风险的发生会有充分的预警信号，就应该制定应急应对策略。应该对触发应急策略的事件进行定义和跟踪，如未实现阶段性里程碑，或获得供应商更高程度的重视。

9.5.2 风险应对过程

我们无法完全回避风险，对某些风险也无需完全回避，重要的是把风险置于人们控制之下，风险应对过程就是处置风险的过程。

1. 制定风险应对计划

在分析风险的基础上，针对风险制定应对计划。制定风险应对计划的过程就是将风险列表转化成应对风险所采取的措施的过程。风险计划应包括确定风险设想、选择风险应对途径、设定风险阈值、编写文档等。

风险设想对导致不如人意的结果的事件和情况的估计。描述风险发生时必然导致的结果，描述使未来事件成为可能的环境。

针对具体风险依据项目计划、项目约束选择一种策略，也可以将几种风险应对策略合成一条综合途径。

风险计划不一定立即实施，有些风险可能自始至终都不会发生。因此，要明确定义风险端倪示警触发机制，以便尽早采取措施。对于可量化的风险，要设定风险阈值，再达到阈值时启动相应的措施。

2. 对触发事件做出反应

一旦触发了风险示警机制，就要执行风险应对计划。

3. 执行风险计划

通常，应对风险应该按照书面的风险计划进行。计划提供了一个高层次的指导。要将风险应对具体活动与风险计划的目标一一对应，防止盲目性与偏差。

4. 对照计划、修正偏差

风险应对计划执行结果如果不能令人满意，就必须换用其他途径，必要时还需采取校正行动。

9.6 风险监控

风险监控跟踪已识别的风险，监测残余风险和识别新的风险，保证风险计划的执行，并评价这些计划对减轻风险的有效性。风险监控应用了一些新的工具，如变化趋势分析方法,通过分析在项目实施中的绩效参数以实现风险监控。风险监控是项目整个生命周期的一个持续进行的过程。

经过风险识别与分析,可以预测风险发生的背景、可能性及造成的后果等,但是想知道风险是否发生,什么时候会发生,以哪种形式表现,这些都需要通过风险跟踪才能得以正确的判断。风险跟踪的目标包括:监视风险设想的事件和情况;跟踪风险阈值参数;为触发机制提供通知;获得风险应对的结果;定期报告风险度量结果;使风险状态保持可见。风险跟踪的依据包括风险设想、风险阈值、风险状态。

一般风险跟踪过程包括监视风险设想、对比项目实际状态与风险阈值的关系、收集风险症状信息以及报告风险度量结果等。

9.7 风险管理验证

为克服风险管理计划的缺陷和风险管理实践的不完善,需要实施风险管理验证活动。通过独立审计可以验证风险管理活动与计划的一致性,同时保证项目实践遵循风险管理计划。因此,可以通过独立审计来评审风险管理计划,审计管理过程。

项目结束以后,在项目总结报告中应对本项目的风险管理情况做出总结。风险管理总结应对风险管理各阶段做出评价,指出不足,以便积累项目经验。

小　结

本章首先论述了风险及风险管理的概念,不确定性和损失是风险的两大属性。风险管理就是风险识别、分析、计划、监督与控制等活动的系统过程,是一项实现项目目标机会最大化与损失最小化的过程。软件项目风险管理过程包括风险管理计划编制、风险识别、风险分析、风险应对、风险监控、风险管理验证等。

风险管理计划是风险管理的开始,包括确定风险管理的目标、制定风险管理策略、定义风险管理过程以及风险验证方法。

风险识别的依据包括项目计划、历史经验、外部制度约束和项目内部的不确定性。核对清单法、头脑风暴法、谢尔菲法、访谈法、SWOT 是分析法风险识别有效的方法。

风险分析是在风险识别的基础上估计风险的可能性和后果,并在所有已识别的风险中评估这些风险的价值。根据风险分析的内容,可将风险分析过程细分为制定风险度量准则、预测风险的影响、估计风险发生的损失、计算风险值、风险评价、风险排序、设定阈值等。采用的方法包括定性分析与定量分析。

在风险识别与风险分析的基础上,制定并执行风险管理计划,针对不同的风险,采取不同的策略。风险监控跟踪已识别的风险,监测残余风险和识别新的风险,保证风险计划的执行,并评价这些计划对减轻风险的有效性。

为了克服风险管理计划的不完善,需要实施风险管理验证活动。审计风险管理计划和风险管理,是实施风险管理验证活动的有效方法。

习 题

1. 什么是风险,软件项目管理包括哪些风险?
2. 风险管理计划编制的依据是什么,通常采用哪些方法?
3. 风险识别的依据是什么?
4. 常见的软件风险有哪些?通常采用哪些方法进行风险识别?
5. 软件风险分析有哪些技巧?
6. 在项目管理过程中,通常采用哪些策略应对风险?

第10章 软件项目配置管理

随着软件开发规模的不断扩大，开发项目中的中间产品越来越复杂，产品的数目也越来越多，软件团队人员的增加，开发采用的多平台环境，使得软件开发面临越来越多的问题，而解决问题的途径是加强有效的配置管理。

软件配置管理贯穿于整个软件生命周期，提供了结构化的、有序化的、产品化的管理软件工程的方法，它为软件研发提供了一套管理办法和活动原则，是软件开发和维护的基础。软件配置管理无论是对于软件企业管理人员，还是研发人员都具有非常重要的意义。本章主要围绕配置管理规划和配置管理过程介绍软件配置管理。

10.1 配置管理规划

10.1.1 软件配置管理的概念

软件配置管理（Software Configuration Management，SCM）是控制软件系统演变的学科，是在项目开发中，标识、控制和管理软件变更的一种管理。它又称为软件形态管理或软件建构管理，简称软件形管。SCM是指通过技术及行政手段对软件产品及其开发过程和生命周期进行控制、规范的一系列措施和过程，它通过控制、记录、追踪对软件的修改和每个修改生成的软件组成部件来实现对软件产品的管理。

软件配置管理应用于整个软件工程过程。在软件建立时，变更是不可避免的，而变更加剧了项目中软件开发者之间的混乱。SCM活动的目标就是为了标识变更、控制变更、确保变更正确实现并向其他有关人员报告变更。从某种角度讲，SCM是一种标识、组织和控制修改的技术，目的是使错误降为最小，并最有效地提高生产效率。即软件配置管理是一套管理软件开发和维护过程中所产生的各种中间软件产品的方法和规则。配置管理的使用取决于项目规模、复杂性以及风险水平。软件的规模越大，配置管理就显得越重要。

软件配置管理主要包括以下三个方面的内容：

（1）版本控制。版本控制是全面实行软件配置管理的基础，可以保证软件技术状态的一致性，是对系统不同版本进行标识和跟踪的过程。一个版本是软件系统的一个实例，在功能和性能上与其他版本有所不同，或是修正、补充了前一版本的某些不足。

版本控制的主要功能有：集中管理档案，安全授权机制；软件版本升级管理功能；加锁功能；提供不同版本源程序的比较等功能；实际上，对版本的控制就是对版本的各种操作控制，包括检入检出控制、版本的分支和合并、版本的历史记录和版本的发行。

（2）变更控制。变更控制就是通过结合人的规程和自动化工具，以提供一个变化控制的机制。软件工程过程中某一阶段的变更，都会引起软件配置的变更，这些变更必须严格加以控制和管理,保持修改信息,并把精确、清晰的信息传递到软件工程过程的下一步骤。变更控制包括建立控制点和建立报告与审查制度。对于一个大型的软件来说,不加控制的变更很快就会引起混乱。因此变更控制是一项很重要的软件配置任务。

(3) 过程支持。目前,人们已渐渐意识到了软件工程过程概念的重要性,而且也逐渐了解了这些概念和软件工程支持技术的结合,尤其是软件过程概念与配置管理有着密切的联系,因为配置管理可以作为一个管理变更的规则(或过程)。但是,传统意义上的软件配置管理主要着重于软件的版本管理,缺乏软件过程支持的概念。在大多数有关软件配置管理的定义中,也没有明确提出配置管理需要对过程进行支持的概念。因此,不管软件的版本管理得多好,组织所拥有的是相互独立的信息资源,它们之间没有连接关系从而形成了信息的“孤岛”。在配置管理提供了过程支持后,配置管理与 CASE 环境进行了集成,通过过程驱动组织之间建立一种单向或双向的连接。

10.1.2 配置管理计划

软件配置管理计划就是确定软件配置管理的解决方案。在整个软件项目开发过程中作为配置管理活动的依据进行使用和维护。

1. 制定配置管理计划

制定配置管理计划主要包含以下几个方面内容:

(1) 参加项目规划;

(2) 规划配置管理任务;

(3) 形成配置管理计划;

(4) 评审配置计划。

2. 配置管理计划的主要内容

配置管理计划主要包含以下几个方面的内容:

(1) 计划简介:包括计划的目的、应用范围、专门用语与参考文献;

(2) 配置管理人员指派:指定由谁负责与授权完成配置管理所计划的活动;

(3) 配置管理活动:说明在项目中将会执行的所有配置活动;

(4) 配置管理时程:说明项目配置管理活动与其他活动之间的顺序与关系;

(5) 配置管理资源:说明执行配置管理活动所需要的软、硬件资源与人力资源;

(6) 配置管理计划的维护:说明维护配置管理计划所需要的活动与责任归属。

3. 软件配置管理过程中涉及的角色和分工

对于任何一个项目管理流程来说,保证流程正常运转的前提条件是具有明确的角色、职责和权限的定义。组织内的所有人员按照不同的角色的要求,根据系统赋予的权限来执行相应的动作。软件配置管理过程中涉及的角色和分工如下:

1) 项目经理

项目经理是整个软件研发活动的负责人,根据软件配置控制委员会的建议批准配置管理的各项活动并控制它们的进程。其具体职责为以下几项:

(1) 制定和修改项目的组织结构和配置管理策略;

(2) 批准、发布配置管理计划;

(3) 决定项目起始基线和开发里程碑;

(4) 接受并审阅配置控制委员会的报告。

2）配置控制委员会

配置控制委员会负责指导和控制配置管理的各项具体活动的进行,为项目经理的决策提供建议。其具体职责为以下几项:

(1) 定制开发子系统;

(2) 定制访问控制;

(3) 制定常用策略;

(4) 建立、更改基线的设置,审核变更申请;

(5) 根据配置管理员的报告决定相应的对策。

3）配置管理员

配置管理员根据配置管理计划执行各项管理任务,定期向配置控制委员会提交报告,并列席配置控制委员会的例会。其具体职责为以下几项:

(1) 软件配置管理工具的日常管理与维护;

(2) 提交配置管理计划;

(3) 各配置项的管理与维护;

(4) 执行版本控制和变更控制方案;

(5) 完成配置审计并提交报告;

(6) 对开发人员进行相关的培训;

(7) 识别软件开发过程中存在的问题并拟出解决方案。

4）系统集成员

系统集成员负责生成和管理项目的内部和外部发布版本。其具体职责为以下几项:

(1) 集成修改;

(2) 构建系统;

(3) 完成对版本的日常维护;

(4) 建立外部发布版本。

5）开发人员

开发人员的职责是根据组织内确定的软件配置管理计划和相关规定,按照软件配置管理工具的使用模型来完成开发任务。

10.2 配置管理过程

10.2.1 配置项标识

为了方便对软件配置的各个片段进行处理,不致造成混乱,应该给配置及其各个片段加上可供识别的标签,即进行软件配置项标识。软件配置项标识是软件配置管理活动的基础工作,也是制订配置管理计划的重要内容,是管理配置的前提。

1. 软件配置项

软件配置管理的对象,一个软件配置项是项目中一个特定的、可文档化的工作产品集。在软件的开发流程中把所有需要加以控制的配置项分为基本配置项和集成配置项两类。

(1) 基本配置项:软件开发者在项目开发过程中所创建的基本工作单元。例如,一个基本配置项可能是需求分析规格说明书中的一个段落、一个模块的源程序清单或一组测试用例。

(2) 集成配置项:又称聚集配置项。一个集成配置项是基本配置项或其他集成配置项的集合。例如,系统规格说明书是一个集成配置项,在概念上可被视为一个已命名的或标识的指针表,指向某个基本配置项。

常见的软件配置项包括需求规格说明书、设计规格说明书、源代码、测试计划、测试用例、用户手册。构造软件的工具和软件,以及赖以运行的环境也常列入配置管理的范畴。

2. 配置项标识

配置项标识是对软件项目在开发过程中的资源进行标识,以便识别。即软件配置项标识是为了识别产品的结构、产品的构件及其类型,而为其分配唯一的标识符,即每一个配置项要有一个唯一标识。标识其名字、描述、资源以及"实现"属性。名字是用于标识配置项的一个字符串;描述是一个数据项的列表,说明软件配置项类型、项目标识符以及变化和版本信息;资源是与配置项相关的实体;"实现"是一个指针,对基本配置项而言指向"文本单元",对于聚集配置项而言则为空。

配置项标识并不是指程序/文档文件的文件名,而是该程序/文档作为一个配置项的标识。配置标识包括标识软件系统的结构,标识独立部件,并使它们是可以访问的。配置标识的目的是,在整个生命周期中,标识系统各部件并提供对软件及其软件产品的跟踪能力。

3. 确定配置项

确定配置项是要决定哪些文档需要被保存、被管理。软件项目在整个开发过程中,会产生许多技术性文档、管理性文档。技术性文档伴随着整个软件开发过程,每个阶段都在变化,后期版本是对前期版本的修正和扩展;而管理性文档也有类似的变化。

4. 明确配置项标识的要求

首先合同有明确标识和追踪要求时,有开发人员按合同要求进行标识;然后对开发过程中项目组人员提交的配置项,由项目组人员按照本节相关部分标识规则进行标识;最后项目组人员将要标识和已标识的配置项提交给配置管理员纳入配置库统一管理,并填写配置状态报告。

5. 配置项命名

配置项命名是配置标识的重要工作。标识的实质是区分,在众多的配置项中,最为有效的区分方法是合理、科学的命名。命名的基本要求:一是唯一性,在一个项目内不能出现重名,以避免混淆;二是可追溯性,也是系统的要求,即名字应能体现相邻配置项之间的关系。

10.2.2 版本编号

1. 项目文档的版本号规则

有些项目文档一旦生成就不会发生变化。例如,会议记录、评审报告、测试记录等文档,可以不用版本号管理;项目计划、需求文档、设计文档、测试用例等文档,将会随着项目进展而不断修订，每次修订会产生一个新的版本从而必须使用版本号进行区分。项目文档的版本号规则如下：

(1) 文档的版本号为 X. Y. Z，X、Y、Z 均为 0～9 的正整数。

(2) 正式文档的版本号为 X. Y；修订中文档的版本号为 X. Y. Z。

(3) 文档版本号的体现。

① 文档入 VSS 配置库时，使用 Label 功能标注版本号。

② 对于 Word 文档，还要在文档的修订记录中体现。

③ 两个版本号应该一致。

④ 要想查找某个版本的文档，只要通过 Label 就可以方便定位。

⑤ 不提倡在文档名中体现版本号，如需求分析 1.1、需求分析 1.2；否则，VSS 中将保存多个类似的文档，不便于文档的查找和使用，也会占用大量的资源。

2. 数字顺序型版本编号

以 α 和 β 版本编号为例，如在普通版本编号后面增加一个大写字符 A 或者 B 来分别表示 α 版本或 β 版本，如 1.2.5A 或 1.2.5B。如果存在多次的 α 发布和 β 发布，可在 A 或 B 后面添加一个数字来说明发布的次数，如 1.2.5A1、1.3.0B2。

3. 属性版本编号

把版本的重要属性反映在标识中，主要有客户名、开发语言、开发状态、硬件平台、生成日期等。

10.2.3 变更控制

变更控制的目的并不是控制变更的发生，而是对变更进行管理，确保变更有序进行。对于软件开发项目来说，发生变更的环节比较多，因此变更控制显得格外重要。在软件开发过程中会产生许多变更，如配置项、配置、基线、构建的版本、发布版本的变更等。为了保证所有的变更都是可控的、可跟踪的、可重现的，就要有一个控制机制。

变更管理的一般流程主要包括以下几个方面：

(1) 变更申请。变更申请人向配置控制委员会提交变更申请，重点说明“变更内容”和“变更原因”。

(2) 审批变更申请。配置控制委员会负责人（或项目经理）审批该申请，分析此变更对项目造成的影响。如果同意变更的话，则转向第下一步；否则终止。

(3) 安排变更任务。配置控制委员会指定变更执行人，安排他们的任务。配置控制委员会需要和变更执行人就变更内容达成共识。

(4) 执行变更任务。变更执行人根据配置控制委员会安排的任务，修改配置项。配置控制委员会监督变更任务的执行，如检查变更内容是否正确，是否按时完成工作等。

(5) 对更改后的配置项重新进行技术评审（或审批）。

(6) 结束变更。当所有变更后的配置项都通过了技术评审或领导审批，这些配置项的状态从“正在修改”变为“正式发布”，本次变更结束。

软件变更通常有功能变更和缺陷修补两种类型。其中，功能变更是为了增加或者删除某些功能，为了完成某个功能的方法而需要的变更，此类变更需要经过某种正式的变更评价过程，以评估变更需要的成本和其对软件系统其他部分的影响；缺陷修补是为了修复漏洞需要而进行的变更。它是在项目前期必须进行的,通常无需从管理角度对这类变更进行审查和批准。在项目后期,如果发现错误的阶段在造成错误的阶段后面,则必须遵照标准的变更控制过程来进行。如进行修补,则必须把这个变更正式记入文档,把所有受到变更影响的文档都做相应修改。

项目中引起变更主要有两个因素:一是来自外部的变更要求,如客户要求修改工作范围和需求等;二是开发过程内部的变更要求,如为解决测试中发现的一些错误而修改源码甚至设计。相比较而言,最难处理的是来自外部的需求变更,因为IT项目需求变更的概率大,引发的工作量也大,特别是到项目的后期。

10.2.4 配置状态报告

配置状态报告是软件配置管理的一项子任务。对于大型项目的开发,配置状态报告非常重要,它促进了人员之间的通信。配置状态报告就是根据配置项操作数据库中的记录来向管理者报告软件开发活动的进展情况。配置状态报告的目的是提供软件开发过程的历史记录,内容包括软件配置项当前的状态及何时因何故发生了变更,是相关人员了解配置与基线的情况。配置状态统计包括记录和报告变更过程,主要描述配置项的状态、变更的执行者、变更时间和对其他工作有何影响。它解决以下问题:系统已经做了什么变更?此问题将会对多少个文件产生影响?

配置状态报告产生的时机如下:

(1) 当一个配置项被赋予新的或修改后标识时,就应该创建一个配置状态报告的记录;

(2) 当一个变更被批准时,产生一条配置状态报告记录;

(3) 每次进行配置审计时,结果作为配置状态报告的一部分。

配置状态报告应该定期产生,并且存储在数据库中,开发人员能够按照关键词分类进行检索。

配置状态报告也应根据报告着重反映当前基线配置项的状态,以作为对开发进度报告的参照。软件配置状态报告主要有变更请求(CR)、软件工作版本报告、版本说明、审核四个来源。

变更请求是一个通用术语,表示要求对工件或流程进行变更的请求。

软件工作版本报告中列出了构成软件某一特定版本的一个工作版本的所有文件、它们的位置以及已并入的变更。工作版本报告可以在系统级别和子系统级别上进行维护。

版本说明用来描述软件发布的详细信息。主要包括以下信息:已发布的材料清单(物理介质和文档)、软件内容清单(文件列表),所有特定于地点的“适应”数据、安装说明,以及可能存在的问题和已知的错误。

配置管理环境中包括功能审核和物理审核。功能审核的目标是核实软件配置项的实际性能是否符合它的需求。物理审核的目标是验证在配置管理系统中建立基线的工件是否为“正确”版本。

配置状态报告主要包括下列内容:

(1) 配置库结构和相关说明;

(2) 开发起始基线的构成;

(3) 当前基线位置及状态;

(4) 各基线配置项集成分支的情况;

(5) 各私有开发分支类型的分布情况;

(6) 关键元素的版本演进记录;

(7) 其他应予报告的事项。

小 结

本章首先介绍了配置管理规划,了解软件配置管理的概念,掌握制定配置管理计划、配置管理计划的主要内容,然后从配置项的标识、版本编号、变更控制、配置状态报告叙述了配置管理过程。总之,软件配置管理贯穿于整个软件生命周期,它为软件研发提供了一套管理办法和活动原则,软件配置管理无论是对软件企业管理人员还是研发人员都有着非常重要的意义。

习 题

1. 如何确定软件配置项?如何给软件配置项命名?
2. 什么是变更控制?软件变更通常有哪些类型?
3. 简述版本控制在软件配置管理过程中的重要性。
4. 什么是软件配置管理?软件配置管理的内容和基本目标是什么?
5. 简述软件配置管理的过程。

第三篇

软件工程实践

软件工程是一门实践性很强的课程，通过软件工程实践，使读者全面掌握软件分析、软件设计、软件实现及软件测试等方面的方法和技术，培养读者按照软件工程的原理、方法、技术和标准进行软件开发的能力，增强合作意识和团队精神，提高软件工程的综合应用能力。

第11章 软件工程工具

软件工程包含方法、工具和过程三要素。软件工具为软件工程方法提供了自动的或半自动的软件支撑环境。一个好的工具能极大地缩短软件的开发周期并有效地提高软件的质量。目前已推出的软件工程工具主要包括软件需求工具、软件设计工具、软件构造工具、软件测试工具、软件维护工具、软件配置管理工具、软件过程工具、软件质量工具和其他工具。在实际应用中,合理选用软件工程工具能够提高软件开发效率,降低软件项目风险。

11.1 统一建模语言

11.1.1 统一建模语言的由来与发展

1997年,对象管理组织(Object Management Group,OMG)在Rational公司的工作基础上,充分考虑IBM、HP、Microsoft、Oracle等公司的意见,发布了统一建模语言(Unified Modeling Language,UML)1.0版本,经过多年的发展,目前正在使用的是UML2.0版本。

UML的目标之一就是为开发团队提供一套标准的、通用的设计语言来开发和构建信息系统。在该标准中,提出了一套统一的标准建模符号,通过使用符号,开发人员能够互相理解和交流系统构架及设计计划——就像建筑工人多年来所使用的建筑设计图一样。

UML由图和元模型组成,图是语法,元模型是语义。在UML1.4版本中,共定义了9种图,包括类图、对象图、构件图、部署图、用例图、活动图、顺序图、协作图和状态图。各种图之间互为补充,展现的重点不同,面向的对象不同,但每种图都从不同侧面展现了待开发系统的局部或全部,因此,能够给系统的所有参与者,包括用户、系统构架师、分析员、开发人员、测试人员、部署人员等提供一种统一的、易于理解的交互方式。

11.1.2 标准建模语言的主要特点

UML的主要特点:

(1) UML统一了Booch、OMT和OOSE等方法中的基本概念。

(2) UML吸取了面向对象技术领域中其他流派的长处。例如,UML考虑了各种面向对象建模方法的图形表示方法,删掉了大量易引起混乱的、多余的和极少使用的符号,又添加了一些新符号。因此,在UML中汇入了面向对象领域中很多人的思想。

(3) UML在演变过程中还提出了一些新的概念。在UML标准中新增模版、职责、扩展机制、线程、过程、分布式、并发、模式、合作、活动图等新概念,并清晰地区分类型、类、实例、细化、接口和组建等概念。

UML 不仅被作为一种标准的建模语言,而且成为 OMG 更为庞大的软件开发计划——模型驱动体系结构的核心。MDA 是图示系统开发标准环,它的目标是建立一个完整的标准,在现在和将来都可以用这个标准建立与实现无关的、可映射于任何平台的模型。因此,其生命力是长久的,有背后的推动力量,在业界也得到了充分的重视。目前,主流的软件需求分析、建模和构建工具都以 UML 为基础。

11.2 软件需求分析、设计和构建工具

11.2.1 IBM Rational RequisitePro

需求分析工具有助于团队为涉及需求的问题划分、捕获和管理而定义正确的解决方案,建模,用户交互,定义数据库架构以及合并整个项目生命周期的反馈。成功的需求分析对于项目的成功具有重要的意义。

IBM Rational RequisitePro 是一个需求和用例管理工具,主要关注项目的文档、通信和控制的不断变化的要求,能够帮助项目团队改进项目目标的沟通,增强协作开发,降低项目风险,以及在部署前提高应用程序的质量。IBM Rational RequisitePro 具有以下特点:

(1) 通过与 Microsoft Word 的高级集成方式,为需求的定义、组织和分析提供熟悉的工作环境,提供数据库与 Word 文档的实时同步能力,并支持需求详细属性的定制和过滤,以最大化各个需求的信息价值。

(2) 提供详细的可跟踪性视图,通过这些视图可以显示需求间的父子关系,以及需求之间的相互影响关系。

(3) 通过导出的 XML 格式的项目基线,可以比较项目间的差异。

(4) 可以与 IBM Software Development Platform 中的许多工具进行集成,以改善需求的可访问性和沟通性。

IBM Rational RequisitePro V7 支持从 IBM Rational RequisitePro 的需求来创建 IBM Rational ClearQuest 的需求记录,然后可以与其他 IBM Rational ClearQuest 记录相关联。例如,对于增强的缺陷及请求,这大大地改进了对需求的变更请求的可溯性。在该版本中,使用了带有 LDAP 用户验证 Secure Socket Layers(SSL)协议,可以对通信加密,并保护文档安全。

总之,IBM Rational RequisitePro 是一个强大、易用、集成的需求管理产品,通过与 Rational 系列软件产品的广泛集成,给软件工程生命周期内的各个阶段都提供了强大、方便的信息查询、跟踪和管理功能,从而能够更好地进行团队沟通,帮助降低管理变更和评估变更的影响,降低项目风险。

11.2.2 IBM Rational Software Modeler

IBM Rational Software Modeler(RSM)是一种可自定义、基于 UML 的可视化建模和设计工具,它使用户能够清楚地对系统进行文档化,并交流这些系统试图。它一方面能很好地促进构架师和设计师的沟通,另一方面也能促进构架师和开发团队的沟通。

RSM 提供了一种软件开发平台，用户可以在该平台上使用 MDA 开发软件应用程序。RSM 支持的主要功能是在团队中，或者利用模型发布在团队间分享和交流复杂模型的能力。例如，可以希望模拟一个薪水系统，此时就可以使用 RSM 可视化地模拟这个系统。一旦完成建模，你可能想和其他人交流这个模型，此时使用模型发布就可以用 HTML 形式发布模型。另外，还可以从建立的模型中创建和生成自己的报告。

RSM 的特点如下：

(1) 支持构架师、系统分析人员、设计人员和其他人员相互交流开发项目的信息。

(2) 易于安装和使用，支持 Microsoft Windows 和 Linux 操作系统。

(3) 全面支持 UML2.0 建模标准。

(4) 允许灵活管理建模资源，以促进并行开发和构架重建，可重用新模型中的部分模型或拆分和组合模型，可单独检入、检出部分模型，并以图形方式比较和合并模型及部分模型。

(5) 有助于利用模式到模式和模式到代码转换(包括反向转换)，简化了构架和代码之间的转换。

(6) 允许用户采用已包含的设计模式(或编写自己的模式)来确保遵守约定和最佳实践。

(7) 与生命周期的其他方面(包括需求、变更管理和过程指南)集成在一起。

目前，IBM 的最新产品是 Rational Software Modeler V7.0。该版本采用 UML2.1 规范，对搜索功能、模型可用性、转换创作引擎等进行了改进，支持更高的代码质量与一致性、MDA、集成性和 SOA。

11.2.3 Microsoft Visio

Microsoft Visio 是独立的图表解决方案，它可以帮助用户交流创意、信息和系统，并将其可视化。使用 Visio 可以定义和记录日常工作生活的复杂信息，并与其他人有效地共享创意和信息。另外，Visio 图表可以合并到 Office 文档中，使文档简洁、易懂。使用 Visio 可以通过多种图表包括业务流程图、网络图、工作流图表、数据库模型和软件图表等直观地记录、设计和完全了解业务流程和系统的状态。通过编程方式或与其他应用程序集成的方式，可以扩展 Office Visio，从而满足特定行业的情况或独特的组织要求。用户可以开发自己的自定义解决方案和形状，也可以使用 Visio 解决方案提供商提供的解决方案和形状。

Visio 的软件图全面支持 UML 规范，在软件开发中，主要使用 Visio 进行各种 UML 图形的制作、从 UML 模块中生成代码、将 Visual Studio. NET 逆向工程为 UML 模块、利用 UML 和 Visio 对项目进行编档，并可利用 Visio 图设计分布式应用程序、对象角色建模和数据库设计的双向工程等。在需求分析中，使用 Visio 进行用例图的制作来分析用户的需求。

11.2.4 IBM Rational Rose

IBM Rational Rose 使构架设计师和设计人员能够使用 UML 进行模型驱动开发，建立软件构架、业务需求、可重用资源、管理级通信的平台独立模型，帮助开发人员先建模系统再编写代码，从而一开始就保证系统结构合理，并且利用模型可以方便地捕获设计缺陷，从而以比较低的成本修正这些缺陷。

在系统分析阶段,利用 Rational Rose 可以先设计使用案例和用例图,显示系统的功能。可以用交互图显示对象的配合方式,提供所需功能。类图可以显示系统中的对象及其相互关系。组建图可以演示类如何映射到实现组建。最后,部署图可以显示系统的部署计划。

Rose 模型使用 UML 的框图、角色、使用案例、对象、类、组件和部署节点等,详细描述系统的内容和工作方法,开发人员可以用模型作为所建系统的蓝图。该软件用于解决复杂系统开发过程中出现的问题,较好地支持包括模型执行和完全可执行的代码的生成,帮助技术人员和嵌入式系统的开发人员极大地提高生产效率。借助从需求捕获到代码生成,再到系统目标测试和调试的全面的工具集成,它将项目团队紧紧联系在一起。

IBM Rational Rose Technical Developer 软件定义了行业标准,同时还具备以下功能:

(1) 提供 Java、C/C + + 设计到代码的全自动转换。

(2) 优化事件驱动、并发和分布式应用程序。

(3) 运行时模型执行,完全可执行的代码生成和可视化模型调试。

(4) 基于模型的测试,它可以自动构建测试驱动程序、存根、测试装置和实际测试脚本。

(5) 高级建模构造,可满足对延迟、吞吐量和依赖性的严格要求。

(6) 采用被广泛应用的设计和实施模式,对最常用的 Java1.5 构造提供正向逆/支持。

(7) 针对数据库设计的 UML 建模,能够连接逻辑和物理设计,集成了其他 IBM Rational 生命周期开发工具,包括 Rational RequisitePro 软件和 Rational Unified Process for Systems Engineering 软件。

(8) 能集成任何兼容 SCC 的版本控制系统,包括 IBM Rational ClearCase 软件等,集成了最流行的嵌入式 IDE 和实时操作系统,并能配置为支持几乎所有的目标平台。

(9) 支持符合 MISRA C1.4 的 C 语言代码生成。

11.2.5 IBM Rational Software Architect

IBM Rational Software Architect 是 IBM 软件开发平台的一部分——IBM 在 2003 年 2 月并购 Rational 以来,首次发布的 Rational 产品。这个工具允许构架师使用一个工具来统一构架、设计和开发。

该工具是在 Eclipse 基础上建造的,用户可以将 Rational Software Architect 用于 Java2 平台企业版技术,使用代码生成功能,可以把设计和画在建模视图中的 UML 图转换为代码,底层的 Eclipse 平台也提供了强健和功能丰富的集成开发环境。

Rational Software Architect 不仅支持 Java 技术,还可以将 J2EE 平台所创建的 UML 模型转换为 C + + 代码,并进行定制修改。该特性允许开发人员在非 J2EE 平台开发时,也可以使用 Rational Software Architect 的建模和设计模式功能。

11.2.6 Microsoft Visual Studio 2005 Team Edition for Software Architects

该工具可以降低部属企业级分布式系统的风险,支持通过可视化的方式构建面向服务的解决方案,并在部署之前能够验证系统构架在真正的运营环境中的有效性,为构架师、业务经理和开发人员提供对成功部署的可预测能力。

Visual Studio 2005 Team Edition for Architects 具有以下功能特点：

（1）为运营而设计。分布式系统设计器是第一个动态系统管理计划可交付使用的产品，它旨在提高分布式系统的设计与有效验证的能力。构架师、业务经理、开发人员能够通过可视化的方式设计面向服务的解决方案，并在实施部署之前验证解决方案在它们的运营环境当中的有效性，这些功能提高了企业级分布式系统成功的概率，并降低了部署时可能存在的风险。

（2）紧密整合。该工具与 Visual Studio Team System 紧密集成，使构架师能够在软件开发生命周期当中有效地与团队成员进行沟通，创建、查看或分配工作项，并在团队所有成员之间共享工作。

（3）从应用设计生成代码。可以使用分布式系统设计器来生成刚要开始开发的软件工作，或者使用分布式系统设计器逆向工程一个现有的分布式系统。

（4）实时的代码同步。分布式设计器在开发生命周期当中对模型进行了最好的重视，它会不断地同步代码试图，保证模型试图随时都与代码更新保持同步。

（5）丰富、可扩展的基础结构。Visual Studio 2005 Team Edition for Software Architects 为客户和第三方合作伙伴提供了丰富的、可扩展的基础结构，并进行再次开发。

（6）集成的合作伙伴解决方案。该工具充分利用集成的合作伙伴解决方案开扩展分布式系统设计器，为分布式系统的管理和部署提供支持。

（7）支持自定义和扩展。可以使用系统定义模型（System Definition Model，SDM）的 SDK 模拟新的应用类型或应用主机或扩展现有的 SDM 模型。使用 SDM SDK 可以创建新的资源，模拟非 Microsoft 应用主机和服务器。系统定义模型 SDM 是 Visual Studio 2005 SDK 的一部分。

11.2.7 其他工具及发展趋势

需求分析、设计和构建工具还有很多，例如，Visual Paradigm 公司开发的 VP - Suite，甲骨文公司的开发的 Oracle Enterprise Developer Suite，IBM 公司针对 WebSphere 平台。Lotus 平台开发的大量工具，包括 IBM WebSphere Business Integration Modeler、IBM WebSphere Business Integration Monitor、IBM WebSphere Studio Asset Analyzer、IBM Lotus Enterprise Integrator for Domino Designer、IBM Lotus Enterprise Integrator for Domino、IBM Rational Application Developer for WebSphere Software、IBM Rational Suite Development Studio for UNIX、IBM Rational Suite for Technical Developers、IBM Rational Web Development Studio for iSeries、IBM WebSphere Host Access Transformation Services、IBM WebSphere Studio Application Developer Integration Edition、IBM WebSphere Studio Device Developer、IBM WebSphere Studio Enterprise Developer 等。在系统开发时，可以从团队的需要、项目的需要、技术经济等方面综合考虑，进行有效选择。

分析和开发工具的发展趋势主要表现在五个方面：

（1）自动化程度的提高。编程和文档生成采用代码和文档生成技术，可以较容易地部分地生成第三代语言（或更低级语言）的代码，生成文档框架和部分文档内同，从而大大节省了人力和时间。

（2）把需求分析包括到软件工作的范围内，使软件开发过程进一步向用户方面延伸，离用户更近了,避免了以往“你出算法,我出程序”的做法带来的种种问题。

(3) 把软件开发工作延伸到项目管理和版本管理,把软件开发从一次编程扩展到全过程,这是软件研制从个体的、手工作坊的方式向科学的、有组织的方式转变的重要表现。

(4) 研究吸收了许多管理科学的内容和方法,如开发人员的组织、质量的控制、开发过程的协调等,这一变化把软件开发项目负责人思想和方法摆在了更重要的位置,这是符合软件规模越来越大、软件开发工作越来越以来组织与管理的趋势的。

(5) UML 的支持。UML 已得到业界软件开发工具的全面支持,深入理解 UML 是成功进行软件分析可开发的重要保证。

11.3 软件测试和质量保证工具

软件测试和质量保证工具是开发团队通过使用自动功能加速发现和诊断来提高产品质量,确保开发、质量保证和 IT 操作之间清晰的通信,提供可行的资产跟踪、加速的问题确定,以及部署后可用性风险的早期检测。

11.3.1 IBM Rational PurifyPlus

IBM Rational PurifyPlus 是一套完整的运行时分析工具,旨在提高应用程序的可靠性和性能。PurifyPlus 将内存错误和泄漏检测、应用程序性能描述、代码覆盖分析的功能组合在一个单一、完整的工具包中,实现自动化运行时错误侦测、瓶颈问题发现和代码覆盖分析,以提高单位测试和调试的有效性。

Rational PurifyPlus 允许将整个应用程序插桩,或仅选择其中的一部分。有选择的插桩只分析所考虑的模块。这为创建监测环境提供了更加的灵活性,同时,使运行时分析中的数据收集更简单和更有成效。对于 Windows 和 UNIX 开发人员而言,特殊的程序分析技术使他们能直接对可执行程序进行分析,而无需重新编译。对于 Linux 和款平台环境,用户可开放源代码。

Rational PurifyPlus 与 IBM Rational ClearQuest 进行了集成,从而能在发现代码错误时立刻创建缺陷报告。

IBM Rational PurifyPlus 的突出特点:

(1) 便于查明难以发现的错误;

(2) 突出性能瓶颈;

(3) 确定为测试代码;

(4) 对整个应用程序或仅仅是选择的模块进行操作;

(5) 支持 JAVA、Visual C#. NET、Visual Basic. NET、Visual C/C ++ 6. 0、Visual Basic 6.0和 ANSI C/C ++;

(6) 支持 Windows、UNIX、Linux 以及跨平台环境;

(7) 在 Windows 和 UNIX 中无论有无源代码均可工作——无需重新编译代码;

(8) 在 IBM WebSphere Studio 、Eclipse 和 Microsoft Visual Studio . NET 中可直接查看分析结果;

(9) 将功能调用集成到 Visual Studio 6.0 和其他领先 IDE 的菜单中。

11.3.2 WinRunner

WinRunner 属于功能测试工具。如果一个测试用例在编码阶段只运行两次,那最好使用手动测试,它将比自动测试花费少得多的费用。手动测试允许测试员进行更多的随机测试。手动测试的限制是其将花费大量时间,因为每次有了新的 build,测试人必须重新运行测试,经过一段时间以后测试将会非常繁琐。

Mercury Interactive 公司的 WinRunner 是一种企业级的功能测试工具,用于检测的程序包括 Web 应用系统、ERP 系统和 CRM 系统等,看它们是否能够达到预期的功能及正常运行。通过自动录制,监测和回放用户的应用操作,WinRunner 能够有效地帮助测试人员对复杂的企业级应用的不同发布版进行测试,提高测试人员的工作效率和质量,确保跨平台的、复杂的企业级应用无故障发布及长期稳定运行。

WinRunner 直观地记录流程可以帮助用户创建稳固的测试案例。WinRunner 通过模拟用户行为,来记录下一个典型的业务流程,从而创建一个测试。在记录过程中,也可以直接编辑生成的脚本,以满足大多数复杂的测试需求。

测试人员可以在此时脚本中加入检查点这些检查点可以在测试过程中比较预期值和实际值。WinRunner 提供各种类型的检查点,包括 GUI、位图和 Web 链接等。

WinRunner 可以标示出被更新、修改、删除和插入的记录,以验证数据库值,确保交易的准确性和数据库的完整性。利用 WinRunner 的数据驱动向导,可以很容易地对所录制的业务流程进行每一步操作,如果测试执行中断了,或者 QA 工程师不在场,WinRunner 的恢复管理器和例外捕获机制将自动查找例外事例、错误和应用崩溃的起因,确保测试的顺利完成。

一旦测试被运行,WinRunner 的互动报告工具将通过提供详尽易懂的报告,向测试组解释测试结果,该报告列出了错误和错误的起因。WinRunner 能帮助机构建立可重复利用的测试,在整个应用生命周期中反复修改。可以将修改内容置于一个与测试案例有关的中央信息存储——GUI 映射中,WinRunner 将自动把修改内容传递到所有与之相关的脚本。

11.3.3 LoadRunner

LoadRunner 是一种预测系统行为和性能的负载测试工具,它通过模拟上千万用户实施并发负载及实施性能监测的方式来确认和查找问题。LoadRunner 能够对整个企业架构进行测试,通过使用 LoadRunner,企业能最大限度地缩短测试时间,优化性能和加速应用系统的发布周期。

LoadRunner 由 Mercury Interactive 公司开发,能够适用于各种体系架构,测试对象是整个企业的系统,支持广泛的协议和技术。

其他著名的并发性能测试工具有 Compuware Corporation 公司开发的 QALoad、Quest Software 公司开发的 Benchmark Factory 以及德国 Paessler 公司开发的 Webstress 等。

11.3.4 CODETEST

CODETEST 是 Applied Microsystems Corp. 公司的嵌入式软件在线测试工具,同时也能做嵌入式部分模块的测试。其主要功能：

（1）性能分析。CODETEST 能同时对 128000 个函数和 1000 个任务同时进行性能分析，可以精确地得出每个函数或任务执行的最大时间、最小时间和平均时间，精确度达到 50ns。能够精确地显示各函数或任务之间的调用情况，帮助用户发现系统瓶颈，优化系统和提升系统性能。

（2）测试覆盖率分析。CODETEST 提供程序总体概况，以函数级代码以及源级覆盖趋势等多种模式来观测软件的覆盖情况。由于 CODETEST 是一种完全的交互式工具，因此测试者可以在对系统操作的同时追踪覆盖情况，并可以在实时的系统环境下，进行 SC、DC 和 MC/DC 级别的代码覆盖率测试，帮助测试工程师掌握当前代码测试覆盖情况，指导测试用例的编写，加速测试进程和产品风险的评估过程。

（3）动态内存分配分析。在 CODETEST 诞生之前，动态的存储分配情况是难以追踪观测的。CODETEST 的分析能够显示出有多少字节的存储器被分配给了程序的哪一个函数，这样就可以确定哪些函数占用了较多的存储空间，哪些函数没有释放相应的存储空间。测试者甚至还可以观察到存储体分配情况随着程序运行的改变，即动态的增加和减少，也即 CODETEST 可以统计出所有的内存的分配情况。随着程序的运行，CODETEST 能够指出 20 多种内存分配的错误，报告发生错误的函数和代码行，帮助用户尽早发现动态内存泄漏，而无需等到系统崩溃时。

（4）执行追踪分析。CODETEST 可以按源程序、控制流以及高级模式来追踪嵌入式软件，它提供 400kB 的追踪缓冲空间，最大追踪深度可达 150 万条源级程序。其中，高级追踪模式显示的是 RTOS 的事件和函数的进入和退出，给测试者一个程序流程的大框架图；控制流追踪增加了可执行函数中每一条分支语句的显示；源级追踪则又增加了对被执行的全部语句的显示。在以上三种模式下，均会显示详细的内存分配情况，包括在哪个代码文件的哪一行，哪一个函数调用了内存的分配或释放了函数，被分配的内存的大小和指针，被释放的内存的指针，出现的内存错误等。用户可以设置软/硬件触发器来追踪自己的感兴趣的事件，可以显示运行过程中运行的实际情况，帮助查找程序的 BUG。

11.3.5 Visual Studio 2005 Team Test Edition

过去，Microsoft Visual Studio 是一种只关注软件开发人员的产品，而对开发测试方面提供的支持不足。作为开发人员或测试人员，可以使用 Visual Studio 对测试进行编码，但是要创建某些专业化的测试或者要对测试进行管理，则通常必须使用其他的 Microsoft 产品，或购买第三方工具，或从头创建工具。这使得建模和发布数据、组织支持文档、跟踪错误测试、Web 测试、加载测试、手动测试以及代码覆盖的度量等。

该测试工具还与 Visual Studio 2005 Team System 的其他部分集成在一起，这意味着软件测试人员还能够将其结果发布到数据库，生成趋势报告和历史报告，比较不同种类的数据，查看测试后找到了多少错误以及都是哪些错误，并确定哪些错误没有链接到可以帮助它们重新产生的测试中等。

Visual Studio 2005 Team Edition 支持以下测试类型：

（1）单元测试：由执行项目功能和方法的代码组成。单元测试用于测试现有的源代码，它们是测试驱动开发的基本要素。

（2）Web 测试:包括一系列可以从浏览器会话创建或记录的 HTTP URL。

（3）通用测试:允许使用团队现有的自动测试和自动工具。

（4）加载测试:模拟多个用户运行自动测试。

（5）手动测试:逐步完成还未自动执行的任务。

测试工具种类繁多,其他诸如 IBM Rational Manual Tester(用于编写和执行手动测试), IBM Rational Performance Tester(基于多用户负载验证 Web 应用程序性能、可伸缩性和可靠性)、IBM Rational Performance Tester(执行功能测试自动化)等在业界得到了广泛使用。

11.4　软件配置管理工具

配置管理工具提供集成的版本控制、版本和发布管理、缺陷和变更跟踪以及工作流管理。利用这些功能,可以进行团队合作、提高生产率、改善运营效率、降低成本、使企业应用程序开发、Web 内容和技术计划等适应业务需求。

11.4.1　IBM Rational ClearCase

IBM Rational ClearCase 软件可用来管理和控制软件开发资产。它集成了设计、开发、构建、测试和部署工具,为支持在整个生命周期中对软件资产进行受控访问提供了完整的解决方案。它的主要功能特性包括:

（1）具有成熟的版本控制,可进行自动化的工作空间管理,支持并行开发、基线管理以及构建和发布管理,为创建、更新。构建、交付、复用和维护关键业务型资产提供了所需的功能。

（2）通过并行开发缩短构建/发布周期以及增强软件复用来提高生成效率。

（3）能够与一些领先的 IDE,包括 IBM Rational Application Developer 软件、IBM WebSphere Studio 软件、Microsoft Visual Studio 2005 软件以及开放式源代码 Eclipse 框架集成,进一步简化了开发。

（4）具有用户认证和审计支持之类的安全功能,有助于满足合归性需求。具有本地、远程和 Web 界面,支持真正的随时随地访问。支持 Linux Windows、UNIX 和 IBMz/OS 开发,可开发企业级应用程序和构件。

（5）与 IBM Rational ClearQuest 软件的集成提供了完整的变更和配置管理解决方案。

11.4.2　IBM Rational ClearQuest

IBM Rational ClearQuest 是 IBM 公司开发的变更请求和缺陷管理工具,提供了灵活的企业级缺陷和变更跟踪。该工具具有以下主要功能:

（1）基于活动的变更和缺陷跟踪。

（2）健壮、灵活的工作流支持,包括电子邮件通知和提交选项。

（3）使用简单的即指即点的特性,能轻松进行制定。

（4）带有扩展的图表和报告功能的全面的查询支持。

（5）Web 界面允许从标准 Web 浏览器进行简单访问。

（6）与领先的 IDE(包括 WebSphere Studio、Eclipse 和 Microsoft. NET)进行了集成。

11.5 过程和项目管理工具

11.5.1 RUP 统一软件开发过程

项目经理和规划管理经理发现，开发基础设施工具和过程需要访问最新的项目状态信息、精确地估计所需的资源并做出综合而灵活的项目计划，以助于团队更加高效地协作。IBM 软件开发平台的核心是一个灵活的、已证实的、可配置的、同时针对大型和小型开发项目的过程。

Rational 统一软件开发过程（Rational Unified Process，RUP）是由 IBM Rational 公司开发和维护的一个面向对象的，且基于网络的程序开发方法论。就好像一个在线的指导者，它可以为所有方面和层次的程序开发提供指导方针、模板以及事例支持，是一个软件工程的过程产品。其他开发团队同顾客、合作伙伴、产品小组及顾问公司共同协作，确保开发过程持续地更新和提高，以及反映新的经验和不断演化实践经验。

RUP 能对大部分开发过程提供自动化的工具支持，它们被用来创建和维护软件开发过程（可视化建模、编程、测试等）的产物——特别是模型。另外，在与每个迭代过程的变更管理和配置管理相关的文档工作支持方面也是非常有价值的。对于所有的关键开发活动，RUP 为每个团队成员提供了使用准则、模版、工具指导等进行访问的知识基础。在相同知识基础上，无论是进行需求分析、设计、测试项目管理，还是进行配置管理，均能确保全体成员共享相同的知识、过程和开发软件的测试图。

11.5.2 IBM Rational Method Composer

IBM Rational Method Composer（RMC）是一个建立在 Eclipse Process Framework 上的产品，它是 RUP 的最新一代产品。利用 RMC 可以更加便捷和准确地定制基于 RUP 的软件开发过程。同时，RMC 还可以与 Rational Portfolio Manager 集成，以进行开发过程的管理和重用。

Composer 将 RUP 的应用从个人项目转移到企业级业务驱动的开发上来。Composer 包含了 RUP 并加以扩展，增加了 IBM 在组合管理、协作的分散式开发以及面向服务的架构方面的最佳实践。

基于开源产品的过程定制工具使项目经理能自动地把项目计划模版直接送往 IBM Rational Portfolio Manager，改进了公司处理交叉项目的能力，并且在将 IT 项目应用到商务时让商业团队和 IT 团队有更好的协作。

IBM Rational Method Composer 主要关注的问题包括：描述如何捕捉、批准、和模拟业务过程，改进并验证业务过程，管理大量业务过程，高效执行业务过程等。它还包含了用于定制最佳实践的过程工具，包括过程指南向导。此外，还有为了在其他项目中重用而设计的用于自动捕捉最佳实践的新工具。

Composer 与 Rational Portfolio Manager 的集成，不仅实现了与开发工具的集成，还把过程内容带入 Portfolio Manager 中并执行。另外，还包含了一个开放到基于 Eclipse 平台的、用来交付 RUP 和 IBM Rational Summit Ascendant 的最佳实践库。

11.5.3 IBM Rational Team Unifying Platform

IBM Rational Team Unifying Platform 为开发团队提供核心基础设施，包括生命周期过程指南、需求管理、版本控制、缺陷和变更跟踪、测试管理以及项目度量和报告等。

IBM Rational Team Unifying Platform 软件是有关基础结构工具和流程的集成套件，它包括：IBM Rational RequisitePro 软件、IBM Rational ProjectConsole 软件、IBM Rational-ClearCase LT 软件、IBM Rational TestManager 软件、IBM Rational SoDA 软件和 IBM Rational Method Composer 软件。

11.6 数据库建模工具

11.6.1 PowerDesigner

Sybase PowerDesigner 不仅是一个强大的数据库建模工具，而且是一个"一站式"的企业级建模及设计解决方案。它结合了业务流程建模、通过 UML 进行的应用程序建模以及市场占有率第一的数据建模，能帮助企业快速高效地进行企业应用系统构建及反向工程。IT 专业人员可以利用它来有效开发各种解决方案，如从定义业务需求到分析和设计，以至集成所有现代 RDBMS 和 Java、PowerBuilder 和 Web Services 的开发等。PowerDesigner 的功能体现在以下几个方面：

(1) 需求管理。PowerDesigner 可以把需求定义转化成任意数量的分析及设计模型，并记录需求、所有分析及设计模型的改动历史，保持对它们的跟踪。Microsoft Word 导入/导出功能使业务用户能轻易地处理流程工作。

(2) 文档生成。PowerDesigner 提供了 Wizard 向导，以协助建立多模型 RTF 和 HTML 格式的文档报表。项目团队中非建模成员同样可以了解模型信息，增强整个团队的沟通。

(3) 影响度分析。PowerDesigner 模型之间采用了独特的链接与同步技术进行全面集成，支持企业级或项目级的全面影响度分析。从业务过程模型、UML 面向对象模型到数据模型都支持该技术，大大提高了整个组织的应变能力。

(4) 数据映射。PowerDesigner 提供了拖放方式的可视化映射工具，方便、快速及准确地记录数据依赖关系。在任何数据和数据模型、数据与 UML 面向对象模型以及数据与 XML 模型之间均可建立支持影响度分析的完整的映射定义，生成持久代码以及数据仓库 ETL 文件。

(5) 开放性支持。PowerDesigner 支持所有主流开发平台，包括支持超过 60 种(版本)的关系数据库管理系统，如 Oracle、IBM、Microsoft、Sybase、NCR、Teradata 和 MySQL 等；支持各种主流应用程序开发平台，如 JzEE. NET(C#和 VB. NET)、Web Services 和 PowerBuilder 等；支持所有主流应用服务器和流程执行语言，如 ebXML 和 BPEL4WS。

(6) 可自定义。PowerDesigner 支持从用户界面到建模行为以及代码生成的客户化定制，支持用于模型驱动开发的自定义转换，包括对 UML 配置文件的高级支持、可自定义菜单和工具栏、通过脚本语言实现自动模型转化，通过 COM API 和 DDL 实现访问功能以及通过模版和脚本代码生成器生成代码等。

（7）企业知识库。PowerDesigner 的企业知识库是存储在关系数据库中的完全集成的设计时知识库，具有高度的可扩展性，便于远程用户使用。该知识库提供以下功能：基于角色的模型和子模型访问控制，版本控制和配置管理，模型与版本的变更报告以及全面的知识库搜索功能。PowerDesigner 的知识库还可以存储和管理任何文档，包括 Microsoft Office 和 Project 文件、图像和其他类文档等。

11.6.2 IBM Rational Rose Data Modeler

IBM Rational Rose Data Modeler 软件提供了完善的可视化建模环境。它通过一个公共的工具和单一的语言（统一建模语言）将数据库设计人员和开发团队的其他人员联系起来，加速开发过程。使用 Rational Rose 软件，数据库设计人员可以直观地了解应用程序访问数据库的方式，从而可在部署前发现并解决问题。

此软件的其他功能包括：

（1）支持对象模型、数据模型和数据存储模型的创建。

（2）映射逻辑和物理模型，从而可灵活地将数据库设计演变为应用程序逻辑。

（3）支持数据模型、对象模型和已定义数据语言文件/数据库管理系统之间的双向工程。

（4）可变换同步选项（在变换期间对数据模型和对象模型进行同步）。

（5）具有数据模型—对象模型比较向导。

（6）支持一次性对整个数据库进行正向工程的工作。

（7）集成了其他 IBM Rational Software Development 生命周期工具。

（8）能集成任何兼容 SCC 版本控制系统，包括 IBM Rational ClearCase 软件。

（9）能够以 Web 页面的方式发布模型和报告，以此提高整个团队的沟通效率。

小 结

本章简要介绍了部分主流的软件工程工具，包括统一建模语言、软件需求分析、设计和构建工具、软件测试和质量保证工具、软件配置管理工具、过程和项目管理工具、数据库建模工具等。合理选用这些工具能够提高软件开发效率，降低软件项目风险。

习 题

1. 什么是软件工程工具，它是如何分类的？
2. 在实际应用中如何选择合适的软件工程工具？

第12章 结构化方法实验

实验教学的目的是通过实验加深对软件工程课程基础理论、基本知识的理解,提高分析和解决软件项目问题的能力;培养严谨的工作作风和实事求是的科学态度,为日后的科学研究和软件开发打下良好的基础。

结构化方法是一种传统的软件开发方法,它是由结构化分析、结构化设计和结构化实现三部分有机组合而成的。它的基本思想是把一个复杂问题的求解过程分阶段进行,每个阶段处理的问题都控制在人们容易理解和处理的范围内。结构化方法的基本要点是自顶向下、逐步求精、模块化设计。本章围绕结构化方法设计了若干实验,目的是帮助读者更好地理解和掌握结构化方法的内涵和外延。

12.1 可行性研究实验

1. 实验目的

掌握软件项目立项时可行性研究的方法、内容及步骤,掌握可行性研究报告的编写方法。

2. 实验环境

安装了 Windows 系列操作系统和 Office 软件的计算机。

3. 实验内容

案例:人事档案管理系统。

实验步骤:

1) 分析系统的目的

该系统的目的是对单位内人事信息进行全面管理,以便于人力资源的日常管理、开发和利用。

2) 分析当前系统的状况

在进行信息化之前的人事档案管理工作完全依靠人工进行。

3) 当前系统的业务流程

(1) 管理人员配置情况:人事档案管理负责人一人,人事档案管理员两人;

(2) 人事变动管理:单位发生人事变动,需要更改相应信息,由人事档案管理员根据人事信息发生改变的事实进行具体的更改、登记等操作,如人员调入、调出、辞退、死亡、升迁等;

(3) 人事信息查询检索:查询所属员工的人事信息,根据姓名、工号等识别代码进行查询;

(4) 人事信息统计报表:根据统计的要求,需要先查询、后手工填制有关统计表格。

4) 分析当前系统的不足

当前的人事档案管理系统完全依靠人工进行管理,这样不仅效率低下,而且容易出现错误,与单位的规模和发展不适应,应尽快实施技术改造。

5)提出新的目标系统

根据4)的分析,只有进行信息化建设,采用以计算机、数据库技术为基础的现代管理信息系统来替换现有的系统,才能彻底改变手工管理的落后状况。

(1) 系统组成。新的目标系统由计算机硬件设备、数据库、人事档案管理软件和人事档案的管理操作人员组成,能够实现人事档案管理的信息化,提高工作效率,实现现代化人事档案管理。

(2) 系统功能需求。新系统需要满足人事变动管理(人事信息的增、删、查、改)、人事信息查询检索、报表统计等基本业务需求。在使用计算机管理之后,带来了新的要求,如用户登录、操作人员的管理、基础数据维护、由数据安全性产生的数据备份与恢复等。

(3) 数据流程分析。人事档案信息管理主要流程:人事档案信息变动输入→信息编辑(增、删、查、改)→分类统计→报表打印。

系统账户管理流程:用户管理(增、删、查、改权限)→用户登录。

系统数据管理流程:部门数据维护、数据备份与恢复相对独立。

6)检查目标系统是否满足要求

由上述分析得出的目标系统的逻辑模型是否与实际相符,应该返回给用户确认,检查是否到位或遗漏,然后进行补充、修改、完善,直至满足用户需求。

7)制定新系统的技术方案

从技术可行性角度考虑,有如下几种可以选择的方案:

开发方案A:采用桌面小型数据库系统 Visual FoxPro 开发。

开发方案B:采用大型数据库管理系统 Oracle、DB2 或 Sybase 等作为后台数据库,采用 Microsoft VB、VC 或 Delphi 开发前台的操作部分。

开发方案C:采用小型数据管理系统 Access 或 SQL Server 作为后台数据库,用 HTML 或 ASP 等开发前台的操作部分。

8)方案分析比较

方案A:用 Visual FoxPro 进行系统开发的特点是,开发工具与数据库集成一体,可视化,开发速度快、效率高,但数据库能管理的数据规模相对较小。系统对硬件设备的要求低,不需要网络支持,在单机环境下也能运行,在局域网环境下也可使用。方案的实施相对容易,成本低、工期短。

方案B:以大型数据库管理系统为后台数据库,前台操作与数据库分离,前后台可以分别进行开发管理,能实现多层应用系统。前台采用可视化的面向对象的开发工具,开发效率高,特别适合于大量数据。系统对硬件设备的要求高,以在网络环境中使用为主,当然在单机环境下也能运行。方案的实施相对复杂, 成本高一些,工期长一些。

方案C:以小型数据库管理系统为后台数据库,该前台操作与数据库分离,也能实现多层应用系统。系统对硬件设备要求居中,特别适合在网络环境下使用,操作方便。但系统的实现最复杂,成本最高,工期也较长。

9)推荐方案

可行性研究的主要内容之一是推荐系统开发的最合适方案。在推荐方案之前,应该首先确定推荐方案的依据或者选择最终方案的准则。推荐方案的依据来源于用户的现实需求、技术现状、经济条件、工期及其他局限性因素等。实际上存在很多约束条件或限制性因素,例如,政策性的工期要求,用户的经济状况不佳但又要技术改造等。因此,推荐方案的依据有以成本最低为优先原则的,也有以技术最新、用户最方便为优先原则的,还有以工期最短为优先原则的。所以,应该根据用户的具体情况确定合适的推荐依据。推荐依据确定后,推荐方案就容易确定了。

在本例中,三种方法均能达到良好效果,但实现的方式、成本、工期等相差较大,这里假设用户企业为中等规模,经济状况也比较好,也不在乎工期,而侧重于系统的方便、好用。在这样的假设下,可以确定推荐依据:技术成熟、可靠,数据规模中等,操作使用方便等。据此可以确定推荐方案为开发方案 C。

10) 编制系统的开发方案

系统开发计划的编制目录用文件形式表述,把对在开发过程中各项工作的负责人员、开发进度、所需经费预算、所需软/硬件条件等问题做出的安排记载下来,以便根据本计划开展和检查本项目的开发工作。

11) 编制可行性研究报告

按照国家标准 GB/T 8567《计算机软件文档编制规范》中"可行性研究报告"的要求编写可行性研究报告。可行性研究报告目录见表 12.1。

表 12.1 可行性研究报告目录

I. 引言	F. 局限性
A. 编写目的	IV. 所建议技术可行性分析
B. 项目背景	A. 对系统的简要描述
C. 定义	B. 处理流程和数据流程
D. 参考资料	C. 与现有系统比较的优越性
II. 可行性研究的前提	D. 采用建议系统可能带来的影响
A. 要求	E. 技术可行性评价
B. 目标	V. 所建议系统经济可行性分析
C. 条件、假定和限制	A. 支出
D. 可行性研究方法	B. 效益
E. 决定可行性的主要因素	C. 收益与投资比
III. 对现有系统的分析	D. 投资回收周期
A. 处理流程和数据流程	E. 敏感性分析
B. 工作负荷	VI. 法律因素可行性分析
C. 费用支出	A. 法律因素
D. 人员	B. 用户使用可行性
E. 设备	VII. 其他可供选择的方案

4. 实验注意事项

本实验为设计性实验,建议分组进行。实验课堂内侧重于案例的学习和方法的掌握,可行性研究报告的具体编写和相互评审可以安排在课外进行。实验课内没有完成的内容延续到课外继续完成。

5. 实验成果

（1）可行性研究报告；

（2）软件项目进度计划安排。

6. 分析与讨论

分析软件项目的可行性研究报告与工程项目、科研项目立项报告的共性与差别，讨论案例的技术方案、经济效益与社会效益并体现在可行性研究报告中。

7. 实验练习及思考题

（1）可行性研究的任务是什么？为什么软件工程项目需要可行性研究？

（2）可行性研究有哪些步骤？

（3）可行性研究报告有哪些内容？

8. 实验总结

总结可行性研究的要点、步骤、效益分析的方法。

12.2 需求分析实验

1. 实验目的

掌握软件需求结构化分析方法；掌握使用 Microsoft Visio 建立分析模型的方法；掌握软件需求说明书的撰写。

2. 实验环境

安装了 Microsoft Word 2003 和 Microsoft Visio 2003 的计算机。

3. 实验内容

案例：高校教学管理系统。

1）问题描述

某高校教学管理系统的工作过程：在每学期开学时，学生需要注册登记，只有注册成功后才能成为该学校的正式学生。学校实行校级、系级两级管理，如果学生因为身体不健康、学习跟不上等原因要求休学、退学时，需要先向系里提出申请，系里核实情况后再提交学校教务处审批，然后将审批结果通知学生。每学期学生可以进行选课，在得到确认后就可以听课并参加考试。在期末，教师要将学生的考试成绩上报教务处，教务处将登记、备案。考试不及格需要补考。如果超过三门不及格，则要留级或降级。对于优秀学生，学校给予奖励，根据学习成绩发放奖学金。

2）功能分析

通过上面的描述，初步分析“高校教学管理系统”应该具备以下功能：

（1）与学生有关的功能，包括注册申请、学籍申请、补考通知、学籍资格变动通知；

（2）与教师有关的功能，包括教学安排、提交学生修课成绩；

（3）与系办有关的功能，包括录入新生名单、学籍审理意见、奖学金统计等；

（4）与教务处有关的功能，包括成绩统计、学籍审理意见。

3）建立数据流图

（1）画出顶层数据流图。任何系统的基本模型都是由若干个数据源点、终点和一个代表系统对数据加工变换的基本功能的处理组成的。图 12.1 为教学管理系统的顶层数据流图。

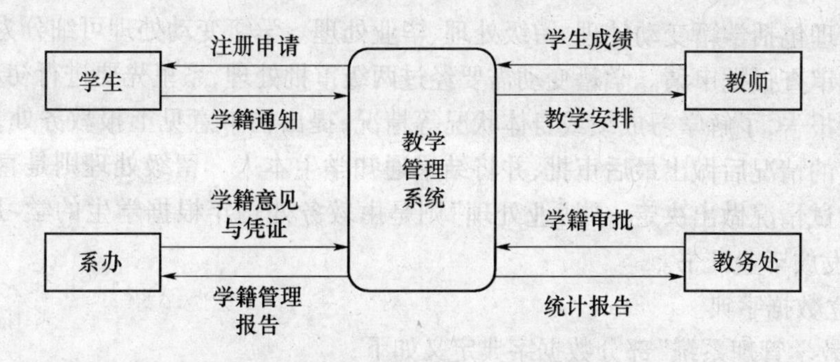

图 12.1　教学管理系统的顶层数据流图

（2）第一步求精。基本系统模型的数据流图非常抽象，因此需要把基本功能细化。我们采用从外到里的方法对教学管理系统进行分解。按照功能细化后可分为注册管理、成绩管理、学籍管理、奖励管理四个主要功能，同时增加学生名册和成绩档案两个数据存储，并出现了细化的数据流，如图 12.2 所示。

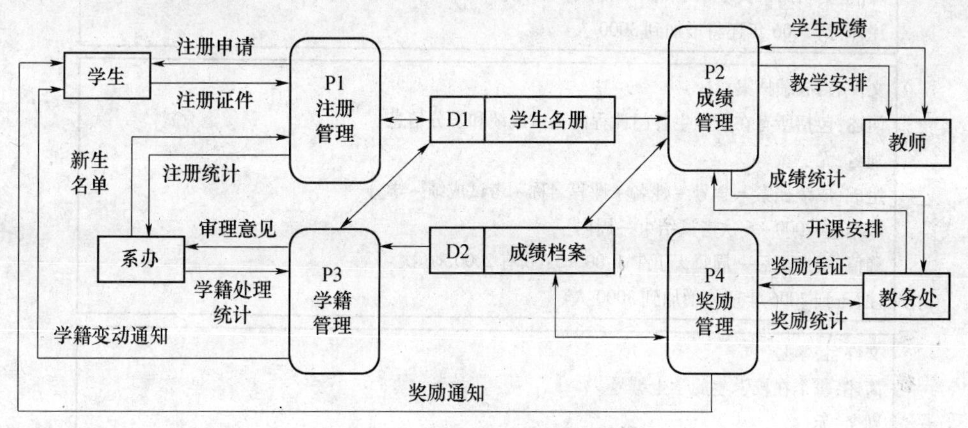

图 12.2　教学管理数据流程图

（3）第二步求精。对描绘系统的各个功能进行细化，可得到进一步的数据流程描述。例如，对学籍管理细化得出底层数据流程图如图 12.3 所示。

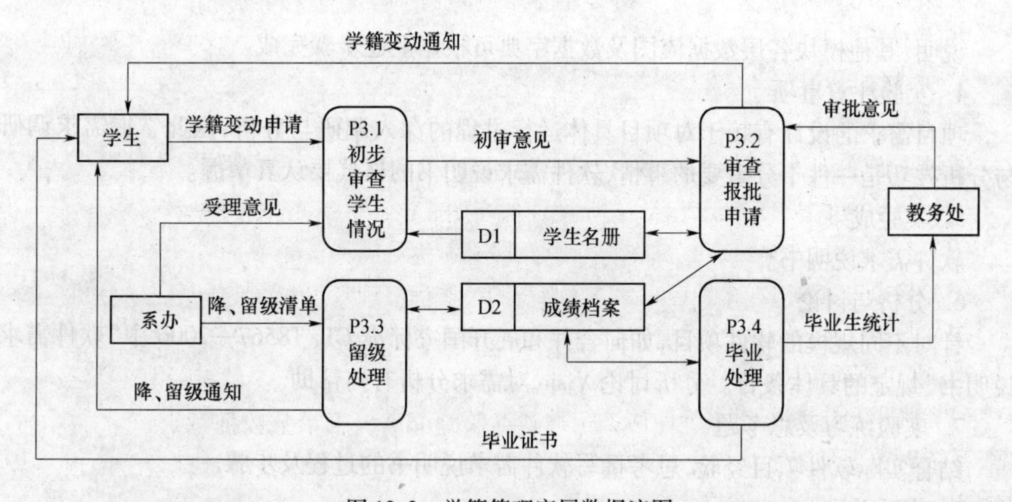

图 12.3　学籍管理底层数据流图

学籍管理包括学籍变动处理、留级处理、毕业处理。学籍变动处理可细分为初步审查学生申请和审查报批申请。学籍变动需要经过两级审批处理，系里先要进行初步审查，核实学生申请报告，了解学习成绩或身体状况等情况，提出初审意见上报教务处，教务处综合考虑学生的情况后做出最后审批，并将结果通知学生本人。留级处理则是直接由系办根据学生考试情况做出决定。“毕业处理”则是由教务处每年根据学生的学习情况统一处理，负责发放毕业证书。

4）建立数据字典

“高校教学管理系统”部分数据字典定义如下：

数据流名:注册申请
简述:每学期开学需要学生注册登记
别名:无
组成:注册申请 = 学号 + 姓名 + 入学日期 + 注册日期
数据量:2000 次/开学一周
峰值:第一周每天下午 1:00 ~ 5:00 有 300 次
注释:到 2006 年还将增加到 3000 人

文件名:成绩档案
简述:包括所有在册学生各门课程的考试成绩和学分信息
别名:无
组成:成绩档案 = 学号 + 姓名 + 课程名称 + 考试成绩 + 学分
数据量:2000 × 6 次考试结束一周内
峰值:学期最后一周每天下午 1:00 ~ 5:00 有 2000 × 6 次
注释:到 2006 年还将增加到 3000 人

文件名:学号
简述:每个在校学生的学生编号
别名:无
组成:学号 = 年级 + 专业 + 序号
值类型:7 位数字
取值范围:无

说明：其他模块各层数据流图及数据字典可根据上述步骤完成。

4. 实验注意事项

项目需求的设计有赖于对项目具体运行过程的深入调研与分析，因此掌握需求调研与分析技巧是一件十分重要的事情，软件需求说明书的格式要认真掌握。

5. 实验成果

软件需求说明书。

6. 分析与讨论

针对不同规模的软件项目，如何合并和展开国家标准 GB/T8567—2006 中“软件需求说明书”规定的具体条目。分析讨论 Visio 对需求分析有何帮助。

7. 实验练习及思考题

结合实际软件项目经验，思考撰写软件需求说明书的过程及步骤。

8. 实验总结

总结需求获取和分析建模的方法，说明可以采用哪些图表来描述软件需求，总结 Visio 在需求分析中的作用。

12.3 软件设计实验

1. 实验目的

了解软件体系结构模型；掌握面向数据流的设计方法；掌握面向数据结构的设计方法；掌握软件设计说明书的撰写。

2. 实验环境

安装了 Microsoft Word 2003 和 Microsoft Visio 2003 的计算机。

3. 实验内容

1）问题描述

某高校的图书馆藏有图书和期刊杂志两大类书籍，每种图书或杂志可以有多册，以便于外借。图书馆有职工数十名。图书馆开架借书和还书过程如下：

（1）读者注册管理。对于新读者，在借书前先要办理借书手续，登记本人的基本信息，由管理员确认后，发给读者借阅卡与登录系统的密码。一旦建立读者记录，读者就可以利用借书卡借书，并可以登录到系统进行借阅图书查询与续借，还可以修改密码等自身的基本信息。对于调离单位的读者，管理员负责注销该读者的有效身份。

（2）借书过程。读者从架上选到所需图书后，将图书和借书卡交给管理员，管理员用条码阅读器将图书和借书卡上的读者条码信息、图书信息读入处理系统。系统根据读者条码从读者文件和借阅文件中找到相应的记录；根据图书上的条码从图书文件中找到相应记录，读者如果有下列情况之一将不予办理借书手续：

① 读者所借阅图书已超过读者容许的最多借书数目；

② 该读者记录中有止借标志；

③ 该读者有已超过归还期限，而仍未归还的图书；

④ 该图书停止外借。

如读者符合所有借书条件时，予以外借。系统在借阅文件中增加一条记录，记入读者条码、图书条码、借阅日期等内容。

读者身份信息包括读者编号、姓名、身份证号、系别、联系电话、密码。

图书信息包括图书编码、书名、作者、出版社、出版日期、库存量和借阅状态等。

借阅信息包括读者编号、图书编码、借出日期、归还日期、已经借书数和续借项等。

（3）还书过程。还书时，读者只要将书交给管理员，管理员将书上的图书条码读入系统，系统从借阅文件上找相应的记录，填上还书日期后写入借阅历史文件，并从借阅文件上删除相应记录。还书时系统对借还书日期进行计算并判断是否超期：若不超期，结束过程；若超期，则计算出超期天数、罚款金额，并打印罚款通知书，记入借阅文件，同时，在读者记录上做止借标记。当读者交来罚款收据后，系统根据读者条码查询罚款记录，将相应记录写入罚款历史文件，并从罚款文件中删除该记录，同时去掉读者文件中的止借标记。

（4）预约服务。读者可以预约目前借不到的书或杂志。一旦预约的书被返还或图书馆新购买的书到达，立即通知预约者。借阅的图书若超过规定期限，还可以续借一周。

2）系统架构设计

按照系统架构设计的步骤，根据需求分析中有关系统的业务划分情况，考虑到系统的整体逻辑结构、技术特点和应用特点，选择 C/S 与 B/S 混和的系统架构。为了保证系统运行稳定快捷，其中面向图书馆工作人员的相关操作，采用三层 C/S 结构，面向读者的操作采用 B/S 结构。

3）软件结构设计

经分析，本软件不是单纯的事务性问题，而是事务型和变换型混合问题。因此需要按层进行映射变换。

（1）复查基本系统模型，并净化数据流图。复查的目的是确保系统的输入数据和输出数据符合实际。需求分析阶段得到的数据流图侧重于描述系统如何加工数据，而重画数据流图的出发点是描述系统中的数据是如何流动的。在分析了“借书处理”数据流图之后，精化的数据流图如图 12.4 所示。对读者“续借处理”的数据流图进行分析后，得到精化的数据流图，如图 12.5 所示。

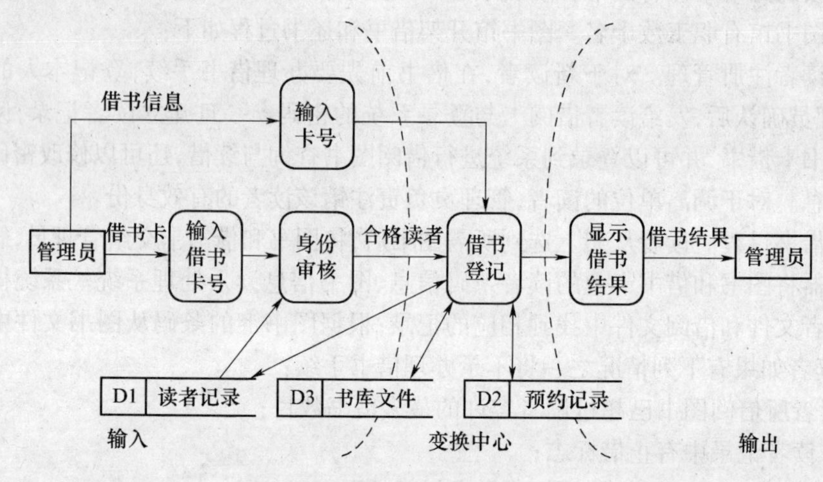

图 12.4 “借书处理”数据流图

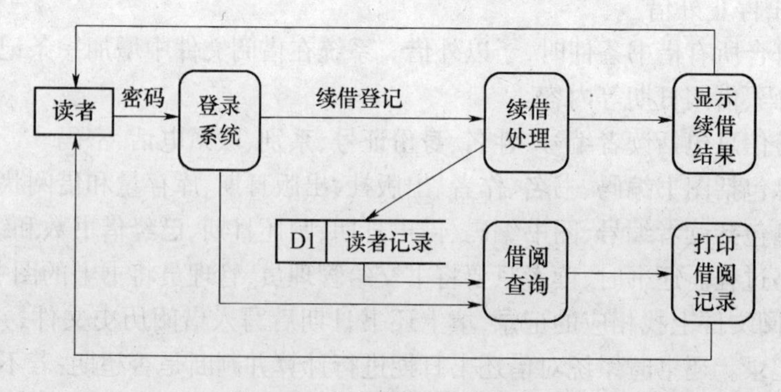

图 12.5 “续借处理”数据流图

（2）确定数据流图具有变换特性和事务特性。经分析可以确定图 12.4 属于典型的变换特性，因为在数据流图中可以明显地区分逻辑输入、逻辑输出以及变换中心；图 12.5 属于典型的事务特性，因为加工“登录系统”具有事务中心特征。

(3) 完成第一级分解,设计系统软件结构的顶层和第一层。图 12.4 按照变换中心映射得到图 12.6 所示的模块结构图;图 12.5 按照事务分析映射得到如图 12.7 所示的模块结构图。

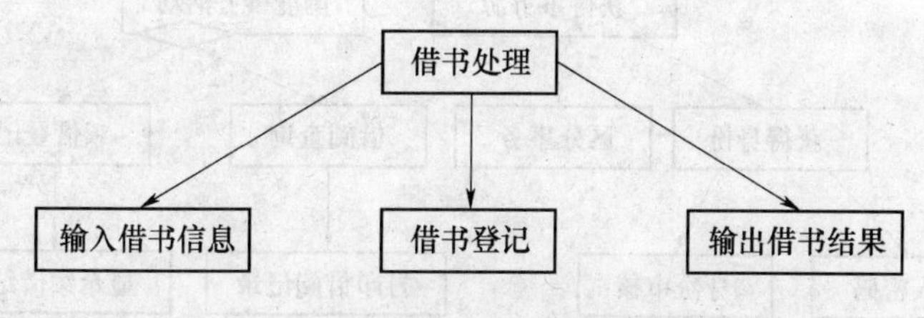

图 12.6 “借书处理”模块结构图

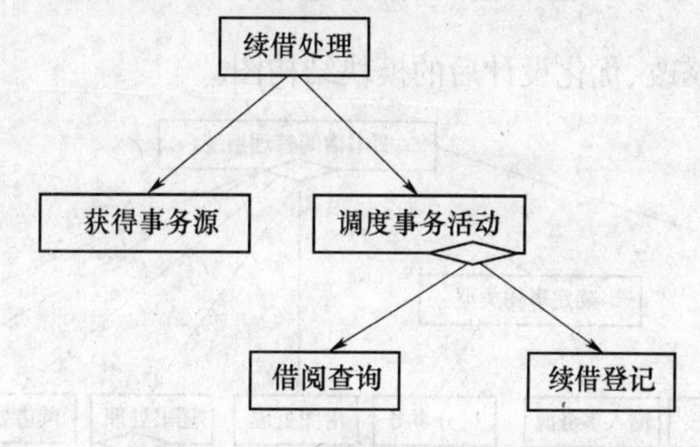

图 12.7 “续借处理”模块结构图

(4) 完成第二级分解,设计输入、变换(或事务中心)、输出部分中下层模块。对于图 12.6 按照自顶向下、逐步求精的思路,为第一层的每个输入模块、输出模块、变换模块设计它们的从属模块,得到如图 12.8 所示的模块结构图。

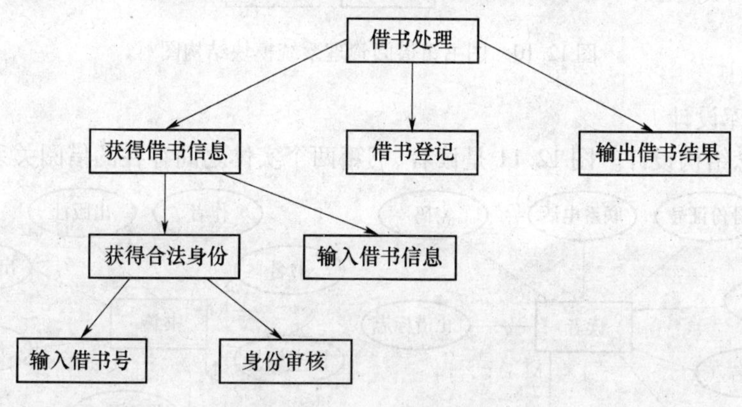

图 12.8 “借书处理”模块结构图

对于图 12.7 按照自顶向下、逐步求精的思路,为第一层的每个模块设计它们的从属模块,得到如图 12.9 所示的模块结构图。

(5) 优化设计。为了进一步优化设计,前面得到的软件结构还需做一定修改。如:

① 读者要使用本系统必须具备合法身份,所以应将身份审核模块独立出来统一表示。只有通过审核后,才有可能使用系统提供的其他功能模块。

② 从全局角度对软件结构重新分解或合并。

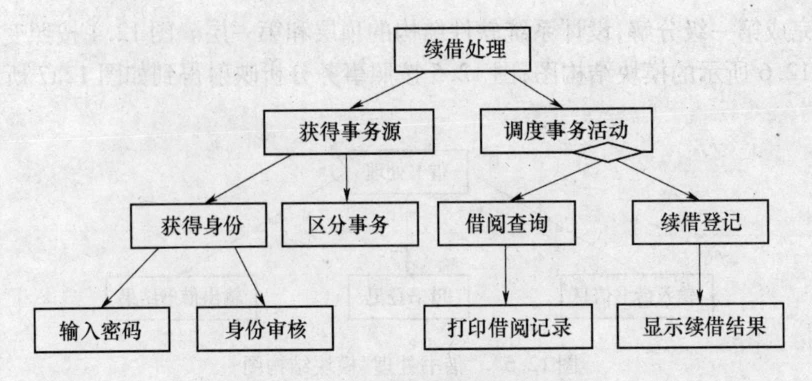

图 12.9 “续借处理”模块结构图

图 12.10 是经过修改、优化设计后的模块结构图。

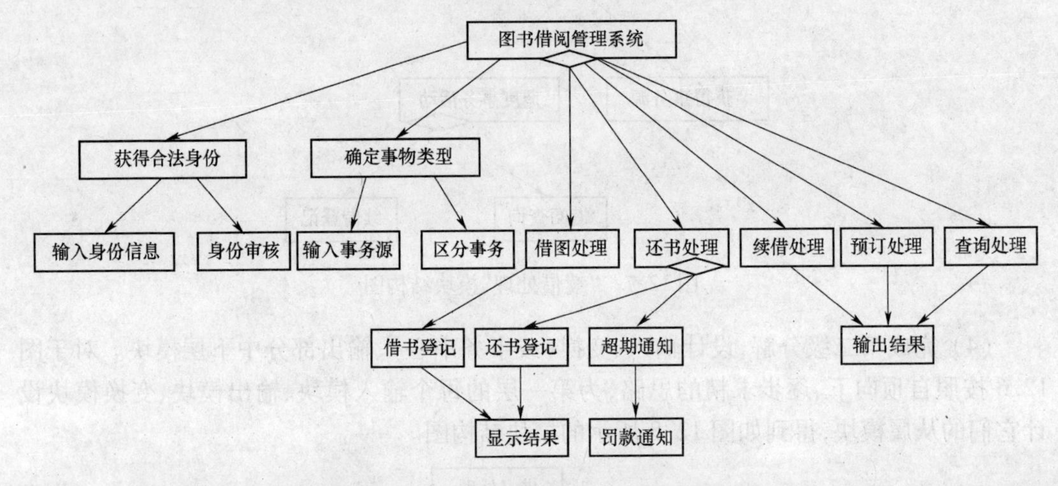

图 12.10 图书馆借阅管理系统模块结构图

4）数据库设计

(1) 概念结构设计。图 12.11 是读者、书籍两个实体之间存在的借阅关系的 ER 图。

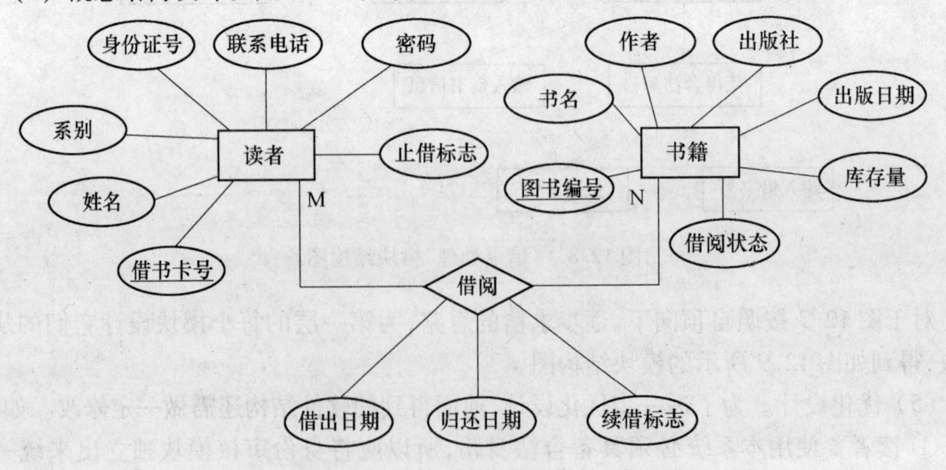

图 12.11 读者与书籍之间借阅关系的 ER 图

(2) 逻辑结构设计。数据库逻辑结构设计最重要的是确定数据库中的数据表。每一个实体映射为一个数据表,关系模型中的每一个 1:N 关系也应映射为一个数据表。按照数据库规范化理论,分析上述数据表,去掉无用或多余的信息。本例相关数据表见表12.2~表12.7。

表 12.2 Admin 表

列 名	数据类型	可 否 为 空	说明
管理员名(adminname)	Nvarchar (15)	NOT NULL	主键
管理员密码 (pws)	Varchar (15)	NOT NULL	

表 12.3 Books 表

列 名	数据类型	可 否 为 空	说明
图书编号 (idbook)	Smallint	NOT NULL	主键
图书名 (bookname)	Nvarchar (30)	NOT NULL	
库存量 (availstock)	Int	NOT NULL	
作者 (author)	Nvarchar (10)	NOT NULL	
出版社 (publisher)	Nvarchar (30)	NOT NULL	
借阅状态 (hotdeal)	Char (1)		

表 12.4 Reader 表

列 名	数据类型	可 否 为 空	说明
借书卡编号 (idreader)	Int	NOT NULL	主键
姓名 (username)	Nvarchar (15)	NOT NULL	
密码 (password)	Varchar (15)	NOT NULL	
系别 (department)	Varchar (20)	NOT NULL	
身份证号 (idnumber)	Nvarchar (18)	NOT NULL	
电话 (readphone)	Varchar (19)	NOT NULL	
电子邮件 (email)	Varchar (30)		
止借标记 (symbo)	Char (1)		

表 12.5 Library orders 表

列 名	数据类型	可 否 为 空	说明
借书单编号 (idorder)	Int	NOT NULL	主键
读者编号 (odreader)	Int	NOT NULL	外键
图书编号 (idbook)	Int	NOT NULL	外键
借出日期 (date1)	Date	NOT NULL	
归还日期 (date2)	Date		
续借标记 (symbol)	Char (1)		

表 12.6 Order 表

列名	数据类型	可否为空	说明
编号（idorder）	Int	NOT NULL	主键
借书卡编号（idreader）	Int	NOT NULL	外键
图书编号（idbook）	Int	NOT NULL	外键
预约日期（date）	Date	NOT NULL	

表 12.7 History 表

列名	数据类型	可否为空	说明
编号（idhistory）	Int	NOT NULL	主键
借书卡编号（idreader）	Int	NOT NULL	外键
图书编号（idbook）	Int	NOT NULL	外键
罚款日期（date）	Date	NOT NULL	
金额（money）	Smallmoney	NOT NULL	
类别（mark）	Char（1）	NOT NULL	

5）撰写软件设计说明书

软件设计说明书包括概要设计说明书和详细设计说明书。

4. 实验注意事项

（1）注意软件模块化原则在概要设计中的应用；

（2）遵循软件工程方法进行软件详细设计；

（3）认真理解和掌握软件设计说明书的撰写方法。

5. 实验成果

软件设计说明书。

6. 分析与讨论

（1）面向数据流的设计方法分为哪些步骤？

（2）面向数据结构的设计方法分为哪些步骤？

7. 实验练习与思考题

结合案例思考软件需求分析、软件设计之间的关系。

8. 实验总结

总结软件设计采用的方法。

12.4 软件测试实验

1. 实验目的

熟悉软件测试的方法。

2. 实验环境

安装了 Microsoft VC + + 6.0 和 Microsoft Visio 2003 的计算机。

3. 实验内容

1）白盒测试

用基本路径法设计如下 PDL 的测试用例。

```
PROCEDURE average
//最多输入100个值(以-999为输入结束标志),计算落在给定范围内的那些值(成为有效输入值)的个数、总和和平均值
INTERFACE RETURNS average,total,input,total.valid;
    INTERFACE ACCEPTS value,minimum,maximum;
    TYPE value[1,100] IS SCALAR ARRAY;
    TYPE average,total.input,total.valid,
        minimum,maximum,sum IS SCALAR;
    TYPE i IS INTEGER;
    i =1;
    total.input = total.valid = 0;
    sum = 0;
    DO WHILE value[i] < > -999 and total.input <100
        total.input + +;
        IF value[i] > =minimum and value[i] < =maximum
        THEN
            total.valid + +;
            sum = sum + value[i];
        ELSE skip;
            END IF
            i + +;
        END DO;
        IF total.valid >0
        THEN average = sum/total.valid;
        ELSE average = -999;
        END IF
END average
```

(1) 由上述 PDL 描述导出如图 12.12 所示的流图。

(2) 确定 Cyclomatic 复杂性度量 V(G)。

V(G) =6(区域数)

或 V(G) =17(边数) -13(节点数) +2 =6

或 V(G) =5(判定节点数) +1 =6

(3)确定独立路径集合。

路径1:1—2—10—11—13

路径2:1—2—10—12—13

路径3:1—2—3—10—11—13

路径4:1—2—3—4—5—8—9—2—…

路径5:1—2—3—4—5—6—8—9—2—…

路径6:1—2—3—4—5—6—7—8—9—2—…

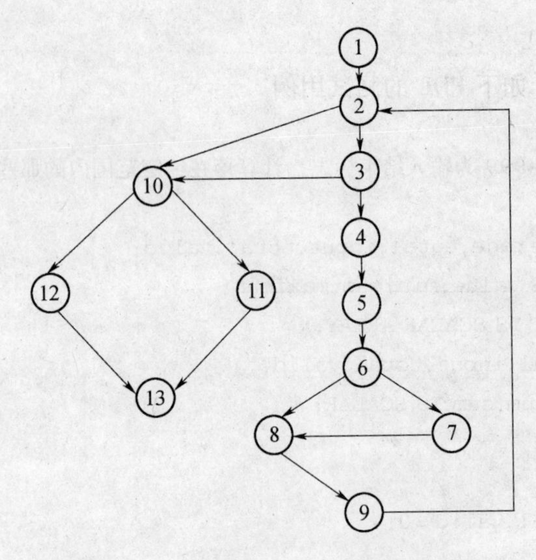

图 12.12 过程 average 的流图表示

(4) 准备测试用例,保证步骤(3)导出的每条独立路径至少执行一次。对应的 6 个测试用例见表 12.8。

表 12.8 基本路径法测试用例

覆盖路径	测试用例	期望结果
路径 1	Value(k) = 有效输入值 ($k<i$) Value(i) = −999 ($2\leqslant i\leqslant 100$)	根据总和及 i 值计算出正确的平均值
路径 2	Value(1) = −999	average = −999 其他保持初值
路径 3	试图处理 100 个以上的值,但前 100 个值应保证有效	根据总和及 i 值计算出正确的平均值
路径 4	Value(i) = 有效输入值 ($i<100$) Value(k) < 最小值 minimum ($k<i$)	根据有效输入值的个数和总数正确的算出平均值
路径 5	Value(i) = 有效输入值 ($i<100$) Value(k) > 最大值 maximum ($k<i$)	根据有效输入值的个数和总数正确的算出平均值
路径 6	Value(i) = 有效输入值 ($i<100$)	根据有效输入值的个数和总数正确的算出平均值

2)黑盒测试

(1) 问题描述。某报表处理系统要求用户输入处理报表的日期,日期限制在 2003 年 1 月至 2008 年 12 月,即系统只能对该段期间内的报表进行处理,如日期不在此范围内,则显示输入错误信息。系统日期规定由年、月的 6 位数字字符组成,前四位代表年,后两位代表月。

用等价类划分法设计测试用例来测试程序的日期检查功能。

(2) 划分等价类,见表 12.9。

表 12.9 “报表日期”输入条件的等价类表

输入条件	有效等价类	无效等价类
报表日期类型及长度	6 位数字字符①	有非数字字符④ 少于 6 个数字字符⑤ 多于 6 个数字字符⑥
年份范围	在 2003 年—2008 年之间②	小于 2003 年⑦ 大于 2008 年⑧
月份范围	在 1 月—12 月之间③	小于 1 月⑨ 大于 12 月⑩

(3) 为有效等价类设计测试用例。对表 12.8 中编号为①、②、③的三个有效等价类设计一个如表 12.10 所列的测试用例覆盖。

表 12.10 “报表日期”有效等价类测试用例

测试数据	期望结果	覆盖范围
200306	输入有效	等价类①、②、③

(4) 为每一个无效等价类至少设计一个如表 12.11 所列的测试用例。

表 12.11 “报表日期”无效等价类测试用例

测试数据	期望结果	覆盖范围
003MAY	输入无效	等价类④
20035	输入无效	等价类⑤
2003005	输入无效	等价类⑥
200105	输入无效	等价类⑦
200905	输入无效	等价类⑧
200300	输入无效	等价类⑨
200313	输入无效	等价类⑩

4. 实验注意事项

在测试过程中,都要求系统在用户输入出错时,给出正确的响应,并不影响数据的安全性和完整性。

5. 实验成果

提交一份实验报告,详细记录测试过程,包括每一项测试的数据与结果及失败的原因。

6. 分析与讨论

比较白盒测试和黑盒测试方法的异同。

7. 实验练习及思考题

(1) 阐述测试过程的主要步骤;

(2) 软件错误有若干种,给出三种错误类型;

(3) 逻辑覆盖法包括哪些覆盖技术。

8. 实验总结

在实验过程中或完成实验后,及时总结各种测试方法,综合阐述各种测试方法的意义。

第13章　面向对象方法实验

本章通过两个实验进一步学习和掌握面向对象的分析和设计的方法。每个实验包含一到两个案例，读者可以按照案例中的步骤和提示完成实验练习。

13.1　面向对象系统分析

13.1.1　实验目的

（1）掌握利用 Microsoft Visio、Rational Rose 等工具绘制 UML 图，加深对 UML 的理解；

（2）学习利用 UML 进行面向对象分析和建模；

（3）掌握面向对象分析的方法和主要内容。

13.1.2　实验环境

硬件环境：联网的计算机；

软件环境：Windows 系列操作系统 Microsoft、Office、Microsoft Visio、Rational Rose。

13.1.3　实验内容

1. 面向对象分析的基本过程

（1）建立功能模型又称为用例分析，通过用例对用户需求进行规范化描述。

（2）建立对象模型，通过寻找问题域中的对象，从对象中抽象出类的定义，识别对象的内部属性，定义属性，识别对象的外部关系，识别主题。

（3）建立动态模型，建立交互图、状态图和活动图，进一步细化用例。

（4）建立动态模型和功能模型后，确定对类的操作，因为这两个子模型更准确地表述了对类中提供的服务的需求。

（5）利用适当的继承关系进一步合并和组织类。

（6）建立详细的说明文档，对模型进行详细的说明和解释。该过程可作为一个独立的活动，但通常分散在各项分析建模的活动中。

面向对象分析过程如下图 13.1 所示。

根据下面的案例，练习相关的操作，学习 Rational Rose 工具的使用。针对案例的具体问题和需求，采用面向对象的方法进行系统的分析和建模。

2. 实验案例：图书管理系统的面向对象分析

1）系统概述

图书管理系统是对书籍的借阅及读者信息进行统一管理的系统，具体包括读者的借书、还书、书籍订阅；图书管理员的书籍借出处理、书籍归还处理；系统管理员的系统维护，包括增加、删除和更新书目,增加书籍、减少书籍,增加、删除和更新读者账户信息,书籍信息查询、读者信息查询等。

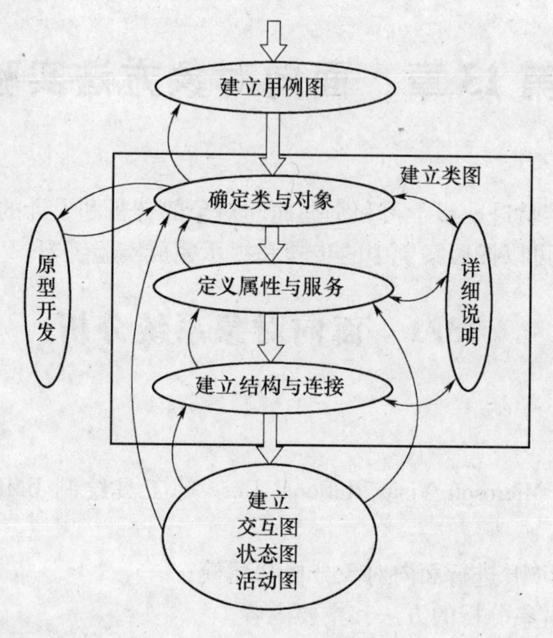

图 13.1　面向对象分析过程

2）问题域分析

(1) 发现角色。系统的角色又称为参与者,确定系统角色首先要分析系统所涉及的问题领域和系统运行的主要任务,分析使用该系统的主要是哪些人,谁需要该系统的支持以完成其工作,另外还有系统的管理者和维护人员。可以通过回答下列问题进行系统角色的识别:

① 谁使用系统的功能?

② 谁需要借助系统完成日常工作?

③ 谁来维护和管理系统,以保证系统正常工作?

④ 系统控制的硬件设备有哪些?

⑤ 系统需要与哪些系统交互?

⑥ 谁对系统产生的结果感兴趣?

简单地说,角色是与系统交互的人或事。所谓"与系统交互"意味着向系统发送消息,从系统中接收消息,或是与系统交换信息。有些角色可以初始化用例,有些角色则不然,仅仅参与用例,在某个时刻与用例进行通信。

在图书管理系统中,读者使用系统进行书籍查询和订阅、书籍的借阅和还书。图书管理员通过系统处理读者发起的借书、还书操作,此外,图书管理员还负责处理图书的预订和取消预订。系统管理员负责管理和维护图书、读者等信息。

提示:由以上分析可以得出,系统的角色主要有读者、图书管理员和系统管理员。

(2) 发现用例。用例是系统参与者在与系统交互过程中所需要完成的事务。识别用例最好的方法就是从分析系统的角色开始,考虑每个角色是如何使用系统的。对于已识别的系统角色,通过询问下列问题可以发现用例:

① 角色需要从系统中获得什么功能？角色需要做什么？

② 角色需要读取、产生、删除、修改或存储系统的某些信息吗？

③ 系统中发生事件需要通知角色吗？角色需要通知系统某件事情吗？

④ 系统需要的输入/输出信息是什么？这些信息从哪儿来到哪儿去？

⑤ 采用什么实现方法满足某些特殊要求？

用例代表一个完整的功能，如与角色通信、进行计算或在系统内工作等。

用例描述了它所代表的功能的各个方面，即包含了用例执行期间可能发生的种种情况。用例和角色之间具有“关联”的连接关系，表示什么角色与该用例进行通信。

提示：在上述图书管理系统中，通过上述提问可以识别以下用例：

① 与读者有关的用例；

② 与图书管理员有关的用例；

③ 与系统管理员有关的用例。

(3) 画出用例图。启动 Rational Rose，不选任何模型，进入 Rational Rose 的主界面，将当前模型保存为“图书管理系统. mdl”，然后新建用例图。

根据上述分析，画出该系统的用例图，如图 13.2 所示。

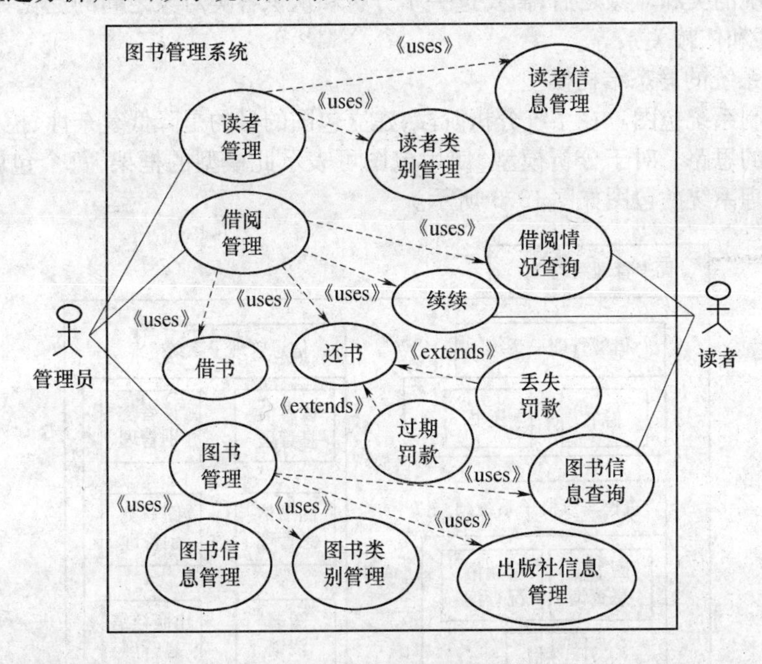

图 13.2　系统用例图

(4) 描述用例。前面提到，单纯使用用例图不能提供用例所具有的全部信息，因此，需要使用文字描述那些不能反映在图形上的信息，包括用例的名称、目标、事件流、特殊需求、前置条件和后置条件等。

3) 发现和定义对象与类

在识别对象时可以将对象分为实体对象、边界对象和控制对象。实体对象表示系统将存储和管理的持久信息；边界对象表示参与者与系统之间的交互；控制对象表示由系统支持和用户执行的任务，负责用例的实现。可以在用例模型的基础上，通过识别实体类、边界类和控制类,从而发现和定义系统中的对象类。

实体类代表系统中需要存储和管理的信息,通常是永久存在的。

(1) 识别实体类。在图书管理系统的例子中,通过分析和理解问题域,找出以下实体类,如图书、读者等。

(2) 识别边界类。根据角色的不同类型,边界类可以是用户接口、系统接口和设备接口。对于用户接口来说,边界类集中描述了用户与系统的交互信息,而不是描述用户接口的显示形式,如按钮、菜单等;对于系统接口和设备接口来说,边界类集中描述所定义的通信或交换协议,而不是说明协议如何实现的。

在学生课程注册系统的例子中,通过发现用例—角色对,定义以下边界类:登录窗口、借书界面、查询界面和系统主界面等。

(3) 识别控制类。控制类与用例存在着密切的关系,它在用例开始执行时创建,在用例结束时取消。一般来说,一个用例对应一个控制类。当用例比较复杂时,特别是产生分支事件流的情况下,也可以有多个控制类。

在学生课程注册系统的例子中,发现以下控制类:借阅、还书等。

4)识别对象的外部联系

找到系统的类和对象之后,需要进一步分析和认识各类对象之间的泛化关系、聚合关系、关联关系和依赖关系等。

5)建立系统的静态结构模型

(1) 绘制系统包图。在系统分析阶段,建立包图的目的是降低复杂性、控制可见度并指引开发者的思路。对于分析模型,使用包图可表示此模型的框架,每个包就是一个主题。图书管理系统的包图如图 13.3 所示。

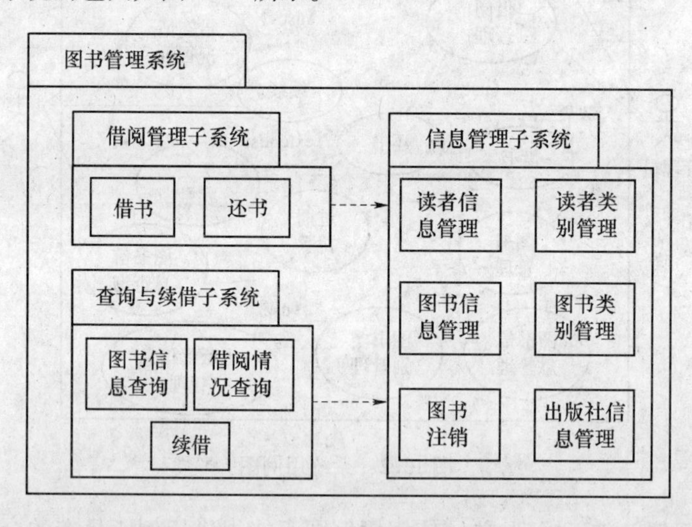

图 13.3　图书管理系统的包图

(2) 绘制类图。类图可以是对包图的细化。在绘制类图时,可以根据上述分析中识别出的类之间的关系分别绘制边界类的类图、实体类的类图以及各种类之间关系的类图。图书管理系统的类图如图 13.4 所示。

(3) 标识类的属性和服务。在类图中分别标出每个类的属性和服务。标识了类的服务后,需要比较类的服务与属性,验证其一致性。如果已经标识了类的属性,那么每个属性必然关联到某个服务;否则,该属性永远不可能被访问,就没有存在的必要了。

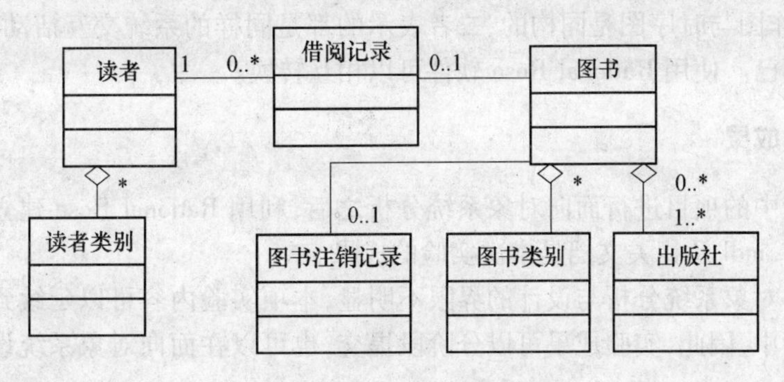

图 13.4　图书管理系统的类图

6）建立系统的动态结构模型

围绕系统用例编写脚本,在脚本的基础上,抽取出对象之间状态变化的时间关系,以及对象间消息传递的内容,将用例的行为分配到对象类,绘制出顺序图,准确地描绘出系统功能实现过程中的信息传递和对象间相互关系。可分别绘制活动图、时序图和协作图。

（1）绘制活动图。

提示:在图书管理系统中,有明确活动的类包括读者、图书管理员和系统管理员,可以分别为这三个类建立活动图:读者活动图、图书管理员活动图和系统管理员活动图。此外,由于系统管理员需要处理的活动比较多,活动图也比较大,因此可以考虑将其进行分解。

（2）绘制时序图。可针对系统的某一功能画出完成此功能的对象之间交互消息的顺序图。

提示:在图书管理系统中,每个用例都可以建立一个时序图,将用例执行中各个参与的对象之间的消息传递过程表现出来。在此只要求绘制几个重要的时序图:系统管理员添加书籍的时序图、图书管理员处理书籍借阅的时序图、系统管理员删除书目的时序图和读者预订书籍的时序图。

"借书"功能的消息交互顺序如图 13.5 所示。

图 13.5　"借书"功能的消息交互顺序图

(3) 绘制协作图。

提示:协作图与时序图是同构的,二者表示的都是同样的系统交互活动,只是各自的侧重点不同而已。使用 Rational Rose 软件可以相互转换。

13.1.4 实验成果

在对实验中的项目进行面向对象系统分析之后,利用 Rational Rose 建立的系统模型的电子文件 *.mdl 及相关文档是本次实验的成果。

由于面向对象系统分析与设计的界限不明显,本项实验内容可以延续到面向对象系统设计的实验中,因此,实验成果可以分阶段提交,也可以在面向对象系统设计的实验完成后一并提交。

13.1.5 实验思考题

(1) 在 Rational Rose 中创建系统分析模型时,主要需要使用哪些视图,它们的作用分别是什么?

(2) 说明结构化分析方法与面向对象分析方法的主要差别。

13.2 面向对象系统设计

13.2.1 实验目的

通过实际操作学习面向对象系统设计,掌握使用 Rational Rose 面向对象系统设计的方法。

13.2.2 实验环境

硬件设备:联网的计算机;

软件环境:Windows 系列操作系统,Rational Rose2003 等。

13.2.3 实验内容

根据下面的案例,练习相关的操作,学习 Rational Rose 工具的使用。针对案例的具体问题和需求,采用面向对象的方法进行系统设计和建模。

实验案例:图书管理系统的面向对象设计。

先导知识:

面向对象设计模型由主题、类与对象、结构、属性和服务五个层次组成。这五个层次一层比一层表示的细节多,可以把这五个层次想象为整个模型的水平切片,如图 13.6 所示。在逻辑上(垂直切片)由四大部分组成:人机交互部分、问题域部分、任务管理部分和数据管理部分,它们对应于组成目标系统的四个子系统,如图 13.7 和图 13.8 所示。其重要程度和规模可能相差很大,规模大的应进一步划分为更小的子系统,规模小的也可合并在其他子系统中。

面向对象设计可以分为系统设计和详细设计。系统那个设计确定实现系统的策略和目标系统的高层结构;详细设计确定空间中的类、关联、接口形式及实现服务的算法。系统设计应遵循的原则:弱耦合,强内聚,较少通信开销,良好的可扩充性。详细设计应遵循的原则:可重用,强内聚,可集成。

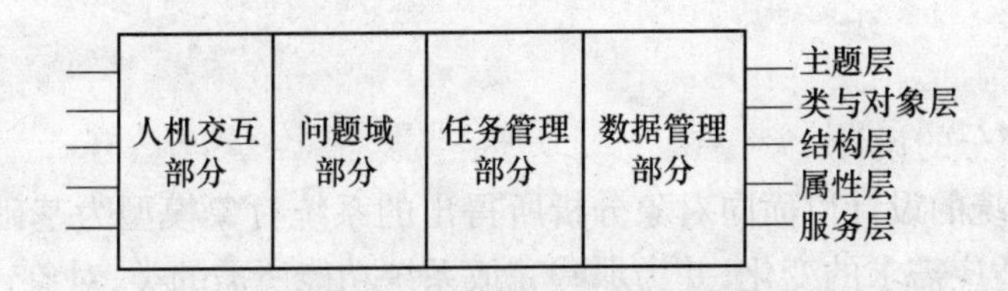

图 13.6 典型的面向对象设计模型

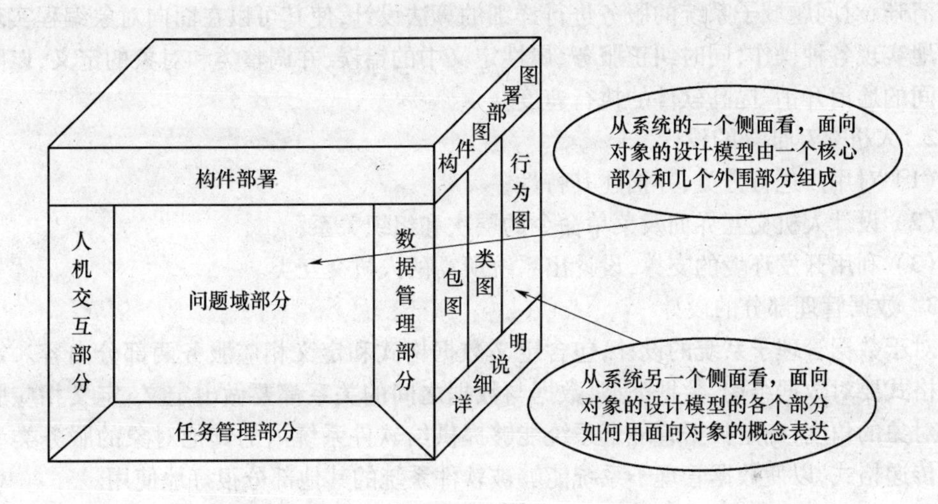

图 13.7 面向对象设计模型构成

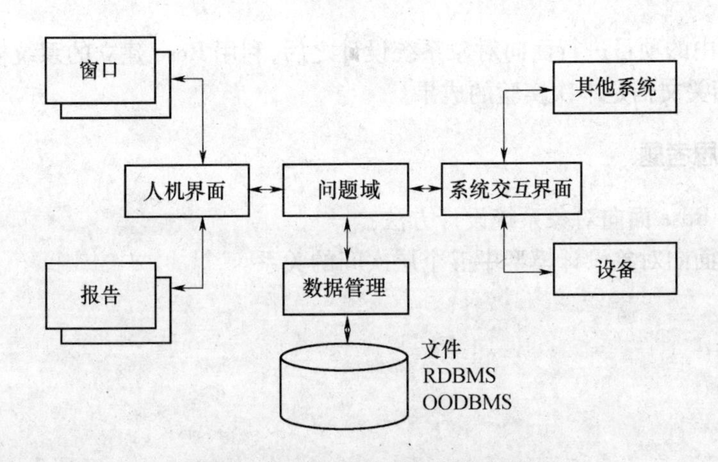

图 13.8 面向对象设计结构模型

系统设计包括:选择合适的体系结构,识别类、子系统和子系统接口,定义数据的存储策略,选择硬件配置和系统环境,将子系统分配到相应的物理节点,最后检查系统设计。

详细设计是进一步细化分类系统设计产生的模型,精化类的属性和操作,定义操作的参数和基本的实现逻辑,定义属性的类型和可见性,明确类之间的关系,整理和优化设计模型。

面向对象系统设计的重点是类的设计。通常面向对象设计仅需从实现角度对问题域模型做一些补充或修改,主要是添加、合并或分解类与对象、属性及服务,调整集成关系等。

实验步骤:

1. 问题域部分的设计

问题域子系统的设计以面向对象分析所得出的系统对象模型为基础,通过适当的扩展和调整,使之适应需求的变化,并为那些完成系统功能所需的类、对象、属性和方法提供实现途径。进一步细化分析类图,充分考虑设计重用,调整泛化关系,使系统的继承结构更加清晰;对问题域子系统的服务进行详细的算法设计,使其可以在面向对象编程实现时方便地实现各种操作,同时纠正服务、属性定义中的错误,并调整类和对象的定义,以降低对象间的通信开销,提高软件的执行速度。

2. 人机交互部分的设计

(1) 对用户进行分类,并描述其特性;

(2) 设计人机交互界面及菜单命令的层次和组织关系;

(3) 利用开发环境的支撑,设计出系统所需的人机交互类。

3. 数据管理部分的设计

对于数据管理子系统的设计,包含定义数据格式和定义相应服务两部分内容。定义数据格式要对数据结构、数据类型、数据与数据之间的关系都要做出定义;定义相应服务则从对象的角度,确定数据管理子系统能够提供给软件系统内的其他对象的服务类型和消息传递格式,以使数据管理子系统能够被软件系统的其他部分很好地使用。

13.2.4 实验成果

在对实验中的项目进行面向对象系统设计之后,利用 Rose 建立的系统模型的电子文件 *.mdl 及相关文档是本次实验的成果。

13.2.5 实验思考题

(1) 简述 Rose 面向对象系统设计方法?

(2) 分析面向对象设计模型中五个层次间的关系。

第四篇

软件项目管理实训

在学习了软件项目管理的理论和方法后，读者遇到实际的软件项目时，仍然可能感到无从下手，不知道“何时”、“如何”将“哪些”理论和方法运用到项目中，也无法预知它们的效果如何。本章从应用的角度出发，重点介绍软件项目管理的四个阶段，即项目启动阶段、项目计划阶段、项目执行控制阶段以及项目结束阶段，并针对软件项目的特点，列举了一些项目实施过程中常用的典型文档格式，以供读者参考。

第 14 章　软件项目管理实训

项目管理就是将知识、技能、工具和技术应用于项目活动，以满足项目的要求。需要对相关过程进行有效管理，来实现知识的应用。过程是为完成预定的产品、成果或服务而执行的一系列相互关联的行动和活动。每个过程都有各自的输入、工具和技术以及相应输出。项目经理必须考虑组织过程资产和事业环境因素。即使它们在过程规范中没有被明确地列为输入，也必须在每个过程中予以考虑。为满足项目的具体要求，组织过程资产为“裁剪”组织的过程提供指南和准则。事业环境因素则可能限制项目管理的灵活性。

项目管理与软件开发项目周期的关系如图 14.1 所示。

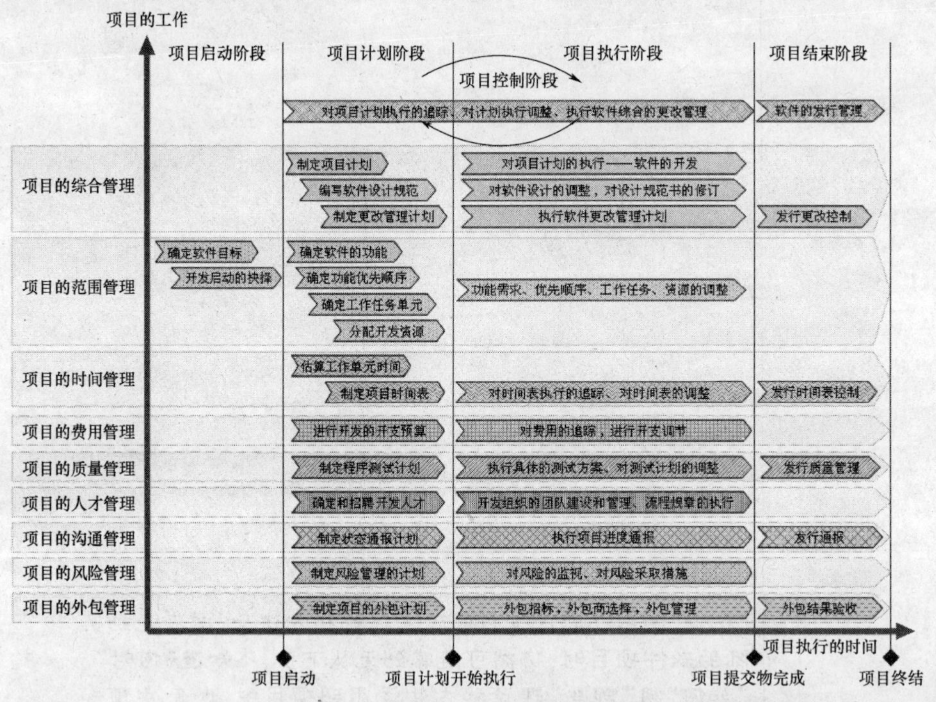

图 14.1　项目管理领域知识在软件开发项目周期中的使用

从图 14.1 可以看出，软件开发项目过程可以分成项目启动阶段、项目计划阶段、项目执行阶段、项目控制阶段和项目结束阶段。

项目管理是一种综合性工作，要求每一个项目和产品过程都同其他过程恰当地配合与联系，以便彼此协调。在一个过程中采取的行动通常会对这一过程和其他相关过程产生影响。例如，项目范围变更通常会影响项目成本，但不一定会影响沟通计划或产品质量。各过程间的相互作用往往要求在项目要求（目标）之间进行权衡。究竟如何权衡，会因项目和组织而异。成功的项目管理包括积极地管理过程间的相互作用，以满足发起人、客户和其他干系人的需求。在某些情况下，为得到所需结果，需要反复数次实施某个过程或某组过程。项目存在于组织中，不是一个封闭系统。项目需要从组织内外部得到各种输入，并向组织交付所形成的能力。项目过程会产生出一些可用于改进未来项目管理的信息。

14.1 项目启动阶段

启动过程组包含获得授权，定义一个新项目或现有项目的一个新阶段，正式开始该项目或阶段的一组过程。通过启动过程，定义初步范围和落实初步财务资源，识别那些将相互作用并影响项目总体结果的内外部干系人，选定项目经理（如果尚未安排）。这些信息应反映在可行性研究报告、项目章程和相目干系人登记册中。一旦项目章程获得批准，项目也就得到了正式授权。虽然项目管理团队可以协助编写项目章程，但对项目的批准和资助是在项目边界之外进行的。作为启动阶段的一部分，可以把大型或复杂项目划分为若干阶段。在此类项目中，随后各阶段也要进行启动过程，以便确认在最初的制定项目章程和识别干系人过程中所做出的决定是否合理。在每一个阶段开始时进行启动过程，有助于保证项目符合其预定的业务需要，验证成功标准，审查项目干系人的影响和目标。然后，决定该项目是否继续、推迟或中止。让客户和其他干系人参与启动过程，通常能提高他们的主人翁意识，使他们更容易接受可交付成果，更容易对项目表示满意。

启动阶段可以由项目控制范围以外的组织、项目集或项目组合过程来完成。例如，在开始项目之前，可以在更高层的组织计划中记录项目的总体需求；可以通过评价备选方案，确定新项目的可行性；可以提出明确的项目目标，并说明为什么某具体项目是满足相关需求的最佳选择。关于项目启动决策的文件还可以包括初步的项目范围描述、可交付成果、项目工期以及为进行投资分析所做的资源预测。启动过程也要授权项目经理为开展后续项目活动而动用组织资源。

作为项目启动的重要依据，可行性研究报告应包含系统特性简要说明，如果是系统更换或改造，要对旧系统进行简要描述，并重点说明新系统的优点和新系统的优点。并从经济、技术和社会环境等方面加以简要分析。表14.1给出了可行性分析报告的简要模板。

表14.1 可行性分析报告

<table>
<tr><td colspan="3">报告的预期读者：</td><td colspan="2">编写报告的目的：</td></tr>
<tr><td rowspan="2">项目</td><td>项目名称</td><td>项目提出方</td><td>开发方</td><td>用户</td></tr>
<tr><td></td><td></td><td></td><td></td></tr>
<tr><td rowspan="4">旧系统描述</td><td colspan="4">旧系统流程：</td></tr>
<tr><td colspan="4">费用开支：</td></tr>
<tr><td colspan="4">使用人员：</td></tr>
<tr><td colspan="4">主要问题和缺陷：</td></tr>
<tr><td rowspan="3">新系统概述</td><td colspan="4">实现的功能（目标）：</td></tr>
<tr><td colspan="4">对旧系统的主要改进之处：</td></tr>
<tr><td colspan="4">开发需要的条件：</td></tr>
<tr><td rowspan="3">经济可行性</td><td colspan="4">投资概要：</td></tr>
<tr><td colspan="4">收益预测：</td></tr>
<tr><td colspan="4">经济可行性结论： 行 否</td></tr>
</table>

（续）

<table>
<tr><td colspan="2">报告的预期读者：</td><td>编写报告的目的：</td></tr>
<tr><td rowspan="3">技术可行性</td><td colspan="2">新系统的技术要求：</td></tr>
<tr><td colspan="2">现有技术能否达到要求：</td></tr>
<tr><td colspan="2">技术可行性结论：　行　　　否</td></tr>
<tr><td rowspan="3">社会环境
可行性</td><td colspan="2">法律、政策：</td></tr>
<tr><td colspan="2">管理环境：</td></tr>
<tr><td colspan="2">社会环境可行性结论：　行　　　否</td></tr>
<tr><td rowspan="3">可行性结论</td><td colspan="2">立即开发</td></tr>
<tr><td colspan="2">等待某些条件成熟后再开发</td></tr>
<tr><td colspan="2">不开发</td></tr>
<tr><td colspan="3">可行性研究中使用的依据文档列表：</td></tr>
<tr><td colspan="3">制表人：　　　指表日期：</td></tr>
</table>

在可行性分析报告的基础上对项目实施进行相关调研，进而形成项目章程或立项报告，初步确定项目目标、干系人、项目成果及所需要的资源等。表 14.2 给出了项目章程的简要模板。

表 14.2　项目章程

<table>
<tr><td colspan="3">IT 项目名称</td><td>批准时间</td></tr>
<tr><td rowspan="3">项目背景介绍</td><td colspan="3">项目发起的原因</td></tr>
<tr><td colspan="3">项目的机遇与优势</td></tr>
<tr><td colspan="3">项目的挑战与劣势</td></tr>
<tr><td colspan="4">项目目标：</td></tr>
<tr><td colspan="4">项目干系人：</td></tr>
<tr><td rowspan="2">项目产品</td><td colspan="3">中间产品</td></tr>
<tr><td colspan="3">最终产品</td></tr>
<tr><td rowspan="2">项目经理</td><td>姓名</td><td>原先所在的部门和职务</td><td>在项目中的权力范围</td></tr>
<tr><td></td><td></td><td></td></tr>
<tr><td rowspan="4">资源条件</td><td colspan="3">人员</td></tr>
<tr><td colspan="3">物质</td></tr>
<tr><td colspan="3">成本</td></tr>
<tr><td colspan="3">结束时间</td></tr>
<tr><td colspan="4">项目完成的标准：</td></tr>
<tr><td colspan="4">签发人：　　　　签发时间：</td></tr>
</table>

14.2　项目计划阶段

项目计划阶段包含明确项目总范围，定义和优化目标，以及为实现上述目标而制定行动方案的一组过程。项目计划阶段制定用于指导项目实施的项目管理计划和项目文件。由于项目管理的多维性,就需要通过多次反馈来做进一步分析。随着收集和掌握的项目信息或特性不断增多,项目可能需要进一步规划。项目生命周期中发生的重大变更可能会引发重新进行一个或多个规划过程,甚至某些启动过程。这种项目管理计划的渐进明细通常叫做“滚动式规划”,表明项目规划和文档编制是反复进行的持续性过程。作为项目计划阶段的输出,项目管理计划和项目文件将对项目范围、时间、成本、质量、沟通、风险和采购等各方面作出规定。在项目过程中,经批准的变更可能从多方面对项目管理计划和项目文件产生显著影响。项目文件的更新可使既定项目范围下的进度、成本和资源管理更加可靠。

在规划项目、制定项目管理计划和项目文件时,项目团队应当鼓励所有相关干系人参与。由于反馈和优化过程不能无止境地进行下去,组织应该制定程序来规定初始规划过程何时结束。制定这些程序时,要考虑项目的性质、既定的项目边界、所需的监控活动以及项目所处的环境等。项目计划阶段内各过程之间的其他关系取决于项目的性质。例如,对某些项目,只有在进行了相当程度的规划之后才能识别出风险。这时候,项目团队可能意识到成本和进度目标过分乐观,因而风险就比原先估计的多得多。反复规划的结果,应该作为项目管理计划或项目文件的更新而记录下来。

这些计划是在项目完成之前反复运作的程序标题。比如,如果开始设定的完成日期是不能被接受的,那么项目资源、成本甚至范围都可能需要重新制定。另外,计划并不是一门精确的科学——两个不同的工作组可能会为同一个项目制定出区别很大的计划。

14.2.1 软件项目计划阶段任务

在项目计划阶段,根据项目性质的不同,要制定不同计划。根据计划作用的不同,可分为核心计划和辅助计划。

1. 核心计划

核心计划包括:

(1) 范围计划:制定一份书面的范围表述,作为将来需要做项目决定时的基础。

(2) 范围界定:将主要的项目工作步骤细分为更小、更易管理的构成单元。

(3) 活动定义:确认具体的活动,这些活动的实施对于完成项目各阶段的工作成果是必须的。

(4) 活动顺序安排:明确并用书面形式表述活动内部的关联性。

(5) 活动持续时间估计:估计为完成各个活动所需的工作时间。

(6) 进度安排:分析活动顺序、活动持续时间和资源需求,制定项目进度。

(7) 资源规划:确定实施项目活动所需的资源(人力、装备、原料)及相应的数量。

(8) 成本估计:估计实施项目活动所需的资源成本。

(9) 成本预算:将总体成本估计分配到各项工作上。

(10) 项目计划研究:将其他计划程序的结果纳入到一份稳定、连贯的文件中。

2. 辅助计划

在其他的项目计划程序中的内部相互关系比核心过程更有赖于项目的性质。比如,有一些项目几乎没有可识别的风险,一直到大部分的计划已经被实施且工作组认识到成本和进度安排受到了严重的挑战时才出现很大的风险,尽管在项目计划期间这些辅助程序断断续续地按需要被实施，但它们不是可以自由选择的。辅助计划包括：

(1) 质量规划：明确哪一些质量标准与本项目相关，决定怎样去满足这些标准。

(2) 管理规划：确定、记录并分配项目职责和报告关系。

(3) 人员组织：组织项目工作所需的人力资源。

(4) 沟通规划：识别项目涉及人员所需的信息和沟通需求。谁需要什么信息，何时需要，以及怎样传递给他们。

(5) 风险认别：识别可能会影响项目的风险，并且说明每种风险的特征。

(6) 风险量化：进行风险评估，并且分析风险间的相互作用，确定一系列可能的项目结果。

(7) 风险对策研究：确定进行机会选择和危险应对的步骤。

(8) 采购计划：确定购买什么，如何购买。

(9) 征集申请书计划：以书面形式表述产品需求和识别潜在的来源。

14.2.2 软件项目计划阶段典型文档

软件项目在计划阶段，项目经理的工作非常繁杂，要制定的核心计划数据文档主要有项目需求分析报告、任务分解书、项目进度表等。

项目需求分析报告至少包含总体描述、硬件环境、软件环境、各模块功能介绍等部分，各部分功能介绍可另附详细说明。项目需求分析报告见表 14.3。

表 14.3 项目需求分析报告

<table>
<tr><td>项目名称</td><td colspan="5"></td></tr>
<tr><td>项目经理</td><td colspan="2"></td><td>文档编号</td><td colspan="2"></td></tr>
<tr><td>总体描述</td><td colspan="5"></td></tr>
<tr><td>所需硬件环境描述</td><td colspan="5"></td></tr>
<tr><td>所需软件环境描述</td><td colspan="5"></td></tr>
<tr><td rowspan="2">业务需求</td><td rowspan="2">需求优先级</td><td rowspan="2">模块名称</td><td rowspan="2">功能描述</td><td colspan="2">负责人</td></tr>
<tr><td>开发</td><td>测试</td></tr>
<tr><td></td><td></td><td></td><td></td><td></td><td></td></tr>
<tr><td></td><td></td><td></td><td></td><td></td><td></td></tr>
<tr><td></td><td></td><td></td><td></td><td></td><td></td></tr>
<tr><td colspan="3">制定者：________________</td><td colspan="3">日 期：________________</td></tr>
<tr><td colspan="3">批准者：________________</td><td colspan="3">日 期：________________</td></tr>
</table>

项目工作任务分解，是项目经理在计划阶段需要完成的另外一项重要工作，根据项目分解的结果，进行人员安排和项目进度安排。图 14.2 是城市图书馆系统项目工作任务分解示范图。

在详细的项目工作分解的基础上，制定完善的项目开发时间表，确定关键时间点，以便在项目执行和监控，以及详细的工作分解基础上建立完善的项目开发时间表。项目开发时间包含从项目启动到项目结束，确定关键版本发布的时间点及最后交货期。考虑到开发过程中可能遇到的未知困难，保留一定的余量时间，并且遵循“前紧后松，尽量并行”的原则，缩短开发周期。根据详细分工制定进度，其包含的主要内容如图 14.3 所示。

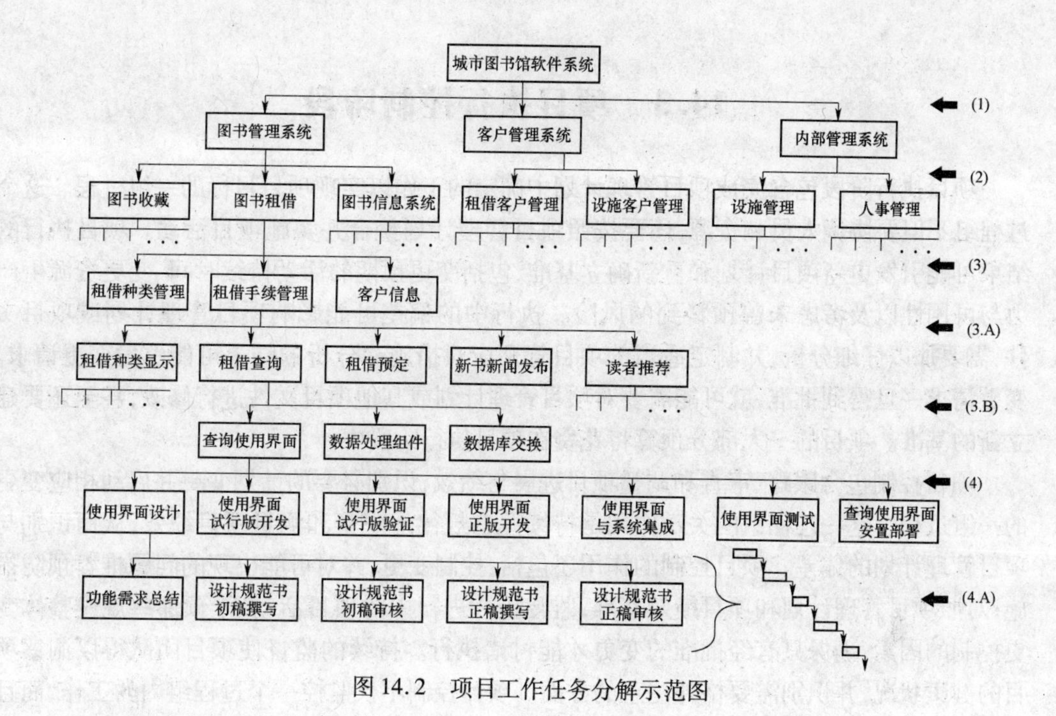

图 14.2 项目工作任务分解示范图

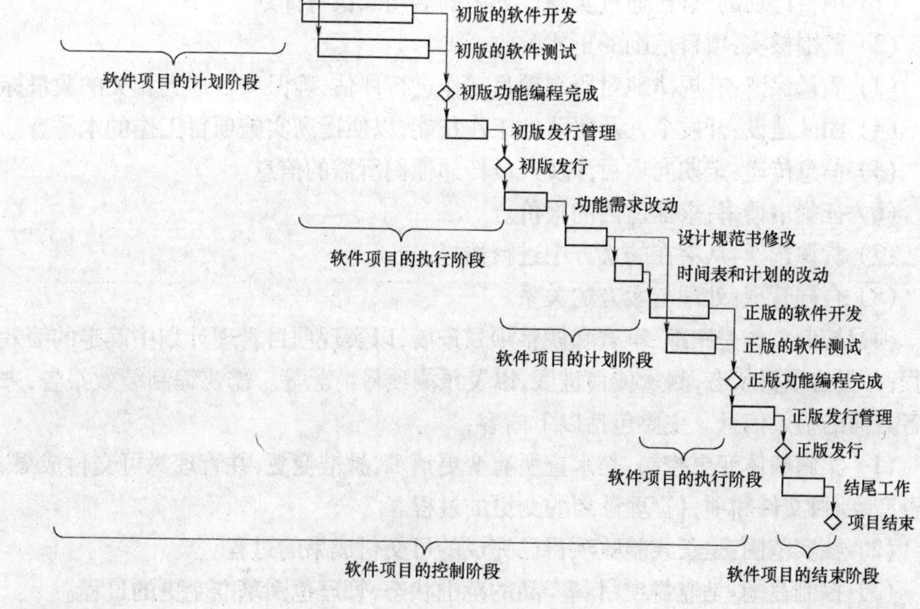

图 14.3 根据详细分工制定进度

14.3 项目执行控制阶段

项目执行阶段包含完成项目管理计划中确定的工作以实现项目目标的一组过程。这个过程组不但要协调人员和资源,还要按照项目管理计划整合并实施项目活动。项目执行的结果可能引发更新项目计划和重新确立基准,包括变更预期的活动持续时间、变更资源生产力与可用性以及考虑未曾预料到的风险。执行中的偏差可能影响项目管理计划或项目文件,需要加以仔细分析,并制定适当的项目管理应对措施。分析的结果可能引发变更请求。变更请求一旦得到批准,就可能需要对项目管理计划或其他项目文件进行修改,甚至还要建立新的基准。项目的一大部分预算将花费在项目执行阶段中。

项目控制包含跟踪、审查和调整项目进展与绩效,识别必要的计划变更并启动相应变更的一组过程。这一过程组的关键作用是持续并有规律地观察和测量项目绩效,从而识别与项目管理计划的偏差。项目控制的作用还包括:控制变更,并对可能出现的问题推荐预防措施;对照项目管理计划和项目绩效基准,监督正在进行中的项目活动;干预那些规避整体变更控制的因素,确保只有经批准的变更才能付诸执行。持续的监督使项目团队得以洞察项目的健康状况,并识别需要格外注意的方面。项目控制不仅监控一个过程组内的工作,而且监控整个项目的工作。在多阶段项目中,项目控制要对各项目进行协调,以便采取纠正或预防措施,使项目实施符合项目管理计划。项目控制也可能提出并批准对项目管理计划的更新。例如,未按期完成某项活动,就可能需要调整现行的人员配备计划,安排加班,或重新权衡预算和进度目标。

14.3.1 软件项目执行控制阶段的任务

项目执行阶段包括以下项目管理过程:

(1) 项目计划的执行:通过实施计划内的活动来执行计划。

(2) 范围核实:项目范围的正式验收。

(3) 质量保证:有规律地对所有项目工作进行评估,确保项目达到相关的质量标准。

(4) 团队建设:开发个人及团队的工作技能,以便提高实施项目工作的水平。

(5) 信息传递:定期向项目涉及人员传递他们所需的信息。

(6) 征集申请书:求征适当的报价。

(7) 货源选择:从潜在的卖方中进行选择。

(8) 合同管理:处理与卖方的关系。

项目控制工作是跟踪、审查和调整项目进展,以实现项目管理计划中确定的绩效目标的过程;并报告项目状态,测量项目进展,以及预测项目情况等。需要编制绩效报告,来提供项目各方面的绩效信息。主要包括以下内容:

(1) 实施整体变更控制:是审查所有变更请求,批准变更,并管理对可交付成果、组织过程资产、项目文件和项目管理计划的变更的过程。

(2) 核实范围:是正式验收项目已完成的可交付成果的过程。

(3) 控制范围:是监督项目和产品的范围状态,管理范围基准变更的过程。

(4) 控制进度:是监督项目状态以更新项目进展、管理进度基准变更的过程。

(5) 控制成本：是监督项目状态以更新项目预算、管理成本基准变更的过程。

(6) 实施质量控制：是监督并记录执行质量活动的结果，从而评估绩效并建议必要的变更的过程。

(7) 报告绩效：是收集并发布绩效信息的过程，包括状态报告、进展测量结果和预测情况。

(8) 监控风险：是在整个项目中实施风险应对计划，跟踪已识别风险，监测残余风险，识别新风险，并评估风险过程有效性的过程。

(9) 管理采购：是管理采购关系，监督合同绩效，以及采取必要的变更和纠正措施的过程。

14.3.2 软件项目执行阶段的典型文档

软件项目启动以后，在软件开发执行的过程中，由于软件项目的特殊性，在项目执行和开发过程中，通常要撰写概要设计说明书、数据库设计说明书、界面设计说明书、模块设计说明书、系统编程文档、测试计划、测试用例设计报告、系统测试总结报告、用户使用手册等文档。

有人认为，软件开发大部分时间是在写代码，其实这是一种完全错误的观点，据不完全统计，在一个开发周期内，写代码的时间在整个开发周期中的占比不会超过1/4。大部分的时间集中在设计和测试上。在一些优秀的软件企业，测试工程与开发工程师比例大于1.5:1。在实际工程中，可以借助一些工具进行版本控制、Bug管理。

表14.4～表14.8是在执行控制阶段用到的几种典型文档格式。

表14.4 项目变更控制表

<table>
<tr><td>申请日期</td><td colspan="2"></td><td colspan="2">变更内容的关键词</td><td colspan="2"></td></tr>
<tr><td rowspan="2">申请人</td><td>姓名</td><td>职务</td><td colspan="2" rowspan="2">归属子系统或模块</td><td colspan="2" rowspan="2"></td></tr>
<tr><td></td><td></td></tr>
<tr><td colspan="7">变更内容：</td></tr>
<tr><td colspan="7">变更理由：</td></tr>
<tr><td colspan="7">对其他子系统的影响及所需资源：</td></tr>
<tr><td colspan="7">申请人评估</td></tr>
<tr><td colspan="4">开发方负责人评估</td><td colspan="3">用户方负责人评估</td></tr>
<tr><td colspan="4"></td><td colspan="3"></td></tr>
<tr><td rowspan="2">若不变更</td><td colspan="3">开发方负责人批复意见</td><td colspan="3">用户方负责人批复意见</td></tr>
<tr><td colspan="3"></td><td colspan="3"></td></tr>
<tr><td rowspan="2">若变更</td><td colspan="3">开发方负责人批复意见</td><td colspan="3">用户方负责人批复意见</td></tr>
<tr><td colspan="3"></td><td colspan="3"></td></tr>
<tr><td>优先级</td><td>编号</td><td>执行人</td><td>结束时间</td><td></td><td></td><td></td></tr>
<tr><td colspan="4">开发方负责人
签发日期：</td><td colspan="3">用户方负责人
签发日期：</td></tr>
</table>

表 14.5 工作周报

编号		报告人		报告日期	
项目名称				项目经理	
本周工作进展					
问题及解决方案	问题列表	解决方案	备注		
下周工作安排					
项目经理意见	签字：				
抄送					

表 14.6 项目单元测试方案

编码人		编码时间	
模块名称			
计划提交 QA 日期		代码实际完成日期	
实际提交 QA 日期		QA 测试完成日期	
黑盒测试：	编码人自测	QA 测试	
1. 页面链接是否正确			
2. 数据类型是否正确			
3. 边界数据测试情况			
4. html 源码是否正确			
5. 提交表单时是否正确			

（续）

编码人		编码时间	
编码人签字		QA 人员签字	
白盒测试(以下内容由代码检查人员填写)：			
1. EJB 逻辑是否正确			
2. EJB 是否遵循标准规范			
3. EJB 错误检查			
4. JSP 逻辑是否正确			
5. JSP 是否遵循标准规范			
6. JSP 错误检查			
代码检查人员签字			
说明：			

表 14.7　系统测试用例表

编号

<table>
<tr><td colspan="2">待测功能</td><td colspan="3"></td><td colspan="2">测试用例标识</td><td></td></tr>
<tr><td colspan="2">测试类型</td><td colspan="6">□静态分析　□接口测试　□余量测试　□功能测试
□性能测试　□结构覆盖　□内存缺陷　□边界测试
□人机界面　□强度测试　□安全性　□可恢复性</td></tr>
<tr><td rowspan="6">测试用例设计</td><td>需求追溯</td><td colspan="6"></td></tr>
<tr><td>预置条件</td><td colspan="6"></td></tr>
<tr><td>测试步骤</td><td colspan="6"></td></tr>
<tr><td>实际结果</td><td colspan="6"></td></tr>
<tr><td colspan="2">用例设计人员</td><td colspan="2"></td><td colspan="2">用例设计时间</td><td></td></tr>
<tr><td colspan="7"></td></tr>
<tr><td rowspan="2">用例执行情况</td><td>测试时间</td><td></td><td>测试地点</td><td></td><td>测试人员</td><td colspan="2"></td></tr>
<tr><td colspan="7">测试结果　　□通过　　□未通过　　□可重现　　□不可重现
故障现象描述：</td></tr>
</table>

表 14.8 系统测试问题报告单

<table>
<tr><td>问题标题</td><td></td><td>问题标识号</td><td></td></tr>
<tr><td>测试功能点</td><td></td><td>测试用例标识</td><td></td></tr>
<tr><td>测试时间</td><td></td><td>测试人员</td><td></td></tr>
<tr><td colspan="4">测试类型：□静态分析 □接口测试 □余量测试 □功能测试
□性能测试 □结构覆盖 □内存缺陷 □边界测试 □人机界面
□强度测试 □安全性 □可恢复性 □可安装性</td></tr>
<tr><td colspan="3">问题详细描述：</td><td>报告人
签字：</td></tr>
<tr><td colspan="3">处理意见：</td><td>测试
负责人
签字：</td></tr>
</table>

14.4 项目结束阶段

软件开发完成、质量控制达到要求，完成用户使用手册的编写，就可以进入项目结束阶段。项目或阶段性工作结束时进行以下工作：

(1) 获得客户或发起人的验收；

(2) 进行项目后评价或阶段结束评价；

(3) 记录“裁剪”任何过程的影响；

(4) 记录经验教训；

(5) 对组织过程资产进行适当的更新；

(6) 将所有相关项目文件在项目管理信息系统中归档，作为历史数据使用；

(7) 结束采购工作。

在本阶段最重要的文档是验收报告，典型的验收报告见表 14.9。

表 14.9 验收报告

<table>
<tr><td>软件名称</td><td colspan="2"></td><td>合同编号</td><td></td></tr>
<tr><td>验收时间</td><td></td><td>验收地点</td><td colspan="2"></td></tr>
<tr><td>甲方验收人员</td><td colspan="4"></td></tr>
<tr><td>乙方验收人员</td><td colspan="4"></td></tr>
<tr><td colspan="5">验收内容</td></tr>
<tr><td>1. 软件安装、调试是否与合同相符</td><td colspan="4">是 □ 否 □</td></tr>
<tr><td>2. 提供的说明书、使用手册等文档是否齐全</td><td colspan="4">（请见乙方提供的资料文档目录）
是 □ 否 □</td></tr>
<tr><td>3. 所有系统功能是否实现</td><td colspan="4">是 □ 否 □</td></tr>
<tr><td>4. 其他</td><td colspan="4"></td></tr>
</table>

（续）

软件名称		合同编号	
乙方自我评价： 签名：　　年　　月　　日			
项目中遗留的问题陈述（如果有，则填写）：			
甲方评价： 签名：　　年　　月　　日			

小　结

本章介绍了单一软件项目管理的四个阶段，分别是项目启动阶段、项目计划（或规划）阶段、项目执行控制阶段、项目结束阶段。介绍了项目管理在各个阶段的主要工作，并针对软件项目的特点，列举了一些在项目实施过程中用到的典型文档格式，以供参考。

习　题

1. 软件项目管理通常分为哪几个阶段？各阶段的主要任务是什么？
2. 可行性分析报告一般包括哪些内容？
3. 在项目计划阶段，主要计划包括哪些内容？
4. 项目执行阶段包括哪些项目管理过程？
5. 验收报告是项目结束阶段的重要文档，一般应包含哪些内容？

参 考 文 献

[1] 殷人昆,郑人杰,等.实用软件工程[M]3 版.北京:清华大学出版社,2010.

[2] 张海藩.软件工程导论[M].5 版.北京:清华大学出版社,2008.

[3] 吕云翔,王昕捧.软件工程[M].北京:人民邮电出版社,2009.

[4] 陆惠恩.软件工程[M].北京:人民邮电出版社,2007.

[5] 朱少民,韩莹.软件项目管理[M].北京:人民邮电出版社,2009.

[6] 薛四新,贾郭军.软件项目管理[M].北京:机械工业出版社,2010.

[7] 杨学瑜,高立军.软件开发过程与项目管理[M].北京:电子工业出版社,2008.

[8] 狄国强,杨小平,杜宾.软件工程实验[M].北京:清华大学出版社,北京交通大学出版社,2008.

[9] 江开耀,张绍阳,等.软件工程专业毕业设计宝典[M].西安:西安电子科技大学出版社,2008.

[10] 朱少民,韩莹.软件项目管理[M].北京:人民邮电出版社,2009.

[11] 周苏.软件工程学教程 [M].北京:科学出版社,2007.

[12] 朱少民.软件质量保证和管理[M].北京:清华大学出版社,2007.

[13] 吴洁明,方英兰.软件工程实例教程[M].北京:清华大学出版社,2010.

[14] 刘怀亮,相洪贵.软件质量保证与测试[M].北京:冶金工业出版社,2007.

[15] 微软公司.Microsoft.NET 框架 1.1 类库参考手册(第二卷).东方人华,译.北京:清华大学出版社,2004.

[16] JeffProsise.Microsoft .NET 程序设计技术内幕[M].王铁,等译.北京:清华大学出版社,2003.

[17] 张海藩,倪宁.软件工程[M].3 版.北京:人民邮电出版社,2010.

[18] 郑人杰,马素霞,马志毅.软件工程[M].北京:人民邮电出版社,2009.

[19] 史济民,顾春华,郑红.软件工程—原理、方法与应用[M].3 版.北京:高等教育出版社,2009.

[20] 李超,卢军,等.螺旋式软件人才培养模式的探索与实践[M].北京:科学出版社,2008.

[21] 殷锋,等.软件工程[M].天津:天津科学技术出版社,2011.

[22] Shar Lawrence Pfleeger, Joanne M. Atlee.软件工程[M].4 版.杨卫东,译.北京:人民邮电出版社,2010.

[23] 殷人昆,郑人杰,马素霞,等.实用软件工程[M].3 版.北京:清华大学出版社,2010.

[24] 李允中.软件工程[M].北京:清华大学出版社,2010.

[25] 陆惠恩,张成姝.实用软件工程[M].2 版.北京:清华大学出版社,2009.

[26] 雷敏,姚志林.软件项目实训[M].北京:国防工业出版社,2010.

[27] 钱乐秋,赵文耘,牛军钰.软件工程[M].北京:清华大学出版社,2007.

[28] Roger S. Pressman 软件工程:实践者的研究方法[M].6 版.郑人杰,马素霞,白晓颖,译.北京:机械工业出版社,2007.

[29] 齐治昌,谭庆平,宁洪.软件工程[M].2 版.北京:高等教育出版社,2004.

[30] 张海藩．软件工程导论[M].5 版．北京:清华大学出版社,2008.
[31] 陈松桥,任胜兵,王国军．现代软件工程[M]．北京:清华大学出版社,2008.
[32] 任胜兵,邢琳．软件工程[M]．北京:北京邮电大学出版社,2004.
[33] 杨芙清．软件工程发展技术思索[J].软件学报,2005,16(1):1－7.
[34] Ian Sommerville 软件工程[M]．8 版．程成,陈霞,译．北京:机械工业出版社,2006.
[35] 梅宏,申峻嵘．软件体系结构研究进展[J].软件学报,2006,17(6):1257－1275.
[36] 陈明．软件测试技术[M]．北京:清华大学出版社,2011.